공대생을 위한

전자공학

공대생을 위한

전자공학

마대영 지음

경상대학교출판부

저자의 말

벨 연구소의 William Shockley, John Bardeen, Walter Brattain 등이 트랜지스터의 증폭 현상을 처음 시현한 것은 1947년 겨울이었다. 그로부터 약 10년 후 텍사스 인스트루먼트사의 Jack Kilby가 칩이라고 불리는 실리콘 조각 위에 트랜지스터, 다이오드 등을 하나로 묶은 집적회로integrated circuit, IC를 개발하였다. 필자는 이 두 사건을 전자공학 혁명의 첫울음이자 첫걸음이라고 생각한다.

초창기의 IC는 몇 개의 트랜지스터와 저항으로 구성된 단순한 회로였으나, 최근에는 2,500만 개 이상의 트랜지스터가 $1mm^2$ 크기의 작은 실리콘 칩에 집적될 정도로 소자의 밀도가 높아졌다. 이런 반도체 기술 발전의 효과는 초소형, 초정밀, 초고속 등으로 무장한 첨단장비의 형태로 산업 전반에 파급되고 있다. 이에 따라 공대생들은 전공 분야에 관계없이 전자공학에 대한 기본적인 지식을 갖춘 후 졸업해야 할 것이다.

저자는 오랫동안 전기공학과 학생들에게 전자공학을 강의해 오면서 늘 수업 분량에 맞는 교재에 대한 아쉬움을 가지고 있었다. 현재 사용되고 있는 전자공학 교재들은 외국 서적을 번역한 것들이 다수이며 학부과정에서 소화하기에는 그 분량이 너무 많다. 따라서 두 학기의 강의로도 책의 모든 내용을 소화하지 못하고 마치는 경우가 허다했다. 이 책은 일반 공대생을 대상으로 두 학기 분량으로 집필하였다. 학문의 특성상 교양 수준의 쉬운 책자로 만들 수는 없었지만, 전자공학을 이해하는 데 중요하다고 생각되는 부분들만 추려서 가급적 쉬운 말로 그 내용들을 설명하고자 노력하였다.

1장에서는 전기전자공학에서 사용하는 주요 용어들을 정리하였다. 2장 및 3장에서 반도체의 특성과 p-n 접합에서 일어나는 전기전도현상을 설명한 후 4장부터 13장까지 다이오드, 트랜지스터, SCR 등으로 구성된 반도체 회로의 동작을 해석하였다. 13장에서는 태양전지, LCD 등 전자공학과 관련된 기타 소자들도 소개하였으며, 마지막으로 IC 제작에 사용되는 반도체 단위공정들을 14장에서 간략히 설명하였다. 전자공학을 심도 있게 공부하고자 하는 학생들에게는 이 책의 내용과 분량이 다소 부족할 수도 있다. 전자회로를 더 깊이 이해하고자 하는 학생들은 이미 출판된 다른 책자들을 참고하길 바란다.

이 책이 전자공학을 시작하는 학생들에게 조금이나마 도움이 되길 바라며, 이 책의 출판에 도움을 준 많은 분들에게 감사의 말씀을 전한다.

2017년 8월

마대영

목차

제1장

기초전기이론

이 장에서는 전자공학을 공부하기 위해 필요한 몇 가지 기초적인 개념과 법칙을 공부한다. 본 교재에서는 국제표준단위SI units인 cgscentimeter-gram-second 와 MKSmeter–kilogram–second 중 MKS를 사용하며, 사칙연산에서 유효숫자significant figures와 관련된 규칙은 적용하지 않는다. 그러나 과학적 설명에서 유효숫자는 단위와 함께 중요한 약속이기 때문에 서두에 그 개념만 간략히 설명한다.

단위

일반적인 대화에서는 단위를 생략하는 경우가 많다. 그러나 과학 및 공학에서 단위가 갖는 의미는 사람들의 성명처럼 중요하다. 물리량의 단위를 정확하게 알면 물리량의 의미를 이해할 수 있을 뿐만 아니라 문제풀이에서도 상당한 힌트를 얻을 수 있다. 이것은 물리량을 계산할 때 단위도 숫자처럼 사칙연산이 되기 때문이다. 힘의 경우, $F = ma$ 이므로 힘의 단위는 $[N]$ 또는 $[kg \cdot m/s^2]$이다.

물리량의 크기는 거시세계와 미시세계에서 매우 큰 차이를 보이기 때문에 표기의 편의를 위해 c (*centi*), k(*kilo*)와 같은 접두어prefixes를 사용한다. 예를 들어, 지구와 달 사이의 거리나 원자의 반경을 접두어 없이 MKS단위인 $[m]$만으로 표현하는 것은 매우 불편한 일이다. 아래에 중요한 MKS 단위와 접두어를 나타내었다.

MKS 단위

물리량	단위	물리량	단위
거리	*m (meter)*	압력	*Pa (Pascal)*
질량	*kg (kilogram)*	전압	*V (Volt)*
시간	*s (second)*	전류	*A (Ampere)*
힘	*N (Newton)*	저항	*Ω (Ohm)*
에너지	*J (Joule)*	전력	*W (Watt)*

단위 접두어Metric prefixes

접두어	값	접두어	값
exa (E)	10^{18}	*deci (d)*	10^{-1}
peta (P)	10^{15}	*centi (c)*	10^{-2}
tera (T)	10^{12}	*milli (m)*	10^{-3}
giga (G)	10^{9}	*micro (mu)*	10^{-6}
mega (M)	10^{6}	*nano (n)*	10^{-9}
kilo (k)	10^{3}	*pico (p)*	10^{-12}
hecta (h)	10^{2}	*femto (f)*	10^{-15}
deka (d)	10^{1}	*atto (a)*	10^{-18}

예제 0-1

① 속도(v), ② 가속도(a), ③ 힘(F) 및 ④ 압력(P)의 단위를 $[m]$, $[kg]$, $[s]$로 나타내어라.

풀이

① $v = \frac{\Delta 거리}{\Delta 시간} = [\frac{s}{m}]$, ② $a = \frac{\Delta v}{\Delta t} = [\frac{m}{s}][\frac{1}{s}] = \frac{m}{s^2}$

③ $F = ma = [kg][\frac{m}{s^2}] = [\frac{kgm}{s^2}]$, ④ $P = \frac{F}{A} = [kg]\frac{[m]}{[s^2]} \times \frac{1}{[m^2]} = [\frac{kg}{s^2 m}]$

예제 0-2

마라톤 풀코스의 길이는 얼마인가?

풀이

마라톤 풀코스는 42.195 [*km*], 42,195 [*m*] 또는 42,195,000 [*mm*]이다. 단위에서 접두어의 중요성을 알 수 있다.

유효숫자

유효숫자significant figure, SF는 물리적인 의미를 갖는 숫자이다. 계측기에 표시되는 유효숫자가 많다는 것은 정밀한 측정이 가능하다는 것을 의미한다. 예를 들어, 질량이 10 [*kg*]으로 표기된 물체의 질량은 10.0 [*kg*] ~ 10.9 [*kg*]이고 10.0 [*kg*]으로 표기된 물체는 10.00 [*kg*]~ 10.09 [*kg*] 사이의 질량을 가질 수 있다. 유효숫자의 규칙을 아래에 표로 요약하였다.

유효숫자 규칙 요약

규 칙	예
① '0'이 아닌 모든 숫자는 유효숫자이다.	726.45 (*SF*=5)
② '0'이 아닌 숫자 사이의 '0'은 유효숫자이다.	203.505 (*SF*=6)
③ 앞에 나오는 '0'은 유효숫자가 아니다.	0.0023 (*SF*=2)
④ 소수점이 있는 경우, '0'이 아닌 숫자의 오른쪽에 있는 '0'은 유효숫자이다.	34.5400 (*SF*=6), 0.00340 (*SF*=3)
⑤ 사칙연산에서 결과치의 유효숫자는 연산에 사용한 숫자 중에서 가장 작은 유효숫자이다.	184.4 + 2.34 = 186.38 = 186 (*SF*=3), 2.456 x 3.0 = 7.3680= 7.4 (*SF*=2)

예제 0-3

① 100.0 [m]를 10.6 [s]에 주파하는 스프린터의 속도(v)는 얼마인가?

② 2 [$k\Omega$]의 저항(R) 양단에 6.57 [V]의 전압(V)이 인가되어 있다. 전류(I)는 얼마인가?

풀이

① $v = \dfrac{100.0\ [m]}{10.6\ [s]} = 9.433962\ [m/s] = 9.43\ [m/s]\ \ (SF = 3)$

② $I = \dfrac{V}{R} = \dfrac{6.57\ [V]}{2\ [k\Omega]} = 3.285\ [mA] = 3\ [mA]\ \ (SF = 1)$

1-1 전기에너지 Electrical energy

어떤 물체에 힘을 가해서 그 물체를 움직였을 경우에 일work을 했다고 한다. 그리고 그 일을 하는 능력을 에너지라고 한다. 에너지는 위치에너지, 운동에너지, 열에너지 등 여러 가지 형태로 존재하며, 일을 하는 과정에서 에너지 형태의 변환은 일어날 수 있지만 전체 에너지의 양은 변하지 않는다. 즉, 일을 하는 과정에서 새로운 에너지가 생성되거나 존재하던 에너지가 소멸되는 현상은 일어나지 않는다(에너지 보존법칙).

우리가 존재하는 공간은 중력장이다. 중력은 질량을 가진 물체를 지구의 중심으로 끌어당기는 힘이다. 따라서 땅에서 떨어져 있는 공간은 그 높이에 비례하는 잠재적 에너지 즉, 위치에너지potential energy를 가지고 있다. 이 위치에너지 때문에 공중에서 떨어진 돌은 별도의 에너지를 공급하지 않아도 아래쪽으로 힘을 받으며 운동을 하게 된다. 중력이 질량(m)을 가진 물체에 가해지는 힘($F=mg$)이라면 전기력($F=qE$)은 전하(q)를 띤 물체에 가해지는 힘이다. 그리고 전기력이 존재하는 공간을 전장 또는 전계electric field (E)라고 한다.

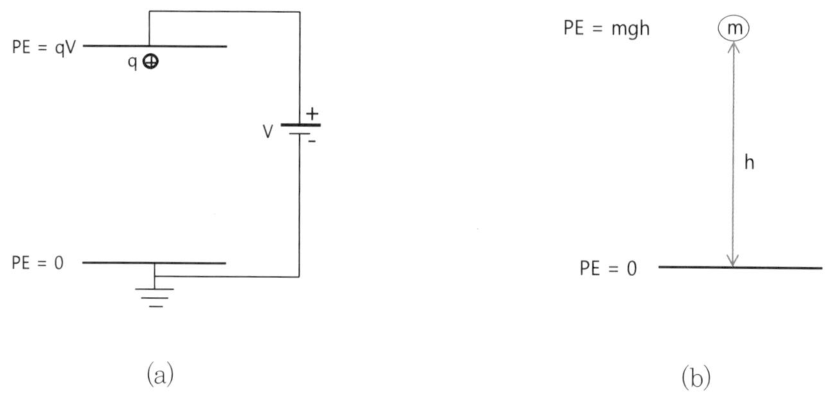

그림 1–1 (a) 전압 V가 인가된 전장에 존재하는 전하 q의 위치에너지 및 (b) 중력장에서 높이 h에 있는 질량 m인 돌의 위치에너지

(1) 전위 및 전압

그림 1–1(a)에서 양전하 q를 손으로 잡고 있다고 가정하자. 잡고 있던 q를 놓으면 q는 공간에 형성되어 있는 전계에 의해 음전극 쪽으로 끌려가게 되어 일을 하게 된다. 즉, 전장이라는 공간은 전하에 대해 잠재적 에너지인 위치에너지를 제공하여 일을 하게 한다고 볼 수 있다. 전장에서 단위 전하당 위치에너지를 전위라고 한다. 이때 접지ground가 전위의 기준인 0 [V]가 된다. 그림 1–2에 여러 종류의 접지에 대한 표식을 나타내었다. 가장 안전한 접지는 거대한 도체인 지구이다. 그러나 자동차나 비행기의 경우에는 접지인 땅과 연결할 수가 없기 때문에 금속 덩어리인 차나 비행기의 몸체를 접지로 사용한다. 이런 접지를 섀시접지chassis ground라고 한다. 신호접지signal ground는 PCB 기판 등의 전자회로에서 전기신호의 기준점이 되는 단자이다.

전장에 존재하는 두 점의 전위차를 전압이라고 한다. 전위 및 전압의 단위는 [V]이다. 전위와 전압의 차이를 산의 높이와 비유하여 다음과 같이 설명할 수 있다. 지리산의 높이는 해발 약 1,916 [m]이다. 이것은 지리산의 꼭대기인 천왕봉이 해수면보다 1,916 [m] 높은 곳에 위치해 있다는 것을 의미한다. 여기서 높이 0 [m]인 해수면을 전위 0 [V] 인 접지로 볼 수 있다. 천왕봉으로 올라가는 길은 여러 가지가 있지만, 지리산 중산리에서 천왕봉까지 등산을 한다고 가정하자. 이때 등산해야 할 높이는 천왕봉의 해발 높이에서 중산리의 해발 높이를 뺀 값이다. 이와 같이 실제로 걸어서 올라가는 높이가 전장에서는 전압이 된다. 따라서 실질적인 전기에너지 소모에 관련이 되는 것은 전압이지 전위가 아니다.

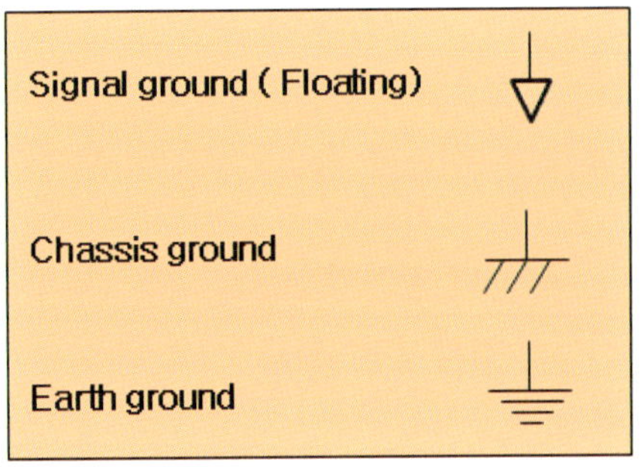

그림 1-2 접지의 종류

예제 1-1

그림 1(a)에서 두 전극의 간격(d)은 10.0 [cm]이고 인가된 전압(V)은 10.0 [V]이다.

(1) 양전하가 받는 힘(F)은 얼마인가? 단위 전하량(q) = 1.6 x 10^{-19} [C]

(2) 양전극에서 출발하는 q의 위치에너지는 얼마인가?

(3) 음전극에 도달한 q의 속도는 얼마인가? 양전하의 무게 m = 1.6 x 10^{-27} [kg]

풀이

(1) 전계$(E) = \frac{V}{d} = 10/0.1\ [V/m] = 100\ [V/m]$, $F = qE = 1.6\times10^{-17}\ [N]$

(2) $PE = qV = 1.6\times10^{-19}\times\ 10\ [J] = 1.6\times10^{-18}\ [J]$

(3) 위치에너지가 운동에너지로 바뀌므로 $v = \sqrt{\frac{2qV}{M}} = 4.5\times10^{4}\ [m/s]$

(2) 전류

전하를 띤 입자가 움직이면 전류가 흐른다고 한다. 따라서 전류란 전하의 이동 또는 흐름이라고 정의할 수 있다. 전류의 단위는 [A]이다. 전류를 식으로 표현하면 아래와 같다.

$$\text{전류}(I) = \frac{\text{전하의 변화량 } \Delta(Q)}{\text{경과시간 } \Delta(t)} \tag{1-1}$$

식 (1-1)에서, 전류는 특정 지점을 단위시간 동안 통과한 전하량[C/sec]이다. 전류의 방향은 양전하가 이동하는 방향으로 정의하고 있다. 따라서 음전하를 띠고 있는 전자가 움직이는 방향과 전류의 방향은 반대이다.

예제 1-2

전선에 3.5 [A]의 전류가 흐르고 있다.

(1) 5.0 [분] 동안 전선의 특정 지역을 지나가는 전하량은 얼마인가?

(2) 그리고 지나간 전자는 몇 개(n) 인가?

풀이

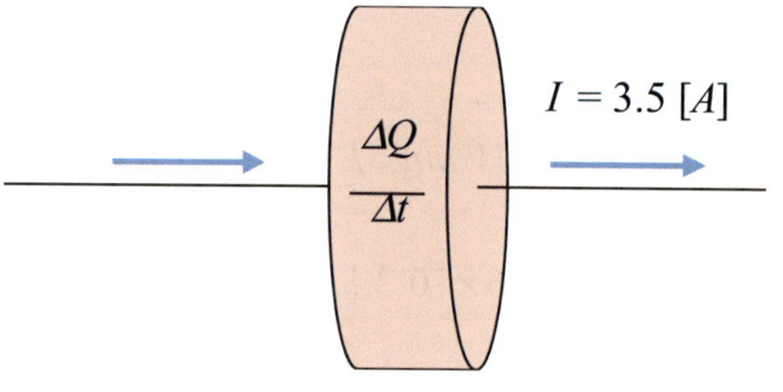

(1) $\Delta Q = I\Delta t = 3.5 \times 5.0 \times 60\ [C] = 1{,}050\ [C]$

(2) $\Delta n = \dfrac{\Delta Q}{q} = \dfrac{1{,}050}{1.6 \times 10^{-19}}\ [\text{개}] = 6.6 \times 10^{21}\ [\text{개}]$

(3) 전력

전동기, 전열기, 전등 등 각종 전기기기를 작동시키려면 전기에너지를 공급해야 한다. 전기에너지는 전압 및 전류의 형태로 존재하지만 전압 및 전류가 에너지는 아니다. 다시 말해서 전압 또는 전류 단독으로는 전기기기를 구동할 수 없다. 왜냐하면 전압과 전류가 함께 공급될 때에 전기에너지가 발생하기 때문이다. 전기공학에서는 단위시간당 생산되거나 소비되는 전기에너지를 [*watt* ,*W*]라는 단위를 사용하여 전력(P)이라고 표현한다. 10 [W]의 전열기는 1 [초]에 10 [J]의 전기에너지를 소비함을 뜻한다. 전력은 아래 식으로 표현할 수 있다.

$$P = IV = \frac{V^2}{R} = I^2R \tag{1-2}$$

식 (1-2)에서 R 은 기기의 저항이다. 아무리 전압이 높아도 전류가 흐르지 않으면 전력은 소모되지 않는다. 예를 들면, 가정의 전기 콘센트에는 항상 교류 220 [V]가 인가되어 있지만 전열기 등을 연결하지 않으면 전기 사용량은 0 [W]이다. 전열기, 전등, 전동기 등과 같이 전력을 소모하는 시스템을 부하load라고 한다. 초전도체superconductor에는 큰 전류가 흐르지만 인가되는 전압이 0 [V]이기 때문에 전력 소모가 발생하지 않는다.

예제 1-3

에어콘을 하루 종일 사용하였더니 100 [kWh]의 에너지(E)가 소비되었다.

(1) 소비된 에너지는 몇 [J]인가?

(2) 에어컨의 용량(P)은 몇 [W]인가?

풀이

(1) $[J] = [W][s]$, $E = 100 \times 1{,}000\ [W] \times 3{,}600\ [s] = 3.6 \times 10^8\ [J]$

(2) $P = \dfrac{E}{\text{사용시간}} = \dfrac{100}{24}\ [kW] = 4.2\ [kW]$

1-2 개별 소자Discrete devices

실리콘 기판에 트랜지스터, 저항 등을 인쇄하는 집적회로integrated circuit, *IC* 기술이 발전되기 전에는 저항, 커패시터, 다이오드, 트랜지스터 등 각종 개별 소자들을 납땜으로 연결하여 전자회로를 제작하였다. 이런 전기 및 전자회로에 사용되는 개별 소자는 그 기능에 따라서 능동소자active device 및 수동소자passive device로 구별된다. 그러나 능동소자와 수동소자에 대한 정의는 통일되어 있지 않으며, 소자의 구분에 있어서도 정의에 따라 의견이 다르다. 이 장에서는 인터넷상에서 가장 많이 언급되고 있는 능동 및 수동소자의 정의를 사용하기로 한다.

[표 1-1] 능동소자 및 수동소자의 정의 및 예

구 분	정 의	소자 예
능동소자	• 전압, 전류 형태로 에너지를 공급하는 소자 • 고유동작을 위해 외부 에너지가 필요한 소자	전원 트랜지스터
수동소자	• 전압, 전류 형태로 에너지를 저장 또는 유지하는 소자 • 고유동작을 위한 외부 에너지가 필요 없는 소자	저항 커패시터 인덕터

(1) 능동소자

능동소자는 「에너지를 공급하는 소자 또는 고유동작을 위해 외부 에너지가 필요한 소자」로 정의된다. 「에너지를 공급한다」라는 문장의 의미는 쉽게 이해가 되며, 이런 소자의 예로는 건전지와 같은 전압원voltage source을 들 수 있다. 그러나 「고유동작을 위해 외부 에너지가 필요하다」라는 문장의 의미는 선뜻 이해되지 않는다. 본 문장의 범주에 속하는 소자로는 다이오드, 트랜지스터 등을 들 수 있다. 다이오드의 고유동작은 정류특성이며, 트랜지스터의 고유동작은 증폭이다. 다이오드 및 트랜지스터가 각각 정류 및 증폭특성을 나타내려면 특정한 방향의 직류전압이 인가되어야 한다. 따라서 다이오드 및 트랜지스터는 능동소자에 속한다. 다이오드, 트랜지스터, SCR 등의 반도체 소자는 별도의 장에서 상세히 다루기 때문에 여기서는 설명을 생략한다.

(2) 수동소자

수동소자는 「에너지를 저장하거나 유지하는 소자 또는 고유동작을 위한 외부 에너지가 필요 없는 소자」로 정의된다. 대표적인 수동소자로는 저항resistor, 커패시터capacitor 및 인덕터inductor가 있다. 수동소자들은 별도의 전압을 인가하지 않더라도 각자의 기능을 수행한다. 저항체의 경우, 옴의 법칙을 따라서 전류= $\frac{전압}{저항}$의 기능을 수행한다. 이때 옴의 법칙을 수행하기 위한 별도의 전압이 필요하지 않다. 그리고 저항에는 가해진 전압에 따라 일정한 전류가 흐르며, 커패시터 및 인덕터에는 인가된 전압 및 전류에 의해 전기에너지가 저장된다.

가. 저항

옴Georg Simon Ohm은 전선에 흐르는 전류의 양이 전선에 인가된 전압에 비례한다는 것을 실험을 통해 밝혔다. 옴은 실험식의 비례상수를 전자의 흐름을 방해하는 소자의 성질인 저항(R)으로 둠으로써 현재 우리가 사용하고 있는 옴의 법칙($I = \frac{V}{R}$)을 만들었다. 그림 1-3에 전압이 가해진 도체를 지나가는 전자의 움직임을 나타내었다. 고체인 도체 안에는 원자들이 밀집되어 있으며, 그 사이에 자유전자들이 분포되어 있다. 도체에 전압을 인가하면 도체 안의 자유전자가 양 전위(+) 방향으로 끌려간다.

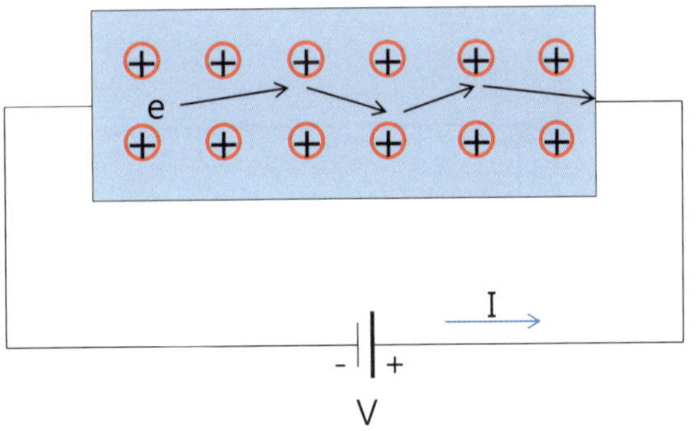

그림 1-3 도체를 통과하는 전자의 운동

양 전위 방향으로 이동하는 전자는 도체 안에 배열되어 있는 원자들과 충돌하면서 진행한다. 이런 충돌 현상을 산란scattering이라고 하는데, 이런 산란이 전류의 흐름을 방해하는 저항의 원인이 된다. 전자는 열에너지에 의해 진동을 하면서 움직이기 때문에 고온일수록 산란이 증가한다. 저항체에서 일어나는 산란의 정도는 물질의 원자구조, 원자결합 등과 관련된 물질의 고유 특성이다. 전기 재료에서는 전류의 흐름을 방해하는 물질의 고유 특성을 저항률(ρ)이라고 한다. 저항은 물질의 저항률과 외형에 따라서 값이 달라진다. 여기서 외형이라고 하는 것은 저항체의 단면적(A)과 길이(L)를 의미한다. 외형, 저항률, 저항의 관계는 아래 식으로 표현된다.

$$R = \rho \frac{L}{A} \qquad (1-3)$$

일상생활에서는 저항과 저항률이 혼돈되어 사용되고 있다. 가끔 은silver과 구리copper 중 어느 것의 저항이 큰지 묻는 경우가 있다. 금속 중에서 은이 전기가 가장 잘 통하는 물질로 알려져 있다. 그러나 은과 구리의 저항은 구조에 따라 달라진다. 은을 가는 실처럼 아주 길게 뽑는다면 은의 저항이 구리선보다 클 수도 있다. 따라서 위의 질문이 의미를 가지려면 저항이 아니라 저항률로 물어야 한다. 저항률은 물질의 속성이지만 저항은 같은 물질이라도 모양에 따라서 달라지기 때문이다.

예제 1-4

반경(r)이 5.0 [cm]이고 길이(L)가 30.0 [cm]인 원통형 저항체의 저항이 1.2 [$k\Omega$]이다. 저항체의 저항률은 얼마인가?

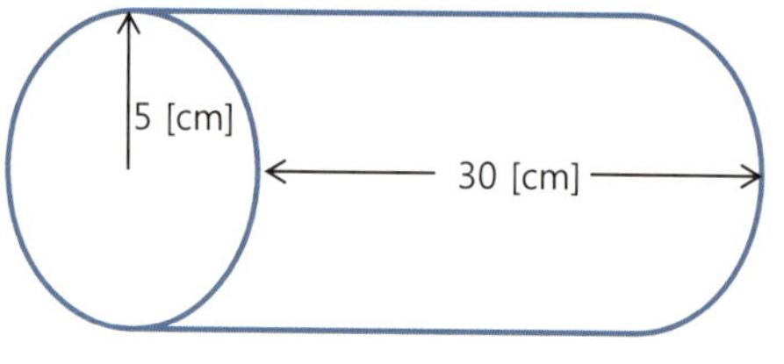

풀이

$$\rho = R\frac{A}{L} = \frac{1,200 \times 3.14 \times (5.0)^2}{30.0} \ [\Omega cm] = 3,140 \ [\Omega cm]$$

나. 커패시터

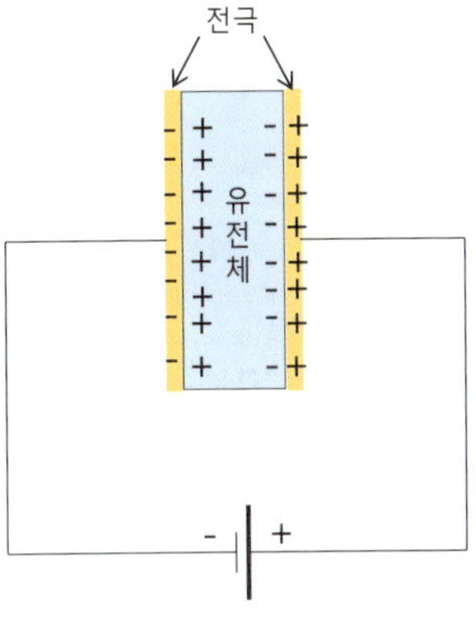

(a)

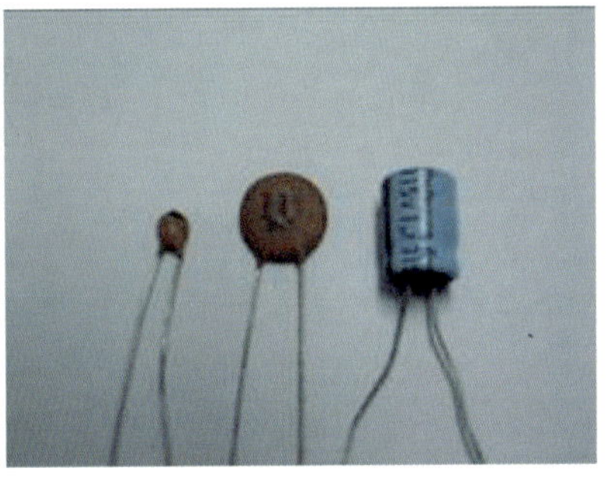

(b)

그림 1-4 (a) 커패시터의 구조 및 (b) 상용 커패시터

커패시터는 절연체insulator 또는 유전체dielectric의 양면에 전극을 부착해 놓은 것이라고 생각하면 된다(그림 1-4 참조). 저항률이 매우 큰 물질을 절연체라고 하는데, 모든 절연체는 전하를 유도하는 유전특성을 가지고 있기 때문에 유전체라고도 한다. 다시 말하면, 절연특성과 유전특성 중 강조하고자 하는 특성에 따라 절연체 혹은 유전체라고 부를 수 있다. 유전체에 직류전압을 인가하면 유전체의 양면으로 전하가 모이는 것처럼 보이는 충전현상이 발생한다. 이 현상을 분극이라고 하는데, 분극은 본 교재의 범위에서 벗어나므로 자세한 설명은 생략한다. 유전체는 높은 저항률을 가지고 있기 때문에 전자전도에 의한 전류는 흐르지 않는다. 따라서 직류회로에 커패시터가 연결되어 있는 경우, 커패시터는 전류가 흐르지 않는 절연상태로 간주하면 된다. 그러나 교류전압이 인가되는 경우에는 교류전압의 극성에 따라 유전체 양면에 모이는 전하의 극성이 바뀌면서 회로에 전류가 흐르게 된다. 따라서 교류회로에 연결된 커패시터는 주파수에 반비례하는 저항값 즉, 리액턴스reactance($X_c = \dfrac{1}{2\pi fC}$)를 갖는다. 커패시터를 흐르는 전류(i_c)는 전압(v_c)의 시간 변화율에 비례한다.

$$i_C = C\frac{dv_C}{dt} \tag{1-4}$$

따라서 고주파회로에서 커패시터는 저항이 매우 낮은 도선으로 봐도 무방하다. 단위 전압당 충전되는 전하량으로 정의할 수 있는 커패시턴스(C)는 유전체의 면적, 두께 등과 아래의 관계를 갖는다.

$$C = \frac{dQ}{dV} = \varepsilon \frac{A}{d} \; [F] \tag{1-5}$$

식 (1–5)에서 ε은 물질의 고유 특성인 유전율이고 A 및 d는 각각 유전체의 단면적 및 두께이다.

예제 1–5

10.0 [μF]의 커패시터가 교류 신호(V)와 연결되어 있다.

(1) V의 주파수(f)가 1.0 [Hz]일 때 커패시터의 리액턴스(X_c)는 얼마인가?

(2) $f = 1.0$ [MHz]일 때 X_c는 얼마인가?

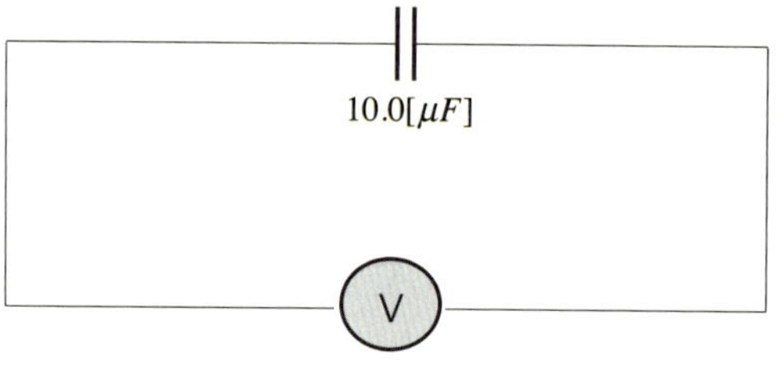

풀이

(1) $X_c = \frac{1}{2\pi fC} = 16 \;\; [k\Omega]$

(2) $X_c = \frac{1}{2\pi fC} = 0.016 \;\; [\Omega]$

다. 인덕터

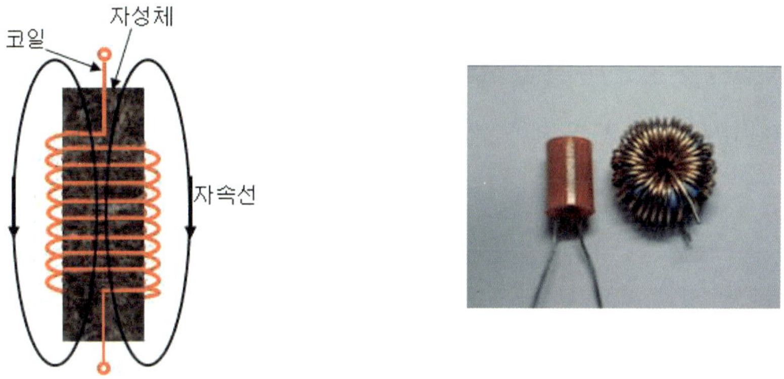

그림 1-5 (a) 인덕터의 구조 및 (b) 상용되는 인덕터

인덕터는 자성체 주위를 도선으로 감아 놓은 일종의 코일이다. 따라서 직류회로에서 인덕터는 소자를 연결하는 도선으로 생각하면 된다. 그러나 교류전류가 인덕터에 흐르면, 「코일을 관통하는 자속이 시간에 따라 변하면 그 자속의 변화를 방해는 기전력이 코일에 발생한다」라는 렌즈의 법칙에 따라 인덕터에 역기전력이 발생한다. 이 역기전력은 회로에 흐르는 교류전류의 흐름을 방해한다. 따라서 교류회로에서 인덕터는 주파수에 비례하는 리액턴스($X_L = 2\pi fL$)를 갖게 된다. 인덕턴스는 코일을 통과하는 자속변화의 원인에 따라 두 가지로 구분된다. 자속변화가 코일 자신에 흐르는 전류에 의해 일어날 때는 자체인덕턴스self-inductance라고 하고, 결합되어 있는 상대 회로의 전류변화에 기인할 때는 상호인덕턴스mutual-inductance라고 한다.

인덕턴스(L)는 코일의 권선 수, 자성체의 투자율 등에 의해 결정되며 그 단위는 [H]이다. 인덕터에는 전류(i_L)의 시간 변화율에 비례하는 전압(v_L)이 발생한다.

$$v_L = L\frac{di_L}{dt} \qquad (1-6)$$

예제 1-6

2.2 $[\mu H]$의 인덕터가 교류 신호(V)와 연결되어 있다.

(1) V의 주파수(f)가 1.0 $[Hz]$일 때 인덕터의 리액턴스(X_L)는 얼마인가?

(2) $f = 1.0\ [MHz]$일 때 X_L은 얼마인가?

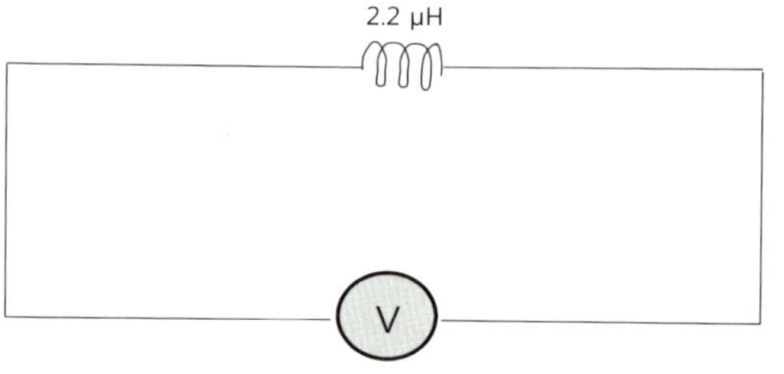

풀이

(1) $X_L = 2\pi fL = 1.4 \times 10^{-5}\ [\Omega]$

(2) $X_L = 2\pi fL = 13.8\ [\Omega]$

1-3 회로이론 Circuit theories

전자회로의 해석이란 회로 각 요소의 전압 및 전류를 구하는 것이다. 전자회로의 해석에는 여러 가지 기법이 사용되지만, 본 절에서는 회로해석의 가장 기본 법칙인 키르히호프의 전압법칙Kirchhoff's voltage law, KVL 및 전류법칙Kirchhoff's current law, KCL을 소개한다.

(1) 키르히호프의 전압법칙

그림 1-6과 같은 폐회로에서 각 소자에 인가되는 전압의 합은 0이 된다. 회로에 키르히호프의 전압법칙을 적용하기 위해서는 우선 폐회로를 따라 원을 그린다. 임의로 정한 원의 방향을 전류의 방향으로

가정하고 전류의 방향에 따른 전압의 극성을 표시한다. 저항은 전류가 흘러들어가는 쪽이 양전위(+) 그리고 전류가 빠져나가는 쪽이 음전위(−)가 된다. 마지막으로 폐회로에 나타난 모든 전압을 더하여 0으로 두면 된다. 이때 전압의 부호를 주의해야 한다. 만약 V_1을 양으로 정했다면 V_2는 음이 된다. 이것은 V_1은 음에서 양으로 그리고 V_2는 양에서 음으로 원이 진행하기 때문이다. 그림 1–6에 키르히호프의 전압법칙을 적용하면, $V_1 - V_2 - V_3 - V_4 = 0$이 된다.

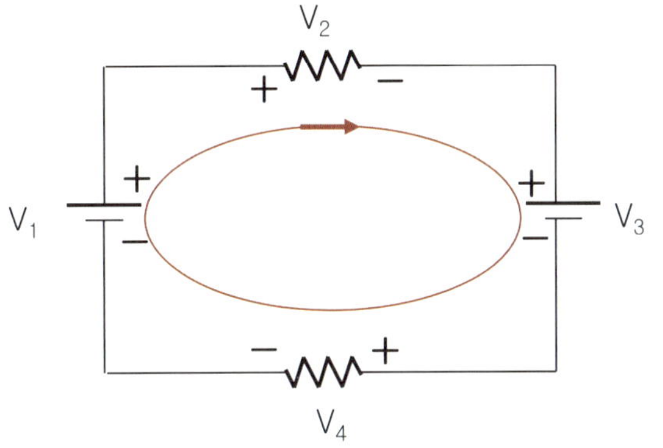

그림 1–6 키르히호프 전압법칙의 예

예제 1-7

아래 회로의 전류를 구하라.

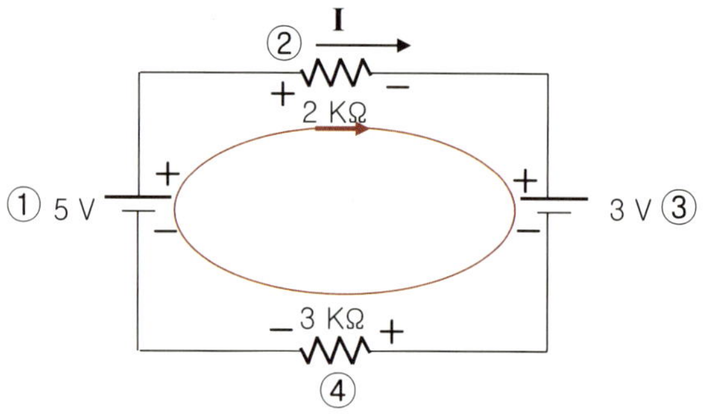

풀이

폐회로에서 모든 전압의 합은 0이 된다. ① + ② + ③ + ④ = 0

$5 - 2I - 3 - 3I = 0 \qquad \therefore I = 0.4\ [mA]$

예제 1-8

아래 회로의 전류를 구하라.

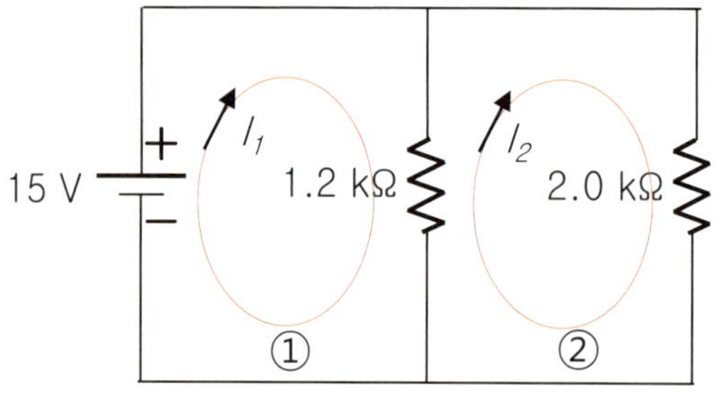

풀이

①의 폐회로에서 $15 - 1.2(I_1 - I_2) = 0$

②의 폐회로에서 $1.2(I_2 - I_1) + 2.0I_2 = 0$

$\therefore I_1 = 20\ [mA],\ I_2 = 7.5\ [mA]$

예제 1-9

아래 회로의 전류를 구하라.

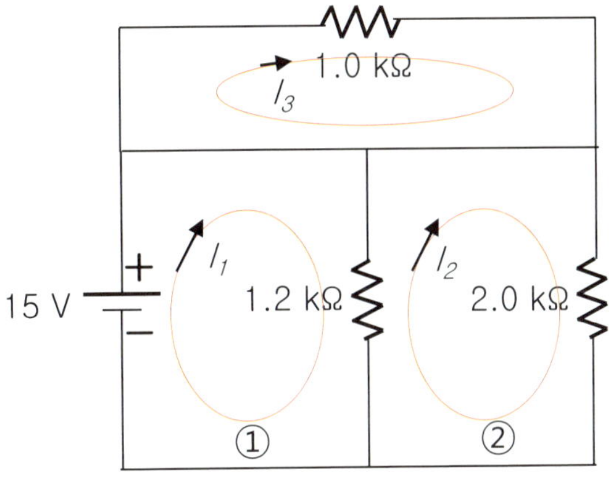

풀이

①의 폐회로에서 $15 - 1.2(I_1 - I_2) = 0$

②의 폐회로에서 $1.2(I_2 - I_1) + 2.0I_2 = 0$

③의 폐회로에서 $1.0I_3 = 0$

$\therefore I_3 = 0$, $I_1 = 20\ [mA]$, $I_2 = 7.5\ [mA]$

(2) 키르히호프의 전류법칙

키르히호프의 전류법칙은 폐회로의 연결점node에 적용된다. 회로상의 한 점으로 유입되는 전류의 합과 유출되는 전류의 합은 같다는 것이다. 그림 1-7의 경우, a점에서의 전류 합 $I_1 + I_2 - I_3 = 0$이다. 유입되는 전류를 양으로 두면 유출되는 전류는 음으로 둔다.

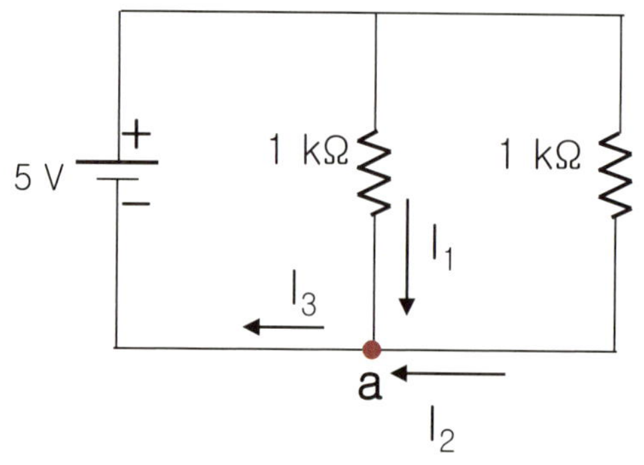

그림 1-7 키르히호프 전류법칙의 예

예제 1-10

전류 ③을 구하라.

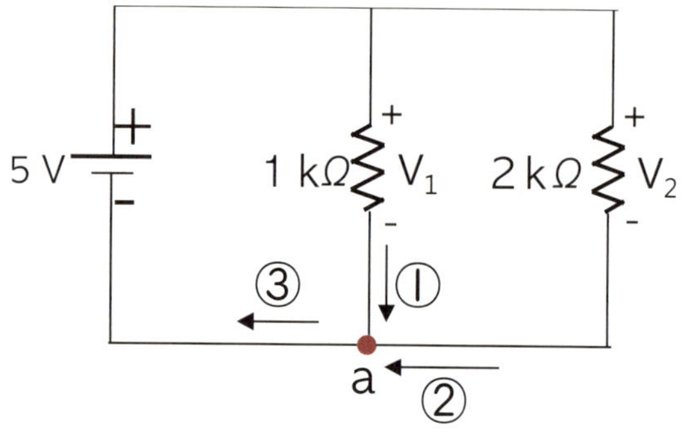

풀이

$$①+②+③=0,\ V_1=V_2=5\ [V]$$

$$V_1+\frac{V_2}{2}-③=0 \qquad \therefore ③=7.5\ [mA]$$

예제 1-11

전류 ③을 구하라.

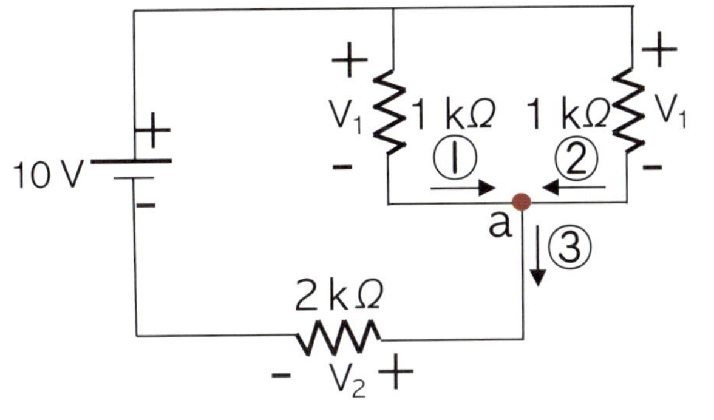

풀이

①+②+③$= 0$, $V_1 + V_1 - \frac{V_2}{2} = 0$

$V_1 + V_2 = 10$, $V_2 = 8$ $[V]$ $\therefore I = \frac{V_2}{2} = 4$ $[mA]$

제2장

반도체 물성

2-1 원자모델 Atomic model

반도체를 이해하려면 먼저 고체를 구성하는 원자의 구성을 알아야 한다. 본 절에서는 원자의 고전 모델인 톰슨J. J. Thomson 모델부터 드브로이Louis de Broglie 모델까지 살펴본다.

1890년대에 전자가 발견된 후 과학자들은 원자의 존재에 대해 연구하기 시작했다. 이 시절의 과학자들은 양전하가 균일하게 분포된 구 형태의 덩어리에 음전하를 띤 전자가 작은 씨앗처럼 박혀 있는 모양을 원자라고 생각했었다. 이런 원자 모형을 '톰슨의 원자모델'이라고도 부른다. 톰슨은 1897년에 전자를 발견한 바 있다.

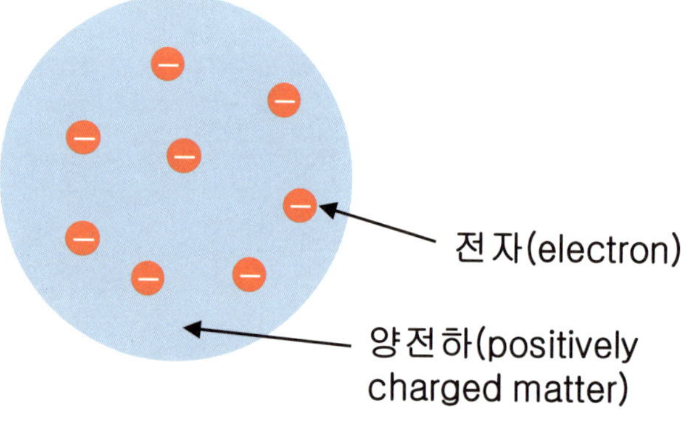

그림 2-1 톰슨 원자모델

1911년 러더포드Ernest Rutherford와 그의 동료들은 양전하인 알파입자(H^{+})를 얇은 금속판에 쏘는 실험을 통해 톰슨 원자모델의 모순점을 밝혀내었다. 만약 금속의 원자들이 양전하가 고르게 분포된 푸딩 공으로 이루어져 있다면, 알파입자는 회절하지 않고 금속판을 통과할 것이다. 그러나 러더포드 등은 실험의 결과로 금속판을 통과한 몇 개의 알파입자가 급하게 휘어지는 현상을 발견하였다. 이것은 알파입자를 밀어낼 만큼 큰 양전하 덩어리가 원자 내부에 있다는 것을 의미한다. 이 실험 결과를 바탕으로 러더포드는 「양전하 밀집 지역이 원자의 중심에 있고 그 주위를 전자가 돈다」는 새로운 원자모델을 발표하였다. 이와 같이 양전하가 밀집된 지역을 핵nuclear이라고 한다.

'러더포드 원자모델'은 기존의 모델에 비해 한층 발전된 형태를 갖추고 있었지만, 그 당시 새로이 연구되고 있던 양자역학의 이론을 담아내지는 못하였다. 대표적인 양자역학 이론은 플랑크Plank와 아인스타인Einstein이 발표한 열복사에너지의 비연속성 즉, 양자화라는 현상에 관한 것이다. 보어Niels Bohr는 양자역학 이론을 가미하여 러더포드의 원자모델을 개선하였다. 보어는 핵 주위를 회전하는 전자의 반경은 원자마다 특정한 크기로 정해져 있으며, 전자가 서로 다른 궤도 사이를 이동할 때만 에너지의 흡수 또는 방출이 일어난다고 가정하였다. 핵으로부터의 거리(전자의 회전 반경)는 전자의 위치에너지를 결정한다. 따라서 보어의 가정을 다른 말로 표현하면, 핵 주위를 회전하는 전자의 위치에너지는 특정한 값으로 정해져 있다는 것이다. 이런 현상을 '에너지의 양자화'라고 한다.

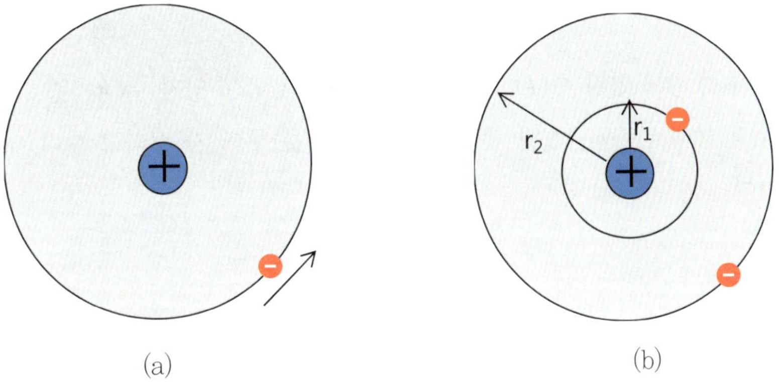

그림 2-2 (a) 러더포드 원자모델 및 (b) 보어 원자모델

보어는 가정을 통해 실험 결과(에너지 양자화)의 해석에는 성공하였지만, 전자의 에너지가 양자화되는 이유와 가속 전자(원운동은 가속 운동임)가 에너지 손실 없이 계속 회전하는 현상을 설명하지는 못했다. 가속되는 전자는 매 순간 에너지를 전자파로 방출함으로써 결국에는 회전력을 잃어버려야 한다.

보어 모델의 단점을 보완하기 위하여 1923년 드브로이는 전자의 파동성을 제안하였다. 그리고 파동인 전자의 주기(λ) 가 회전궤도의 원주와 일치할 때($n\lambda = 2\pi r$)에만 전자의 회전이 유지된다고 가정하였다. 여기서 r 은 전자의 회전반경이고 n 은 양자 수quantum number로 불리는 정수이다. 전자의 위치에너지는 n 의 배수로 양자화되어 있다.

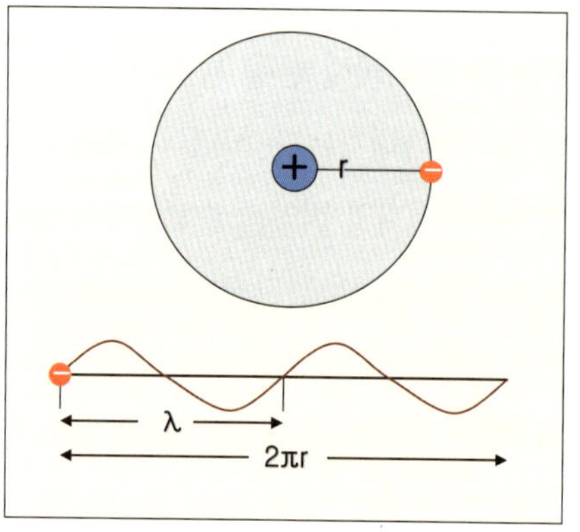

그림 2-3 드브로이 원자모델

에너지 궤도 n에는 궤도 양자 수(l), 자기 양자 수(m_l) 및 스핀 양자 수(m_s)를 달리하는 다수의 허용 가능한 에너지 상태allowable state가 존재한다. 이때 n을 주 양자 수라고 한다. n, l, m_l, m_s의 관계는 아래와 같다.

$$n = 1, 2, 3, 4 \cdots \tag{2-1}$$

$$l = 0, 1, 2, \cdots\cdots (n-1) \tag{2-2}$$

$$m_l = -l, \cdots -2, -1, 0, +1, 2, \cdots, +l \tag{2-3}$$

$$m_s = \pm\frac{1}{2} \tag{2-4}$$

예를 들어, $n = 2$인 궤도에는 아래 표와 같은 에너지 상태에 8개의 전자가 존재할 수 있다.

[표 2-1] n=2 궤도의 허용 가능한 에너지 상태

n	l	m_l	m_s
2	0	0	±1/2
	1	-1	±1/2
		0	±1/2
		+1	±1/2

2-2 반도체 Semiconductor

반도체를 한마디로 설명하기는 매우 어렵지만, 우선 저항률로써 반도체를 정의한다. 앞 장에서 설명하였지만, 저항률은 전류의 흐름을 방해하는 물질의 전기적 특성이다. 저항률을 기준으로 물질을 구분한다면, 물질은 도체, 반도체 그리고 절연체로 나눌 수 있다. 따라서 반도체를 도체와 절연체 사이의 저항률을 갖는 물질로 정의할 수 있다. 그러나 도체와 절연체의 저항률 차이가 너무 크기 때문에 저항률만으로 반도체를 설명할 수는 없다. 반도체를 알려면 물질의 원자구조, 결합 등과 함께 전자 및 정공의 정체를 이해해야 한다. 본 절에서는 대표적 반도체인 실리콘을 예로 들어 반도체의 물성을 설명한다.

(1) 결정구조 및 원자결합

가. 결정구조

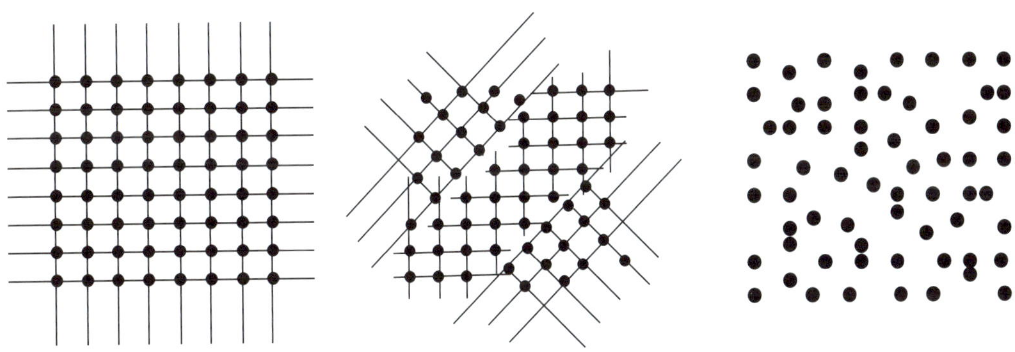

(a) (b) (c)

그림 2-4 원자배열에 따른 고체의 구분: (a) 단결정, (b) 다결정 및 (c) 비정질

물질은 인접한 원자들의 결합으로 이루어져 있다. 물질은 원자배열의 규칙성에 따라 단결정single crystal, 다결정polycrystalline 및 비정질amorphous로 구분된다. 원자들이 물질의 전 공간에 걸쳐 규칙적으로 배열된 것이 단결정이며 개개의 구역은 단결정이나 각 구역의 경계에서는 규칙성이 끊어지는 물질이 다결정이다. 그리고 전 영역에 걸쳐 원자배열의 규칙성이 없는 물질이 비정질이다. 각 원자배열마다

나타나는 장단점이 있지만, 반도체 공정에서는 단결정 실리콘을 주로 사용하기 때문에 여기서는 단결정에 한정하여 설명한다.

물질 중 고체를 구성하는 원자는 빈 공간이 최소가 되는 형태로 배열을 한다. 원자를 당구공으로 가정하고 빈 공간 없이 당구공을 배열할 수 있는 두 가지 방법을 그림 2-5에 나타내었다.

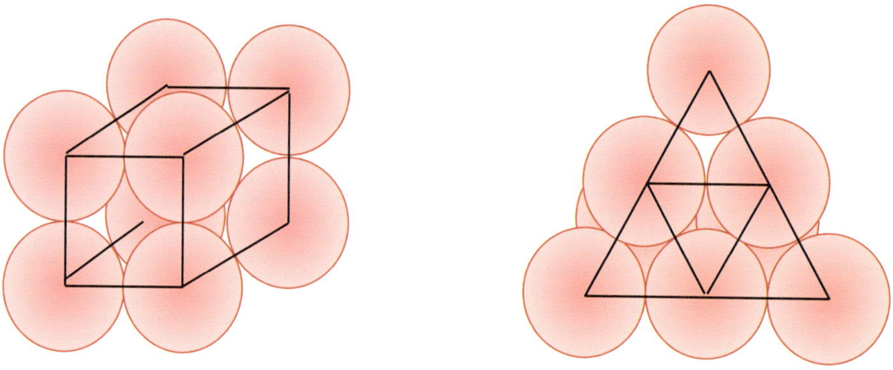

그림 2-5 원자배열의 2가지 예

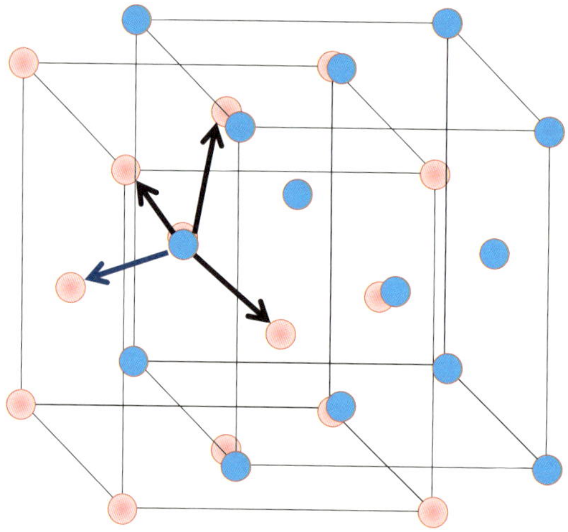

그림 2-6 다이아몬드 구조에서의 원자배열

원자의 배열방식에 따라 고체를 단순입방체simple cubic, SC, 면심입방체face-centered cubic, FCC, 체심입방체body-centered cubic, BCC 등으로 구분한다. 이것들은 단위정unit cell이라는 정육면체에 배열되는 원자들의 위치로 구분한 것이다. 단위정은 전체 결정체의 최소 단위이다. 단위정을 반복하여 합치면 단결정 덩어리가 된다. 실리콘을 비롯한 대부분의 반도체는 2개의 FCC가 겹쳐진 다이아몬드Diamond 구조를 갖는다. FCC는 정육면체의 각 모서리 및 각 면의 중앙에 원자가 하나씩 배치되어 있는 구조이다. 그림 2-6은 다이아몬드 구조를 나타낸 것인데, 원으로 표시된 원자 자리에 탄소를 배치하면 보석인 다이아몬드가 된다. 같은 탄소로 구성되어도 원자배열에 따라서 다이아몬드가 되기도 하고 흑연이 되기도 한다.

집적회로integrated circuit, *IC* 공정에서는 실리콘 단결정을 기판으로 사용하고 있다. 실리콘 단결정은 실리콘 원자들이 규칙적으로 배열되어 있다. 따라서 원자들의 배열 방향에 따라서 실리콘의 기계적 및 전기적 특성이 달라진다. 단결정의 결정방향은 밀러지수Miller indices로 표시한다. 밀러지수는 단결정의 격자를 좌표의 점으로 생각하고, 결정면이 각 좌표축과 만나는 점의 값들을 역수를 취해서 구한다. 그림 2-7에 (331) 결정면을 예로 들었다.

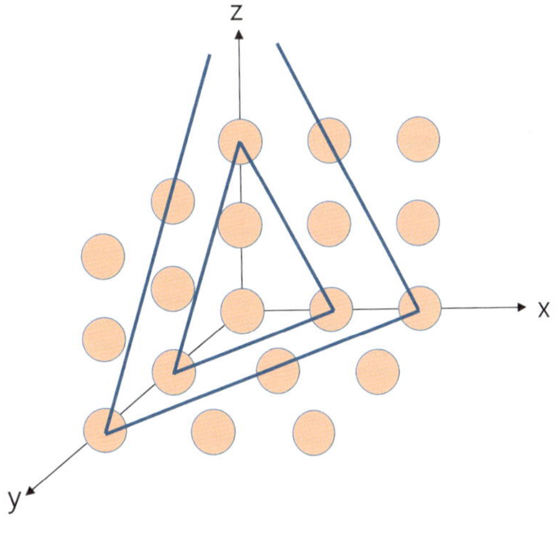

그림 2-7 (331) 결정면

그림 2-7에서 각 점들을 격자라고 가정하고 밀러지수를 구해 본다. 격자를 잇는 결정면의 (x, y, z) 절편이 (1, 1, 3)이므로, 이것의 역수를 취하면 $(\frac{1}{1}, \frac{1}{1}, \frac{1}{3})$이 된다. 역수 취한 값들을 정수로 만든 (3, 3, 1)이 밀러지수이다. 밀러지수를 (331)로 표현하면 결정면이 되고 [331]으로 표현하면 결정방향이 된다. 결정면에 수직인 방향을 결정방향이라고 한다. 집적회로의 기판으로는 주로 (100) 실리콘 웨이퍼를 사용한다.

나. 원자결합

다이아몬드 구조를 하는 실리콘은 각 원자마다 4개의 최인접 원자들을 가지고 있다. 실리콘의 각 원자들은 이웃한 4개의 원자들과 가전자 하나씩을 공유하는 공유결합covalent bonding을 통해 안정된 결합상태를 유지한다.

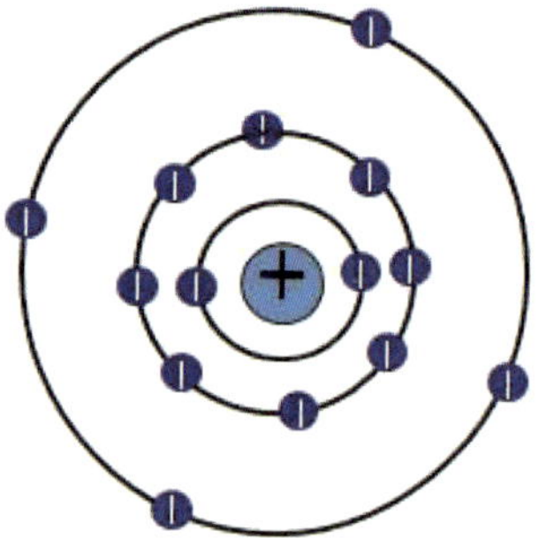

그림 2-8 실리콘 원자의 전자배열

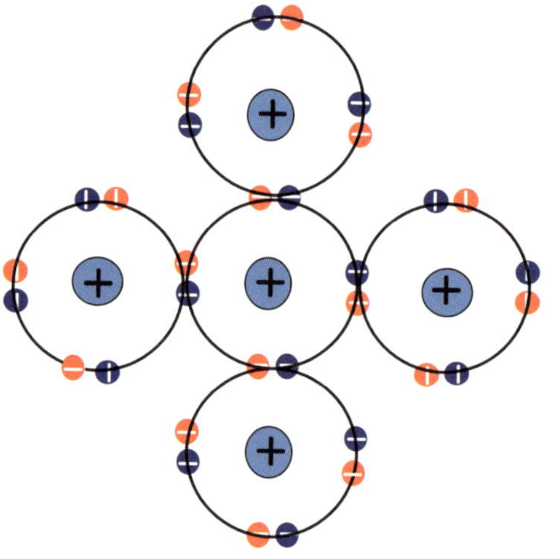

그림 2-9 공유결합하는 실리콘의 가전자 배치 모형

실리콘의 원자번호는 14번이다. 원자번호 14번은 양성자와 전자의 개수가 각각 14개라는 것을 뜻한다. 그림 2-8에서 보는 바와 같이 실리콘 원자는 4개의 최외각 전자(가전자)를 갖는다. 핵으로부터 멀리 떨어져 있는 최외각 궤도의 가전자들이 안정된 상태를 유지하려면 함께 공전하는 전자들이 8개라야 한다. 따라서 가전자가 4개뿐인 실리콘 원자가 단독으로 최외각 궤도의 전자를 궤도 안에 묶어 두는 것은 매우 어렵다. 다행히 다이아몬드 구조인 실리콘은 각 원자마다 4개의 인접한 이웃 원자들을 가지고 있기 때문에 인접한 원자들이 서로 가전자 하나씩을 공유함으로써 각각의 원자들이 8개의 가전자를 갖추게 된다. 이런 형태의 원자결합을 공유결합이라고 한다. 공유결합을 하는 전자는 매우 높은 주파수로 인접한 원자들의 최외각 궤도를 왕래한다.

(2) 전자 및 정공

반도체에 전압을 인가하면 전류가 흐른다. 이때 전압에 의해 이동하는 입자를 반송자carrier라고 한다. 반도체에는 전자electron와 정공hole이라는 두 종류의 반송자가 존재한다. 전자의 존재는 일반인들에게도 익숙하지만 정공은 전공자들에게도 어려운 개념이다. 본 절에서는 반도체의 반송자인 전자와 정공에 대해 설명한다.

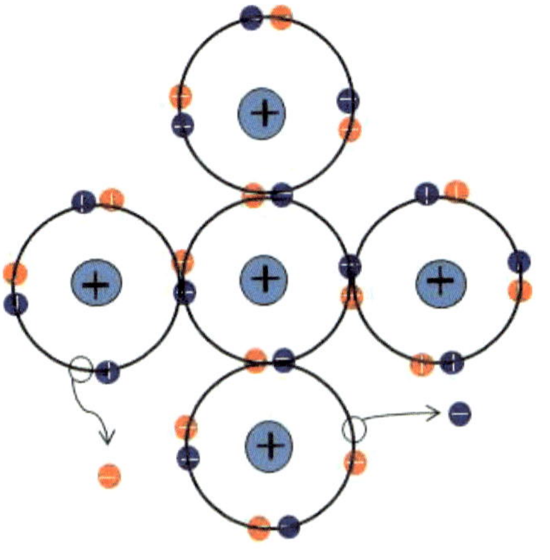

그림 2-10 공유결합에서 전자 및 정공의 생성

가. 전자

고체를 구성하는 원자들은 금속결합, 이온결합 또는 공유결합을 한다. 도체인 금속에는 전자운electron cloud으로 표현될 만큼 많은 자유전자가 분포되어 있으며 이것이 금속의 전기전도성을 높인다. 전자운과 양성자들의 전기력에 의한 결합을 금속결합이라고 한다. 이온이란 '전하를 띠고 있는 원자'를 말한다. 전기적으로 중성인 원자가 가전자 하나를 잃거나 얻게 되면 양전하 또는 음전하를 띠게 된다. 이런 양전하 및 음전하를 띤 이온이 만나서 결합하는 것을 이온결합이라고 한다. 이온결합을 하는 물질들은 일반적으로 저항률이 매우 높다. 공유결합 역시 가전자들의 결합력이 크기 때문에 공유결합을 하는 실리콘의 저항률도 매우 큰 편이다. 공유결합을 하고 있는 가전자는 외부로부터 어느 크기 이상의 열 또는 광(빛)에너지를 받으면 가전자 궤도로부터 이탈한다. 가전자 궤도를 탈출한 전자는 가전자 궤도로 다시 돌아오기도 하지만(재결합) 원자 사이를 자유롭게 돌아다니는 자유전자가 되기도 한다. 반도체공학에서 전자라고 함은 이러한 자유전자를 의미한다.

나. 정공

전류란 전하를 띤 입자의 흐름이다. 반도체를 포함한 고체에서 전하를 띤 입자는 전자와 양성자가 있다. 그런데 반도체에서 움직일 수 있는 전하는 전자뿐이다. 그러면 반도체에 존재하는 '움직이는 양전하'인 정공은 무엇인가? 그림 2-10에서 궤도를 이탈한 가전자가 남긴 빈자리를 염두에 두고 정공을 설명한다.

반도체에서 전류가 흐르려면 두 가지 조건이 만족되어야 한다. 첫째, 전자가 있어야 하고, 둘째, 전자가 이동할 수 있는 공간이 확보되어야 한다. 공유결합을 하고 있는 실리콘에는 전자가 이동할 수 있는 빈 공간이 각 원자 사이에 존재하지만, 빈 공간을 자유롭게 움직일 수 있는 자유전자가 없다. 그리고 가전자 궤도에는 다수의 전자는 존재하나 전자들이 이동할 수 있는 공간이 없다. 가전자 궤도에는 전자가 차지할 수 있는 자리가 8개로 정해져 있으며 그 자리들은 이미 각각의 가전자들에 의해 채워져 있기 때문이다. 이것이 반도체의 저항률이 높은 까닭이다.

그런데 가전자가 외부로부터 에너지를 받으면 – 상온에서도 항상 열에너지가 공급되고 있다 - 가전자 궤도로부터 이탈하여 자유전자가 되는데, 이때 궤도에 빈자리를 남기게 된다. 가전자가 남긴 빈자리는 다른 가전자들에게 이동할 수 있는 공간을 제공한다. 다시 말해서, 반도체에 전압을 걸면 가전자가 남긴 빈자리를 통해 가전자 궤도의 전자들이 이동함으로써 전류가 흐르게 된다. 결과적으로 반도체에는 자유전자와 가전자가 반송자로 존재한다. 그런데 원자 사이의 넓은 공간을 이동하는 자유전자와 한정된 가전자 궤도의 빈자리를 통해 이동하는 가전자는 이동 속도, 유효질량 등 물리적 특성에서 큰 차이가 있다. 따라서 두 전자를 구별하기 위하여 정공$_{\text{hole}}$이라는 개념을 도입하였다. 빈자리를 이동하는 가전자는 또 다른 빈자리를 남기기 때문에 전자의 이동 대신 거꾸로 빈자리가 가전자의 이동 방향과 반대 방향으로 움직인다고 생각할 수 있다. 이와 같이 가전자 궤도에 있는 빈자리의 이동을 움직이는 입자로 가정한 것이 정공이다. 앞으로는 정공을 「양의 전하($q = 1.6 \times 10^{-19}$ $[C]$)를 띠며 고유의 질량을 가지고 있는 입자」로 간주하면 된다.

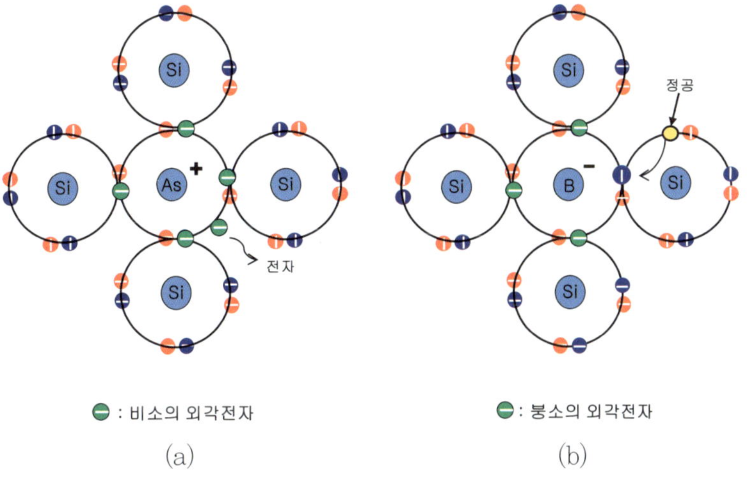

그림 2-11 불순물 도핑에 의한 (a) 전자 및 (b) 정공의 생성

다. 불순물 도핑

불순물이 첨가되지 않은 순수한 상태의 반도체를 진성반도체intrinsic semiconductor라고 한다. 실제 반도체 공정에서는 진성반도체에 불순물을 첨가하여 저항률 및 반송자 밀도 등을 조정하는데, 이런 불순물impurity 첨가공정을 도핑doping이라고 한다. 반도체 공정에서 사용하는 불순물은 오염물contaminants과는 다르다. 오염물은 반도체 소자를 제조하는 과정에서 원치 않게 유입되는 원소들이지만, 불순물은 제조 공정을 제어하기 위해 작업자가 의도적으로 주입하는 원소들이다. 실리콘 공정에는 도너donor와 억셉터acceptor라는 두 종류의 불순물이 사용된다. 도너로는 5가 원소인 P, As, Sb가 사용되며, B, Al, In, Ga과 같은 3가 원소는 억셉터로 사용된다.

그림 2-11에 비소와 붕소를 예를 들어 도핑에 의한 전자 및 정공의 생성과정을 설명하였다. 도너인 5가의 비소를 실리콘에 도핑하면, 비소의 가전자 5개 중 4개는 주위의 실리콘 원자와 공유결합을 하지만 나머지 한 개의 가전자는 공유결합에 참여하지 못하고 혼자 남게 된다. 공유결합에 참여하지 못한 전자의 에너지 레벨을 도너준위donor level라고 한다. 공유결합에 참여하지 못한 가전자는 핵 또는 주위 가전자들과의 결합력이 약해서 쉽게 자유전자로 떨어져 나온다. 따라서 도너를 도핑하면 상온에서도 자유전자가 생성되어 반도체의 저항률이 낮아진다. 도너를 도핑한 반도체를 n형(n-type)이라고 하며, 이때 전자를 n형 반도체의 다수 반송자majority carrier라고 칭한다. 전자를 잃은 비소는 양

이온이 되지만 방출된 자유전자의 음전하와 중화되어 전체적으로는 전기적 중성electrical neutrality 상태가 유지된다.

반면에 억셉터인 3가의 붕소를 실리콘에 도핑하면, 붕소는 이웃하고 있는 4개의 실리콘 원자와 공유결합을 하여 7개의 가전자를 갖게 된다. 가전자 7개를 갖는 붕소의 최외각 궤도에는 외부 전자를 위한 한 개의 빈자리가 준비되고, 이 빈자리를 통해 상온에서도 가전자의 이동이 쉽게 이루어진다. 붕소의 가전자 궤도에 생긴 빈자리를 억셉터준위acceptor level라고 한다. 실리콘의 가전자가 붕소의 빈자리로 이동한 후 남기는 빈자리는 정공이 된다. 결국 하나의 억셉터는 하나의 정공을 만든다고 생각해도 무방하다. 억셉터를 도핑한 반도체를 p형(p-type)이라고 하며, p형 반도체에서는 정공이 다수 반송자가 된다. 가전자를 받아들인 붕소는 음이온이 되지만, 정공의 양전하와 중화되어 전기적 중성 상태가 유지된다.

라. 전자 및 정공의 농도

진성반도체는 물질마다 진성농도라고 하는 고유의 전자농도(n_i) 및 정공농도(p_i)를 가지고 있다. 진성반도체에서 자유전자의 방출은 정공의 생성을 동반하기 때문에 $n_i = p_i$ 이다. 불순물 도핑에 의해 n형 또는 p형으로 바뀐 실리콘의 전자농도(n) 및 정공농도(p)는 도핑된 불순물 농도(N_d, N_A)에 비례하여 변한다. 그러나 불순물 도핑에 무관하게 실리콘의 전자농도와 정공농도의 곱은 항상 일정하다. 이것을 질량 작용 법칙mass action law이라고 하며 아래 식으로 표현된다.

$$np = n_i^2 = p_i^2 \tag{2-5}$$

예제 2-1

다이아몬드 구조의 단위정에는 8개의 원자가 포함되어 있다. Si의 원자 밀도를 구하라. Si의 격자상수lattice constant $a = 5.43 \times 10^{-8}$ $[cm]$, 무게 $m_{si} = 28.1$ $[g/mole]$이다.

풀이

$1\ [cm^{-3}]$의 Si에는 $\dfrac{8}{(5.43 \times 10^{-8})^3} = 5 \times 10^{22}$ $[atoms/cm^3]$의 원자가 들어 있다.

$$\text{실리콘의 원자 밀도} = \frac{5 \times 10^{22}\ [atoms/cm^3] \times 28.1\ [g/mole]}{6.02 \times 10^{23}\ [atoms/mole]} = 2.33\ [g/cm^3]$$

예제 2-2

비소(As)가 $N_D = 10^{18}$ $[cm^{-3}]$ 도핑된 실리콘의 전자농도(n) 및 정공농도(p)를 구하라. 실리콘의 $n_i = p_i = 1.5 \times 10^{10}$ $[cm^{-3}]$이다.

풀이

$$n = (10^{18} + 1.5 \times 10^{10})\ [cm^{-3}] \fallingdotseq N_D = 10^{18}\ [cm^{-3}]$$

$$p = \frac{n_i^2}{n} = 2.3 \times 10^2\ [cm^{-3}]$$

예제 2-3

보론이 $N_A = 10^{15}$ $[cm^{-3}]$ 도핑된 실리콘의 전자농도(n) 및 정공농도(p)는?

풀이

$$p = (10^{15} + 1.5 \times 10^{10})\ [cm^{-3}] \fallingdotseq N_A = 10^{15}\ [cm^{-3}]$$

$$n = \frac{n_i^2}{p} = 2.3 \times 10^5\ [cm^{-3}]$$

(3) 에너지 밴드 다이어그램

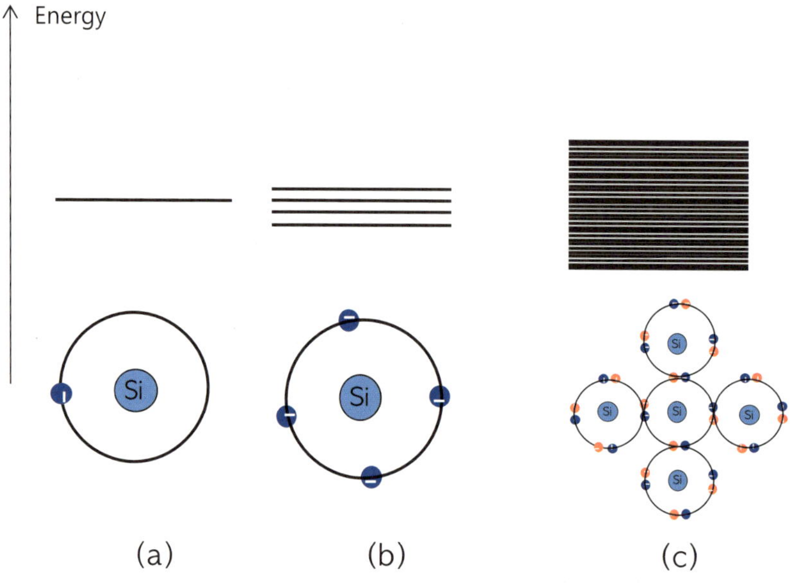

그림 2-12 실리콘 가전자 (a) 한 개, (b) 4개 및 (c) 32개의 에너지 준위

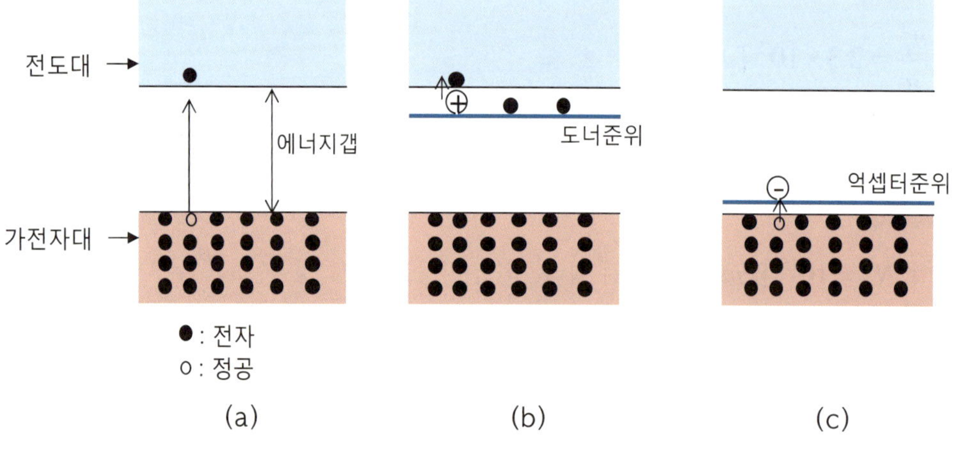

그림 2-13 (a) 진성, (b) n-type 및 (c) p-type 반도체의 에너지 밴드 다이어그램

동일한 궤도를 회전하는 전자들의 위치에너지는 같아야 하나, 「2개 이상의 전자가 같은 양자상태quantum state를 취하지 않는다」는 파울리의 배타원리Pauli's principle에 의해 각각의 전자들은 서로 다른 위치에너지(에너지 준위)를 갖는다. 예를 들어, 실리콘 원자의 가전자들은 미세한 간격을 둔 4개의 서로 다른 에너지 준위energy level에 존재한다(그림 2-12 b). 공유결합을 하는 4개의 실리콘 원자에는 32개의 가전자가 존재하므로 가전자의 에너지 준위는 더 세분되어 32개가 된다. 고체인 실리콘의 경우, 원자 밀도가 약 5 x 10^{22} [cm^{-3}]이다. 따라서 실리콘 고체의 가전자 밀도는 약 2 x 10^{23} [cm^{-3}]이 된다. 이렇게 많은 가전자의 에너지 준위가 좁은 간격을 두고 밀집되어 있다면 전자는 마치 에너지 준위가 서로 연속되어 붙어 있는 공간에서 운동하는 것처럼 보인다. 반도체에서는 밀집된 에너지 준위들을 에너지 밴드로 간주하고 물성 해석에 적용하고 있다. 가전자들의 에너지 준위가 밀집된 지역을 가전자대valence band라고 하고 자유전자의 에너지 준위가 밀집된 지역을 전도대conduction band라고 한다. 가전자대와 전도대 사이에는 전자와 정공이 머무를 수 없는 금지대forbidden band가 존재한다. 이 금지대의 크기를 에너지 밴드 갭energy band gap이라고 한다. 실리콘의 에너지 밴드 갭은 1.11 [eV]이다. 에너지 밴드 갭이 크다는 것은 가전자가 떨어져 나와 자유전자로 되는 데 큰 에너지가 필요하다는 뜻이다. 따라서 절연체의 에너지 밴드 갭은 반도체에 비해 매우 크며 도체의 에너지 밴드 갭은 0이다.

실리콘에 불순물을 도핑하면, 불순물로 사용된 원소에 의해 금지대에도 전자가 머물 수 있는 에너지 준위가 만들어진다. 도너의 에너지 준위를 도너준위donor level, 억셉터의 에너지 준위를 억셉터준위acceptor level라고 한다. 도너 및 억셉터준위는 전도대 및 가전자대에 인접해 있기 때문에 n형 반도체 및 p형 반도체에서는 작은 외부 에너지에 의해서도 전자 및 정공이 쉽게 생성된다. 그림 2-13과 같이 전자의 에너지 준위를 연속된 값으로 가정하고 그린 그림을 에너지 밴드 다이어그램energy band diagram이라고 한다.

제3장

다이오드 물성

다이오드diode는 p형 반도체와 n형 반도체를 접합한 것으로 p–n 접합이라고도 한다. 이때 p형을 애노드anode라고 하고 n형을 캐소드cathode라고 한다. p–n 접합면에는 전위 장벽potential barrier이 형성되어 전자와 정공의 흐름을 막는다. 이때 다이오드에 전압을 인가하면, 전압의 극성에 따라 전위 장벽이 낮아지거나 높아지며, 이와 같은 전위 장벽의 상태에 따라 다이오드가 도통(단락)되거나 차단(개방)된다. 전자의 에너지($-qV$)는 음이기 때문에 전위 그래프를 전자에너지 그래프로 변환하면 그래프의 아래 위가 바뀌게 된다. 반도체공학에서는 주로 에너지 밴드 다이어그램을 사용하여 전자와 정공의 운동을 설명하며, 이때의 에너지는 전자의 에너지를 의미한다. 에너지 밴드 다이어그램에서 y축을 정공의 에너지($+qV$)로 생각하면 혼란이 올 수 있기 때문에 주의를 요한다.

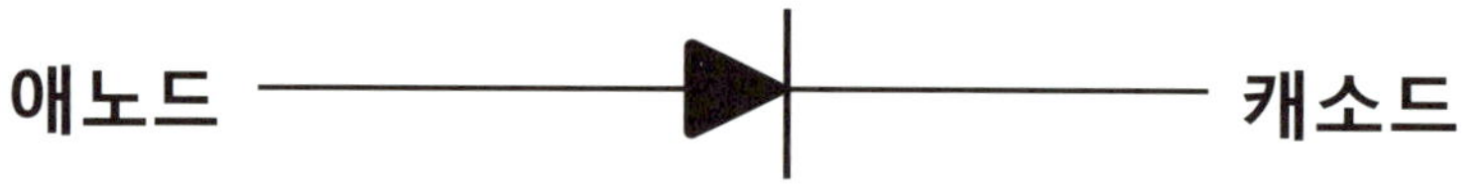

그림 3–1 다이오드 기호

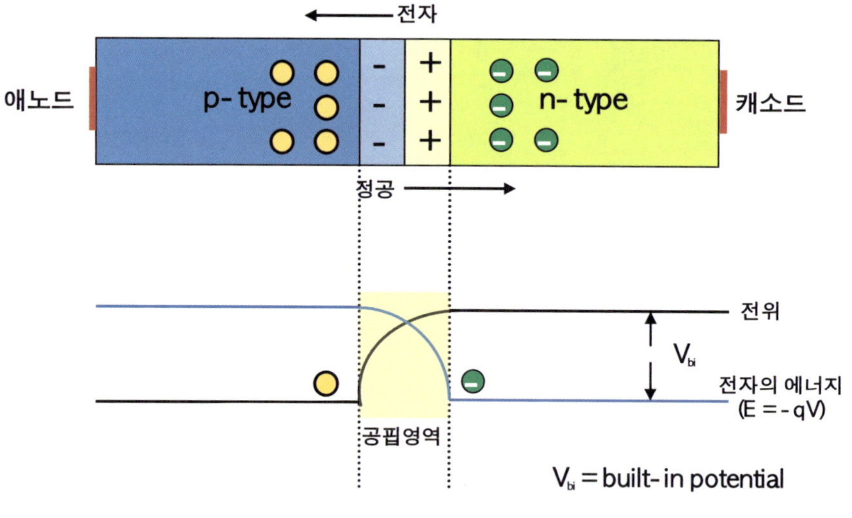

그림 3–2 p–n 접합에서 전자와 정공의 확산에 의한 전위 및 에너지 장벽 형성

3-1 전위 장벽 Potential barrier

p-n 접합에서는 반송자 밀도 차이에 의해 전자와 정공의 확산이 일어난다. p 영역에는 정공과 음이온이, 그리고 n 영역에는 전자와 양이온이 섞여 있어서 전체적으로 전기적 중성 상태를 유지하고 있다. 따라서 정공이 확산되어 떠난 자리에는 음이온이 남고 전자가 떠난 자리에는 양이온이 남는다. 이런 이온들에 의한 전하를 공간전하space charge라고 한다. 이와 같은 전자와 정공의 확산에 의해 p-n 접합의 경계면에는 공간전하로 이루어진 공핍영역depletion region이 만들어진다. 공핍영역에 있는 전하들은 강한 전계를 형성하고 이 전계는 전자와 정공의 이동을 억제한다. 반송자들의 밀도 차이에 의한 확산의 힘과 반송자들을 밀어내는 전계의 힘이 평형을 이룰 때 확산은 멈추게 된다. 확산이 멈춘 상태에서 공핍영역에는 전위차가 존재하는데, 이것을 전위로는 built-in voltage(V_{bi})이라고 하고 에너지로 표현할 때는 built-in potential($-qV_{bi}$)이라고 한다. Built-in potential에 음의 부호가 붙는 것은 전자의 에너지이기 때문이다. 전자 및 정공의 운동을 설명하기 위해 에너지 밴드 다이어그램을 사용하는 경우가 많은데, 에너지 밴드 다이어그램의 y축은 전자의 에너지를 나타내기 때문에 양의 전위를 인가한 쪽의 에너지 레벨이 오히려 아래 방향으로 내려간다.

공핍영역에는 V_{bi} 에 의한 전위 장벽이 존재한다. 공핍영역의 V_{bi} 는 불순물 농도와 아래의 관계를 갖는다.

$$V_{bi} = V_T \ln(\frac{N_a N_d}{n_i^2}) \tag{3-1}$$

$V_T = kT/q$, N_a는 억셉터 농도, N_d는 도너 농도, n_i는 진성반송자 농도이다. 공핍영역에도 빛, 열과 같은 외부 에너지에 의해 일시적으로 전자와 정공이 생성될 수 있다. 그러나 이렇게 생성된 전자 및 정공들은 공간전하에 의해 형성된 강한 전계에 의해 공핍영역의 가장자리로 이내 끌려가 버린다. 이와 같이 p-n 접합의 경계영역에는 머물러 있는 전자와 정공이 존재하지 않기 때문에 이곳을 공핍영역이라고 한다.

예제 3-1

① Si의 p-n 접합에서 $N_a = 2.0 \times 10^{16}\ [cm^{-3}]$, $N_d = 1.5 \times 10^{17}\ [cm^{-3}]$ 일 때 built-in voltage(V_{bi})는 얼마인가?

Si의 $n_i = 1.5 \times 10^{10}\ [cm^{-3}]$, $k = 1.38 \times 10^{-23}\ [J/K] = 8.62 \times 10^{-5}\ [eV/K]$,

상온(room temperature, 300 $[K]$)에서의 $kT = 0.0259\ [eV]$이다.

② Ge의 경우에 V_{bi}는 얼마인가? Ge의 $n_i = 2.5 \times 10^{13}\ [cm^{-3}]$이다.

풀이

① $V_{bi} = V_T \ln(\frac{N_a N_d}{n_i^2}) = 0.78\ [V]$

② $0.40\ [V]$

3-2 전류-전압 특성I-V characteristics

p-n 접합의 경계면에는 공간전하에 의해 전위 장벽이 형성된다. 따라서 열평형상태thermal equilibrium 에서는 다이오드에 전류가 흐르지 않는다. 그러나 다이오드에 전압을 인가하면 열평형상태가 깨지고 전위 장벽의 크기가 바뀌면서 반송자의 운동에 변화가 일어난다.

애노드에 캐소드보다 더 높은 전위를 인가하는 것을 순방향 바이어스forward bias라고 하며, 그 반대를 역방향 바이어스reverse bias라고 한다. 다이오드에 전압을 인가하면 그 전압은 모두 공핍영역에 걸린다. 왜냐하면 반송자들이 거주하지 않는 공핍영역은 그 저항이 매우 크기 때문이다.

다이오드에 순방향 전압이 인가되면, p-n 접합의 전위 장벽이 낮아져 전자와 정공의 확산이 다시 일어난다. 이것은 댐의 둑이 낮아지면 갇혀 있던 물이 넘쳐흐르는 것과 같다. 요약하면, 순방향 바이어스된 다이오드에는 재개된 반송자의 확산에 의해 전류가 흐른다. 그러나 다이오드에 역방향 전압이 인가되면, 전위 장벽이 더 높아져 전자와 정공의 이동이 더욱 어려워진다. 따라서 역방향 바이어스된 다이오드에는 전류가 흐르지 않는다. 이와 같이 한쪽 방향으로만 전류가 흐르는 p-n 접합과 같은 접촉을 정류성 접촉rectifying contact이라고 하며, 일반 도체처럼 양방향으로 전류가 흐르는 접촉을 저항성 접촉Ohmic contact이라고 한다.

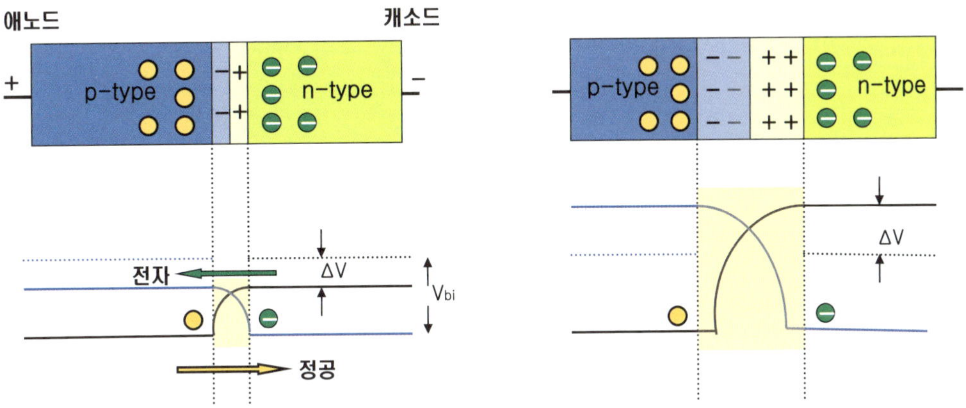

그림 3-3 (a) 순방향 및 (b) 역방향 바이어스에 의한 전위 장벽 변화

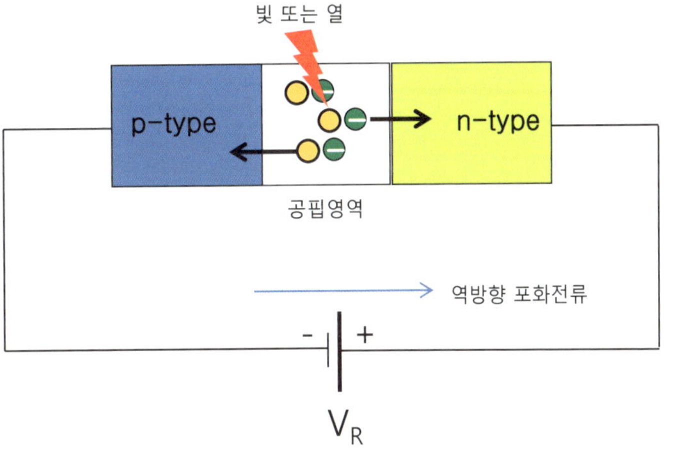

그림 3-4 역방향 바이어스된 다이오드의 누설전류

다이오드가 역방향 바이어스되면 공핍영역이 확장된다. 확장된 공핍영역에 빛 또는 열에 의한 에너지가 가해지면 에너지를 받은 가전자가 전도대로 뛰어 올라가면서 전자-정공쌍이 생성된다electron-hole pair generation. 생성된 전자 및 정공은 역방향 전압 V_R에 의해 각각 캐소드n-type 및 애노드p-type 방향으로 끌려간다. 따라서 역방향 바이어스된 다이오드에는 순방향 전류와 반대 방향으로 역방향

포화전류가 흐른다. 역방향 포화전류는 순방향 전류와 달리 반송자의 농도 차이에 의한 확산전류 diffusion current가 아니라 공핍영역의 전계에 의한 유동전류drift current이다.

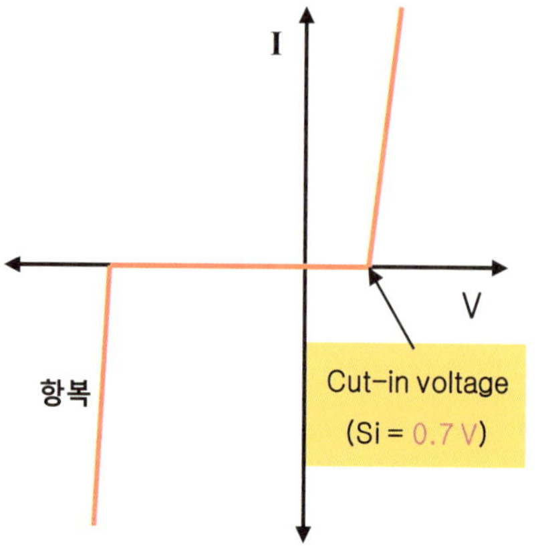

그림 3-5 다이오드의 전류-전압 특성

3-3 항복 Breakdown

역방향 포화전류는 전압의 크기에 상관없이 일정하게 흐른다. 그러나 역방향 전압을 계속 증가시키면 어느 전압에서 역방향 전류가 급격하게 증가한다. 이런 현상을 항복 또는 절연파괴라고 한다. 다이오드의 항복 현상은 제너항복Zener breakdown과 사태항복avalanche breakdown으로 구분된다. 제너항복은 비교적 낮은 전압에서 일어나고 사태항복은 높은 전압에서 발생한다.

(1) 제너항복

공핍영역의 두께는 p형 및 n형 반도체의 불순물 농도에 반비례한다. 따라서 고농도 p형(p^+) 및 고농도 n형(n^+) 반도체를 접합시키면 공핍영역의 두께가 감소한다. 절연체의 두께가 어느 한계 이하로 얇아지면, 전자가 절연체의 에너지 장벽을 뚫고 통과하는 터널링tunneling 현상이 나타난다. p^+-n^+ 접합에서 공핍영역의 전계가 높아지면 p^+의 가전자가 에너지 장벽을 뚫고 n^+의 전도대로 이동하는 터널링

전류가 흐르게 된다. 이런 터널링에 의해 역방향 전류가 급격히 증가하는 현상을 제너효과Zener effect 라고 한다. 제너 다이오드는 전자의 터널링에 의한 절연파괴를 이용한 소자이다. 제너항복이 일어나는 과정은 다음과 같이 생각할 수도 있다. 공핍영역의 두께가 감소함에 따라 공핍영역의 전계가 증가한다. 강한 전계는 공유결합하고 있는 전자를 가전자 궤도로부터 탈출시키고, 가전자 궤도로부터 벗어난 전자는 자유전자가 되어 절연파괴의 원인이 된다.

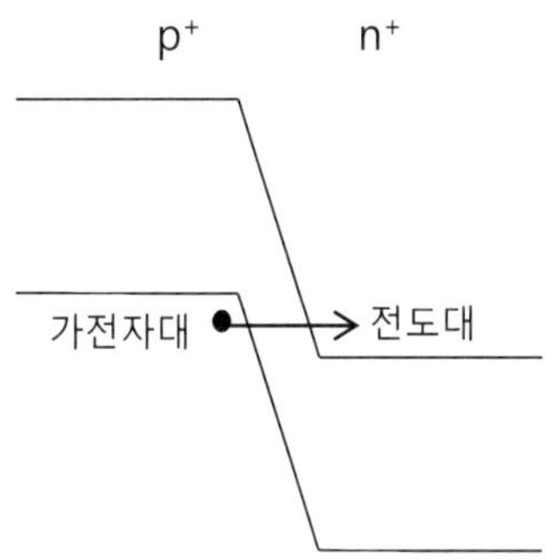

그림 3-6 터널링에 의한 전자 이동

(2) 사태항복

항복의 진행 과정이 눈사태와 유사하다는 의미에서 사태항복이라고 한다. 높은 역방향 전압에 의해 공핍영역의 전계가 강해지고 이로 인해 공핍영역을 이동하는 전자의 속도가 커진다. 속도 증가로 인해 운동에너지가 커진 전자가 공핍영역의 가전자와 충돌하면서 새로운 전자 및 정공을 탄생시킨다. 이러한 연쇄적인 전자충돌에 의한 전자-정공 쌍생성은 절연파괴의 원인이 되며, 이런 현상을 사태항복이라고 한다. 항복전압(V_{be}) 부근에서 전자의 증식률multiplication은 아래 식으로 표현된다.

$$M = \frac{1}{1-(V/V_{br})^n} \tag{3-2}$$

n은 다이오드의 재료에 따라 다르지만 일반적으로 3 ~ 6의 값을 갖는다.

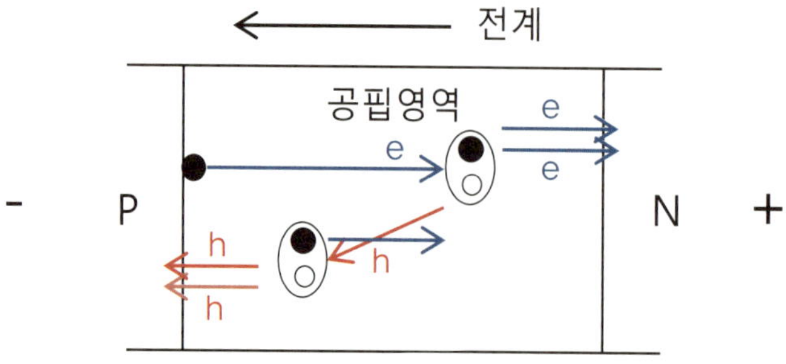

그림 3–7 사태항복의 원인이 되는 전자충돌에 의한 전자–정공쌍 생성

3–4 확산 및 공핍 커패시턴스 Diffusion & depletion capacitance

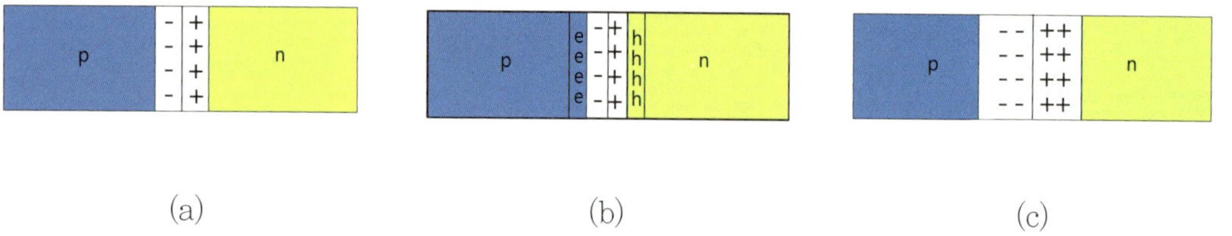

그림 3–8 바이어스에 따른 공핍영역의 변화: (a) 평형상태, (b) 순방향 및 (c) 역방향

커패시턴스(C)는 전압(V)에 따른 전하량(Q)의 변화로서 아래 식으로 표현된다.

$$C = \frac{\Delta Q}{\Delta V} \tag{3–3}$$

다이오드에 순방향 또는 역방향 바이어스를 인가하면 접합영역의 전하량이 변한다. 이것은 다이오드에 커패시턴스 성분이 존재함을 의미한다. 다이오드의 접합영역에서 일어나는 바이어스에 따른 전하량의 변화를 확산 및 공핍 커패시턴스라고 부른다. 다이오드의 커패시턴스는 전압의 함수이다. 이와 같이 전압에 따라 커패시턴스가 변하는 소자를 바랙터variable reactor, varactor라고 한다. 확산 및 공핍 커패시턴스는 다이오드의 동작을 지연시킨다.

(1) 확산 커패시턴스

다이오드에 순방향 전압을 인가하면 접합영역의 에너지 장벽이 낮아져 전자와 정공의 확산이 다시 시작된다. 공핍영역을 지나 p형으로 진입한 전자는 정공을 만나 재결합을 한다. 그러나 공핍영역의 가장자리에는 확산에 의해 진입하는 전자가 재결합하는 전자보다 더 많기 때문에 소수 반송자인 전자들이 남아서 축적된다(그림 3-8b). 같은 방식으로 n형으로 진입한 정공은 n형 측 공핍영역의 가장자리에 축적된다. 이와 같이 순방향 전압의 증감(ΔV_F)에 따라 축적된 소수 반송자농도(Δn)의 변화비가 확산 커패시턴스(C_D)이다.

$$C_D = \frac{\Delta Q_C}{\Delta V_F} = \frac{q\Delta n}{\Delta V_F} \tag{3-4}$$

(2) 공핍 커패시턴스

다이오드에 역방향 전압을 인가하면 그림 3-8(c)처럼 공핍영역이 확장된다. 공핍영역이 확장된다는 것은 공핍영역에 존재하는 전하량이 증가한다는 것을 뜻한다. 역방향 전압의 증감(ΔV_R)에 따라 공핍영역 전하량(ΔQ_D)의 변화가 공핍 커패시턴스(C_T)이다.

$$C_T = \frac{\Delta Q_D}{\Delta V_R} \tag{3-5}$$

다이오드 전압에 따른 커패시턴스의 변화를 그림 3-9에 나타내었다. 다이오드는 바랙터로 사용되기도 한다.

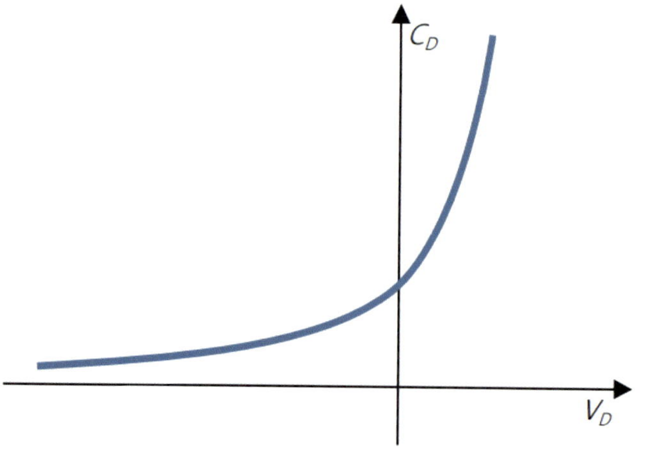

그림 3-9 전압에 따른 다이오드의 커패시턴스 변화

예제 3-2

어떤 다이오드의 역방향 전압(V_R)과 전하량(Q)이 아래의 식으로 표현된다면 $V_R = -5\ [V]$일 때 ① 공핍 커패시턴스(C_D)는 얼마인가? ② A의 단위는 무엇인가?

$Q = AV^{\frac{1}{2}}\ [C]$, 여기서 A는 상수이다.

풀이

① $C_D = \frac{\Delta Q}{\Delta V}\Big|_{VR=-5\ [V]} = \frac{1}{2}AV^{-\frac{1}{2}} = 0.22A\ [F]$

② $A = \frac{Q}{V^{1/2}} = \frac{[C]}{[V^{1/2}]}$

(3) 역방향 회복시간

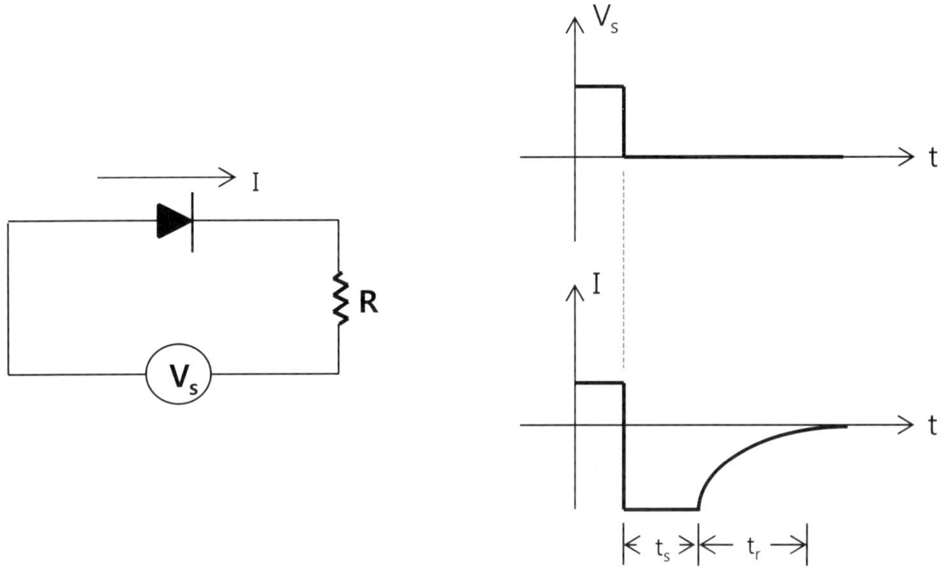

그림 3-10 역방향 바이어스에 의한 전류 변화

순방향 바이어스 상태의 다이오드를 역방향으로 바꾸면 즉시 전류의 흐름이 끊겨야 한다. 그러나 실제로는 역방향 바이어스로 바뀐 후에도 일정 시간 동안 다이오드에 전류가 흐른다. 이것은 순방향 바이어스 동안 축적된 소수 반송자가 역방향 바이어스에 의해 소멸되는 시간이 필요하기 때문이다. 외부 전원을 순방향에서 역방향으로 전환한다고 해서 다이오드에 인가된 전압이 순간적으로 바뀌지는 않는다. 일정 시간 동안 다이오드의 전압은 순방향 상태의 전압(실리콘의 경우 0.7 [*V*])을 유지한다. 이 시간을 저장시간(t_s)이라고 한다. 저장시간이 지나고 나면 다이오드의 전류는 급격히 감소하여 0이 된다. 전류가 감소하기 시작하여 0이 되는 데 걸리는 시간을 전이시간(t_r)이라고 한다. 그리고 저장시간과 전이시간의 합이 다이오드가 도통에서 차단으로 바뀌는 데 필요한 역방향 회복시간이다.

제4장

다이오드 회로

4-1 등가모델 Equivalent model

다이오드는 순방향으로 바이어스되어 있을 때 전류가 흐르고 역방향 바이어스 상태에서는 전류가 흐르지 않는다. 여기서 순방향 바이어스란 애노드의 전위가 캐소드보다 높은 경우이다. 그러나 정확하게 표현하면, 애노드-캐소드 전압이 built-in voltage(V_{bi})보다 높을 때 비로소 다이오드에 전류가 흐르기 시작한다. 다이오드에 인가되는 전압은 대부분 공핍영역에 걸리고 그 전압은 V_{bi}를 넘지 않는다. 따라서 다이오드는 V_{bi}의 크기를 갖는 전압원으로 등가화할 수 있다. 저전류에서는 다이오드의 몸체bulk에 존재하는 직렬저항(r_D)을 무시할 수 있다. 그러나 다이오드에 큰 전류가 흐를 때에는 r_D를 고려해야 한다. 따라서 다이오드의 등가모델은 V_{bi}와 r_D의 적용 여부에 의해 세 종류로 구분되어 사용된다. 순방향으로 바이어스된 다이오드의 애노드와 캐소드를 단락으로 간주하거나 V_{bi} 또는 V_{bi}와 r_D의 직렬회로로 등가화할 수 있다. 실리콘 다이오드의 경우 V_{bi} = 0.7 [V]이다.

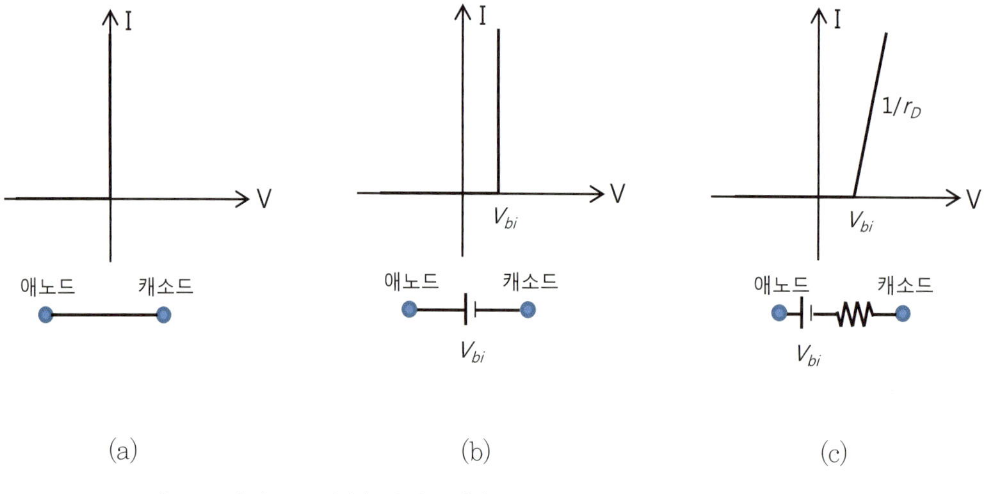

그림 4-1 다이오드의 (a) 이상적, (b) 정전압 및 (c) 구간선형 등가모델

다이오드의 전류–전압 특성을 수학적으로 모델링하면 아래 식으로 표현된다.

$$I_D = I_0(e^{\frac{qV_D}{nkT}} - 1) \tag{4-1}$$

n 은 다이오드의 구조에 따라 바뀌며 1~2 사이의 값을 갖는다. 그리고 T 는 절대온도이다. 다이오드의 전류–전압 특성은 선형이 아니다. 따라서 인가된 전압에 따라 저항이 변한다. 일반적으로 표현되는 $R = \frac{V}{I}$ 는 정저항static resistance 또는 직류저항이라고 한다. 다이오드와 같이 비선형 전류–전압 특성을 갖는 소자의 경우에는 구간별로 평균저항($R_{av} = \frac{\Delta V}{\Delta I}$)이 다르다. 전류의 간격이 거의 0이 되는 미소 구간에서 구한 $R_d = \lim_{\Delta I \to 0} \frac{\Delta V}{\Delta I} = \frac{dV}{dI}$ 를 동저항dynamic resistance 또는 교류저항이라고 하며 소신호small signal 등가모델에 사용한다.

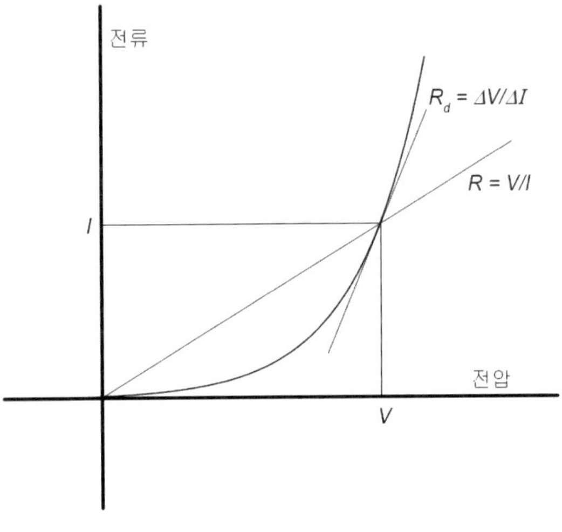

그림 4–2 다이오드의 정저항(R) 및 동저항(R_d)

예제 4-1

부하선load line을 사용하여 다이오드의 전류(I_Q)와 전압(V_{DQ})을 구하라.

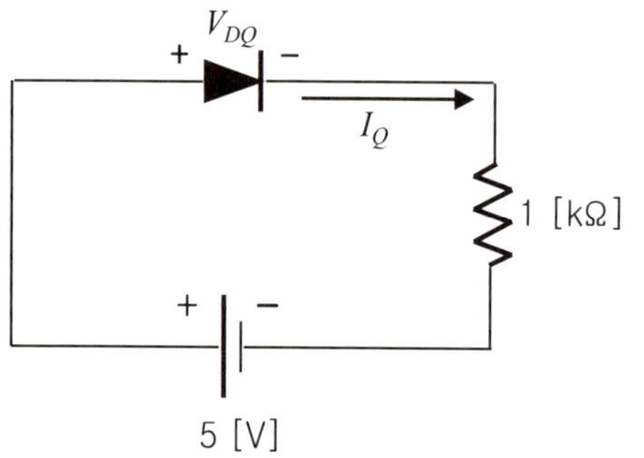

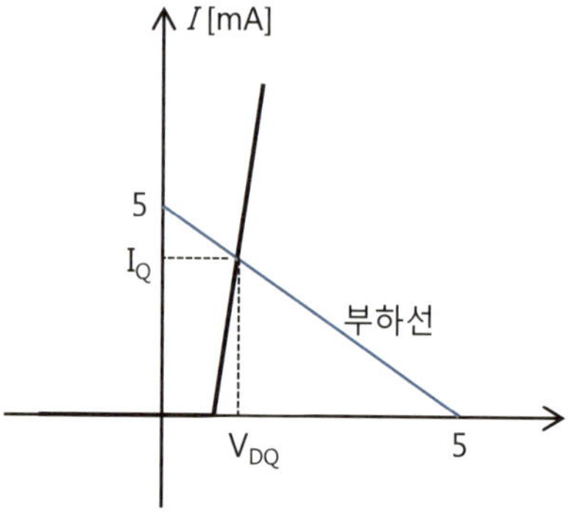

풀이

부하선: $I = (-V_D + 5)$ [mA]

부하선과 다이오드 특성곡선이 만나는 점이 (I_Q, V_{DQ})이다.

예제 4-2

다이오드의 정전압 모델을 사용하여 전류(I)와 전압(V)을 구하라.

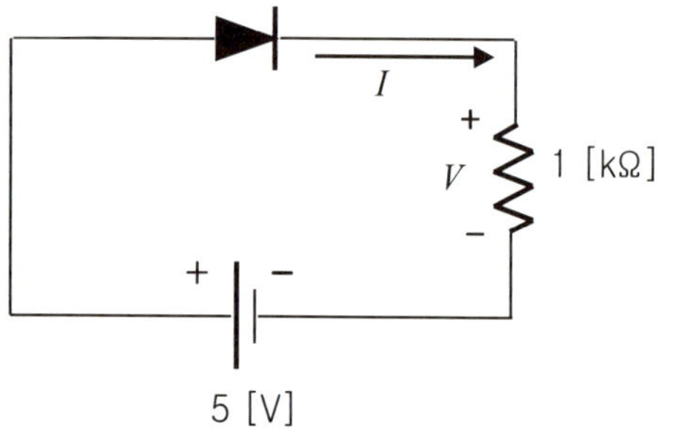

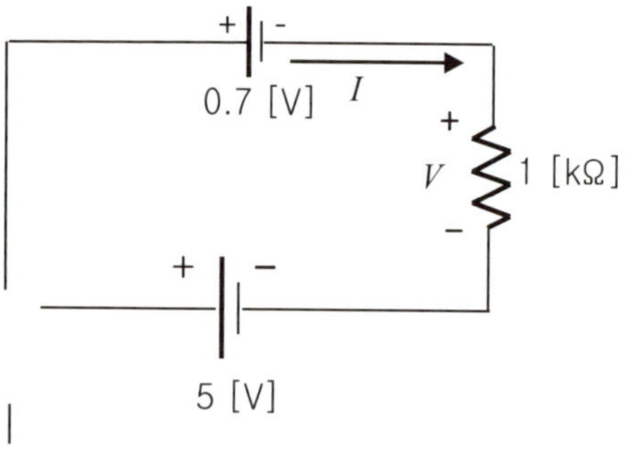

풀이

$(0.7 + V - 5)$ [V] $= 0$

$V = 4.3$ [V], $I = V/1$ [$k\Omega$] $= 4.3$ [mA]

예제 4-3

아래 회로의 전류(I)와 전압(V)을 구하라.

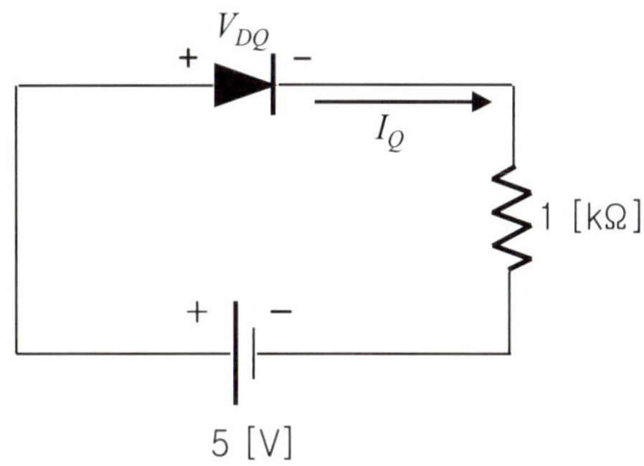

풀이

$(0.7 + 0.7 + V - 5)\ [V] = 0$

$V = 3.6\ [V],\ I = V/2.2\ [k\Omega] = 1.6\ [mA]$

예제 4-4

아래 회로의 전류(I)와 전압(V)을 구하라.

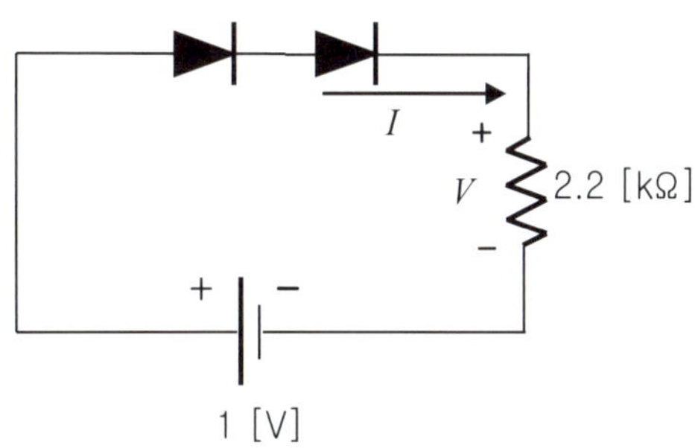

풀이

2개의 다이오드가 도통되려면 $(0.7 + 0.7)\ [V] = 1.4\ [V]$ 이상의 전압이 인가되어야 한다. 그런데 인가된 전압이 $1\ [V]$ 이므로 두 다이오드는 모두 차단상태이다.

$\therefore\ I = 0\ [mA],\ V = 0\ [V]$

예제 4-5

아래 회로의 각 전류와 전압(V)을 구하라.

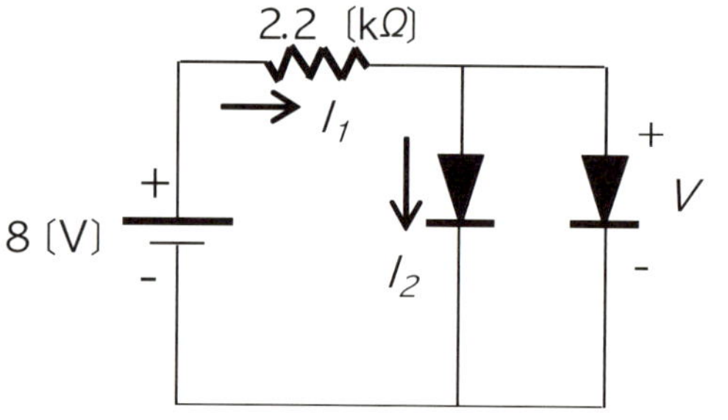

풀이

$V = 0.7\ [V],\ I_1 = (8 - 0.7)/2.2\ [mA] = 3.3\ [mA]$

$I_2 = I_1/2 = 1.66\ [mA]$

예제 4-6

아래 회로의 각 전류와 전압(V)을 구하라. $V_{bi}(Si) = 0.7\ [V]$, $V_{bi}(Ge) = 0.3\ [V]$

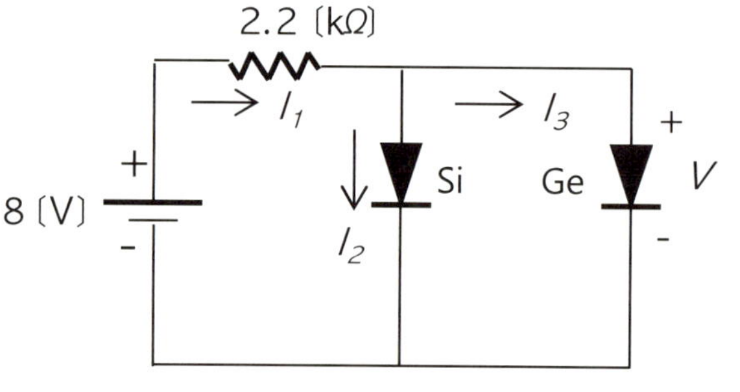

풀이

Ge 다이오드가 먼저 도통되므로 Si 다이오드는 차단된다.

$V = 0.3\ [V]$

$I_1 = (8 - 0.3)/2.2\ [mA] = 3.5\ [mA]$

$I_2 = 0\ [\text{mA}],\ I_3 = 3.5\ [mA]$

예제 4-7

아래 회로의 각 전류와 전압(V)을 구하라.

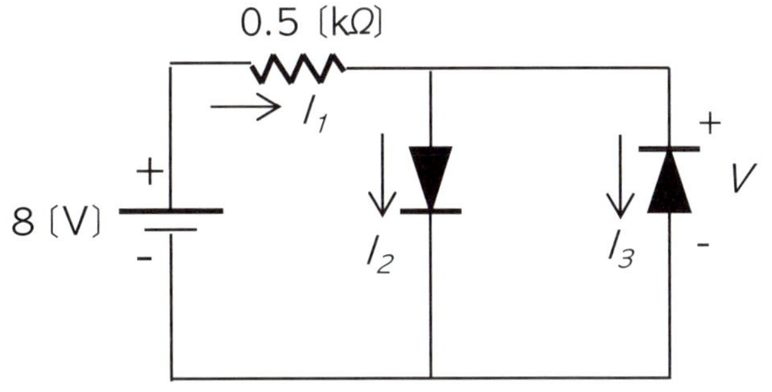

풀이

$V = 0.7$ [V]

$I_1 = (8 - 0.7)/0.5$ [mA] $= 14.6$ [mA]

$I_3 = 0$ [mA]

$I_2 = I_1 = 14.6$ [mA]

예제 4-8

아래 회로의 각 전류와 전압(V)을 구하라.

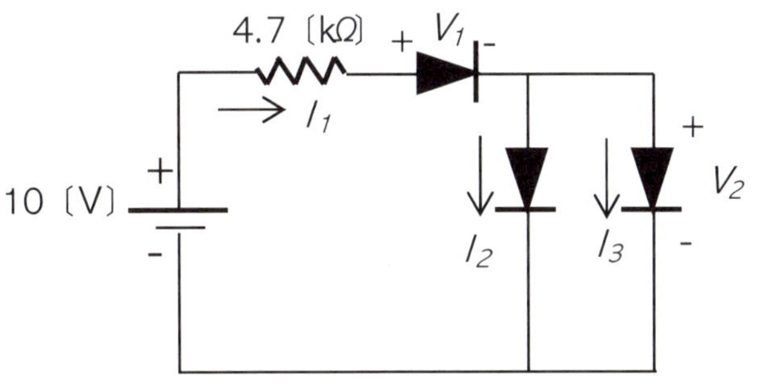

풀이

$V_1 = 0.7$ [V], $V_2 = 0.7$ [V]

$I_1 = (10 - 1.4)/4.7$ [mA] $= 1.83$ [mA]

$I_2 = I_3 = 1.83/2$ [mA] $= 0.91$ [mA]

예제 4-9

아래 회로의 각 전류와 전압(V)을 구하라.

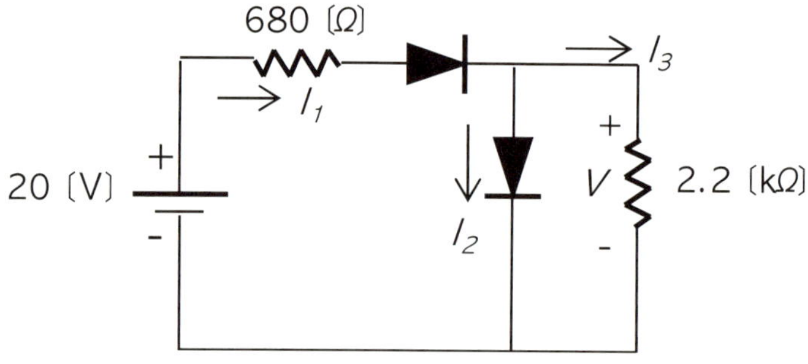

풀이

$V = 0.7\ [V]$

$I_1 = (20 - 1.4)/0.68\ [mA] = 27.35\ [mA]$

$I_3 = 0.7/2.2\ [mA] = 0.32\ [mA]$

$I_2 = I_1 - I_3 = 27.03\ [mA]$

예제 4-10

아래 회로의 각 전류와 전압(V)을 구하라.

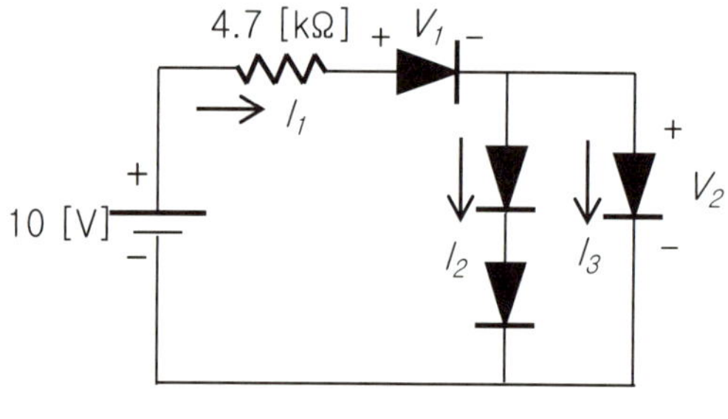

풀이

$V_1 = V_2 = 0.7\ [V]$

$I_1 = (10 - 1.4)/4.7\ [mA] = 1.83\ [mA]$

$I_3 = I_1 = 1.83\ [mA]$, $I_2 = 0$

예제 4-11

각 다이오드에 흐르는 전류를 구하라.

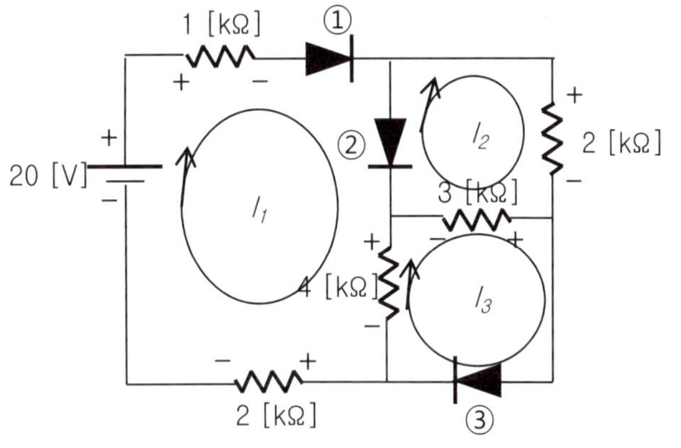

풀이

3개의 폐루프를 만든 후 키르히호프의 전압법칙을 적용한다.

첫째 루프: $20 - I_1 - 0.7 - 0.7 - 4(I_1 - I_3) - 2I_1 = 0$
둘째 루프: $0.7 - 2I_2 - 3(I_2 - I_3) = 0$
셋째 루프: $4(I_1 - I_3) + 3(I_2 - I_3) - 0.7 = 0$

$I_1 = 4.69\ [mA],\ I_2 = 2.27\ [mA],\ I_3 = 3.55\ [mA]$

따라서

① $= I_1 = 4.69\ [mA]$, ② $= I_1 - I_2 = 2.42\ [mA]$, ③ $= I_3 = 3.55\ [mA]$

예제 4-12

$V_D = 0.7$ $[V]$일 때 다이오드의 정저항(R) 및 동저항(R_d)을 전류-전압식으로부터 구하라.

$$I_D = I_0(e^{\frac{qV_D}{nkT}} - 1),\ I_0 = 10^{-12}\ [A],\ n = 1,\ \frac{kT}{q} = 0.024\ [V]$$

풀이

$$R = \frac{V_D}{I_D} = 0.7 / 10^{-12}(e^{\frac{0.7}{0.024}} - 1)\ [\Omega] = 0.15\ [\Omega]$$

$$R_d = \frac{dV_D}{dI_D} = \frac{nkT}{qI_D} = 0.0052\ [\Omega]$$

4-2 응용회로 Application circuits

(1) 정류기 Rectifier

다이오드에는 순방향 바이어스 때만 전류가 흐른다. 따라서 다이오드의 애노드에 교류전압을 인가하면 양의 신호만 출력으로 전달된다. 이와 같이 한쪽 방향으로만 전류가 흐르는 것을 정류라고 한다.

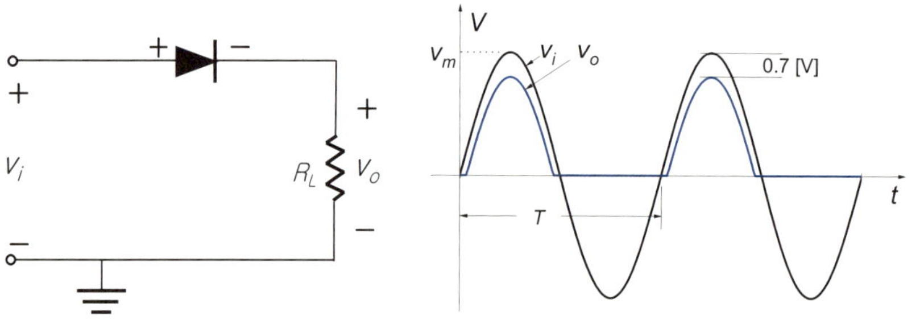

그림 4-3 반파 정류회로 및 입출력 신호

그림 4-3에 반파 정류회로를 나타내었다. 입력이 음일 때는 다이오드가 개방되어 부하저항에 신호가 전달되지 않으며, 양일 때는 다이오드의 전압 0.7 [V]를 제외한 나머지 전압이 부하로 전달된다. 부하는 전력을 소비하는 시스템으로서 부하저항(R_L)으로 표시된다. 입력신호의 반주기만 출력에 나타나는 반파 정류기half-wave rectifier의 직류 값은 전체 신호의 평균값으로 표현되며 아래 식과 같다.

$$V_{dc} = V_m \int_0^{\frac{T}{2}} \sin(\frac{2\pi t}{T})dt \fallingdotseq 0.318 V_m \qquad (4\text{-}2)$$

만약 다이오드 전압 0.7 [V]를 고려한다면, V_m 대신 V_m-0.7을 대입하면 된다. 역방향 바이어스되는 입력전압은 다이오드에 모두 걸린다. 따라서 다이오드가 견딜 수 있는 최대 역방향 전압인 역방향 피크 전압 정격peak inverse voltage rating, PIV은 (V_m-0.7) [V] 이상이어야 한다.

직류전압의 수준을 높이기 위해서 전파 정류기full-wave rectifier가 사용된다. 대표적인 전파 정류회로는 브리지bridge 회로이다. 그림 4-4는 전파 정류 특성을 갖는 브리지 회로이다. 그림 4-5에서 보는 바와 같이 입력전압이 양이든 음이든 부하저항에 흐르는 전류의 방향은 동일하다. 이것은 입력신호가 인가될 때, 단락되는 다이오드가 입력신호의 극성에 따라 다르기 때문이다. 브리지 회로에서 부하저항의 전위는 입력전압의 극성에 관계없이 항상 오른쪽이 왼쪽보다 높다.

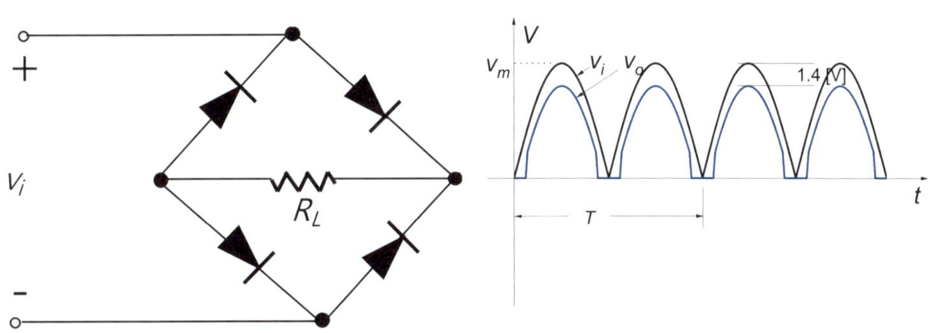

그림 4-4 전파 정류회로 및 입출력 신호

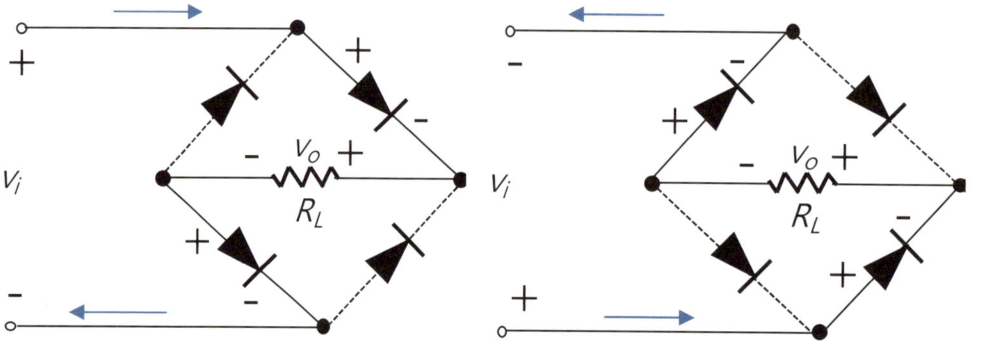

그림 4-5 바이어스 극성에 따른 전류 흐름

전파 정류기 부하의 평균전압은 아래 식으로 구할 수 있다.

$$V_{dc} = V_m \int_0^T \sin(\frac{2\pi t}{T})dt \fallingdotseq 0.636V_m \tag{4-3}$$

만약 다이오드에 걸리는 전압을 고려한다면, 전파 정류기의 평균전압은 $0.636(V_m - 1.4)$ $[V]$가 된다. 그리고 브리지 회로에서 역방향 바이어스되는 다이오드에는 순방향 전압 0.7 $[V]$를 제외한 나머지 전압이 모두 걸리므로 브리지 회로의 PIV는 $(V_m - 0.7)$ $[V]$이다. 브리지 정류기에 사용되는 다이오드의 PIV 정격은 $(V_m - 0.7)$ $[V]$ 이상이어야 한다.

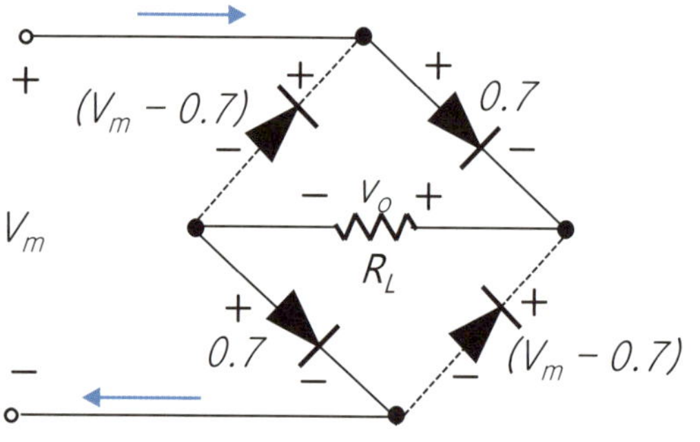

그림 4-6 브리지 회로의 PIV

브리지 회로를 이용하면 출력의 직류성분이 증가하지만, 전파 정류신호 역시 완전한 직류로는 볼 수 없다. 시간이 변해도 전압의 극성 및 크기가 변하지 않는 완전한 직류를 얻으려면 커패시터를 부하저항에 병렬로 연결해야 한다. 커패시터를 부하저항에 병렬로 연결하면, 커패시터는 최대 부하전압으로 충전된다. 커패시터를 연결하지 않은 부하의 전파 정류신호는 직류와 교류성분이 섞여 있는 상태라고 보면 된다. 커패시터에 충전되어 있는 전하는 부하저항을 통해 방전된다. 이런 방전에 의해 시정수($R_L C$)의 맥류 즉, 리플ripple이 출력파형에서 발생한다. 리플을 줄이려면 커패시터의 용량을 늘려야 한다.

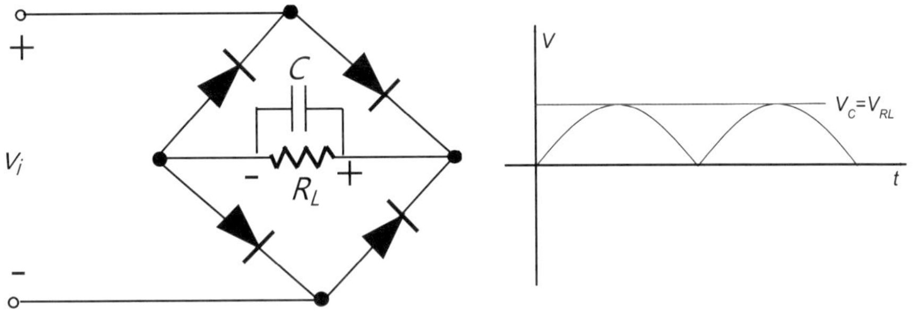

그림 4-7 부하에 커패시터를 연결한 평활회로 ($R_L \cong \infty$)

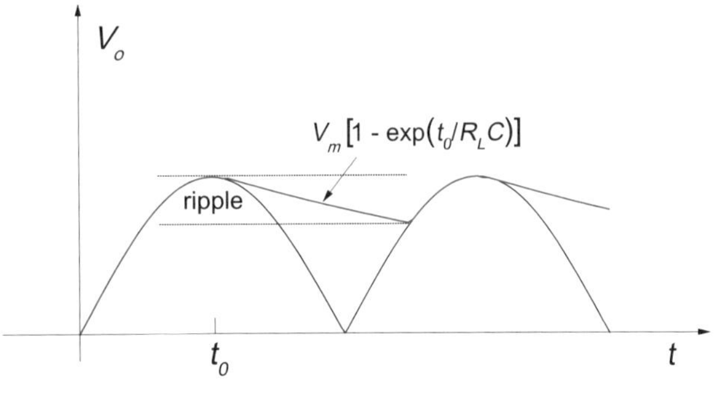

그림 4-8 부하에 커패시터를 연결한 평활회로

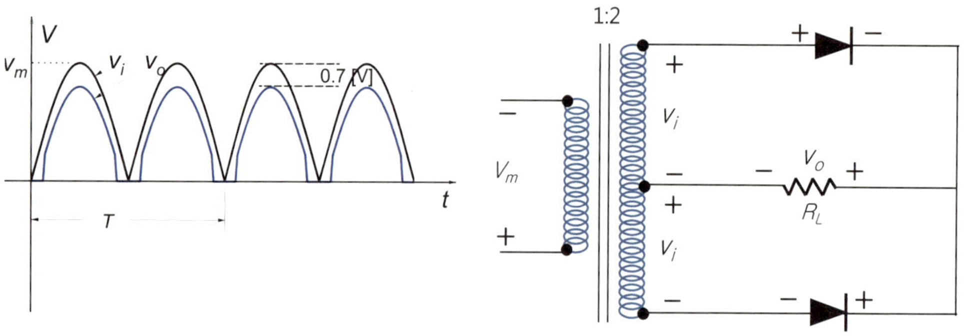

그림 4-9 중심탭 변압기 전파 정류기

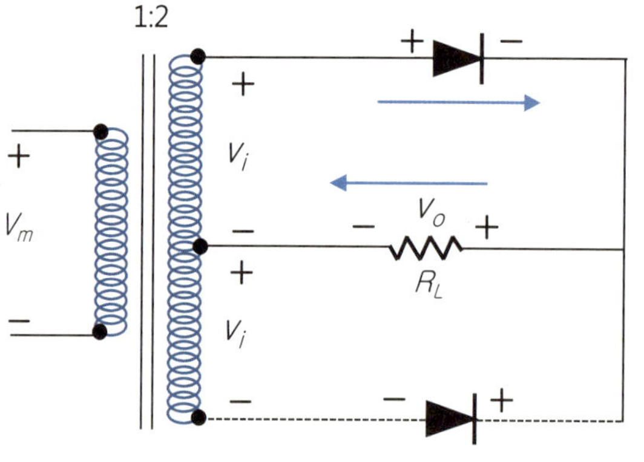

그림 4-10 양의 전압에 대한 중심탭 변압기 전파 정류기의 전류 흐름

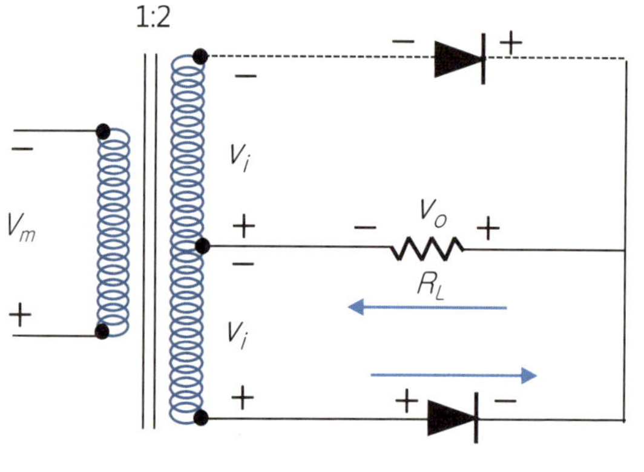

그림 4-11 음의 전압에 대한 중심탭 변압기 전파 정류기의 전류 흐름

전파 정류기는 중심탭center-tapped, CT 변압기transformer를 사용하여 구성할 수도 있다. 입력전압이 양이면 상단의 다이오드가 단락되고 음이면 하단의 다이오드가 단락된다. 그러나 두 경우 모두 부하저항으로 흐르는 전류의 방향은 동일하다. 따라서 부하저항의 전위는 입력전압의 극성에 관계없이 항상 오른쪽이 왼쪽보다 높다.

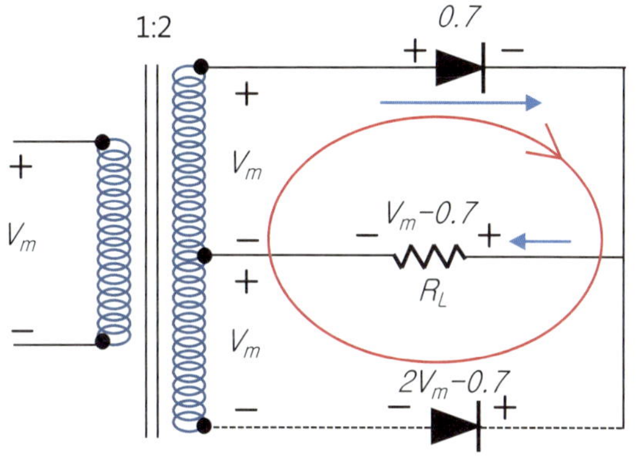

그림 4-12 중심탭 변압기 전파 정류기의 PIV

다이오드의 역방향 전압은 입력전압이 V_m일 때 최대가 된다. 그림 4-12에서 폐루프 방향으로 KVL을 적용한다. 여기서 구한 하단 다이오드의 전압 즉, PIV는 $(2V_m - 0.7)\ [V]$이다. 중간탭 변압기 전파 정류기의 PIV 정격은 $(2V_m - 0.7)\ [V]$이상이어야 한다.

예제 4-13

아래 회로의 출력파형(v_o)을 구하라.

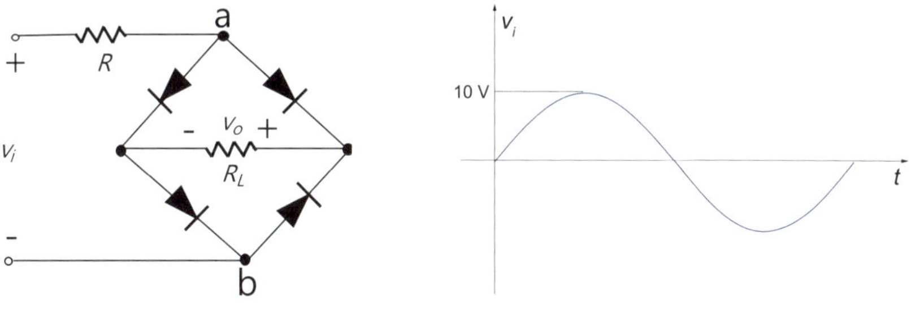

풀이

양의 입력에서는 v_o=0이 되고 음의 입력에서는 a−b가 개방상태가 된다. 따라서 v_o는 관측되지 않는다.

예제 4-14

아래 회로의 출력파형과 PIV를 구하라. 다이오드의 순방향 전압은 무시하라.

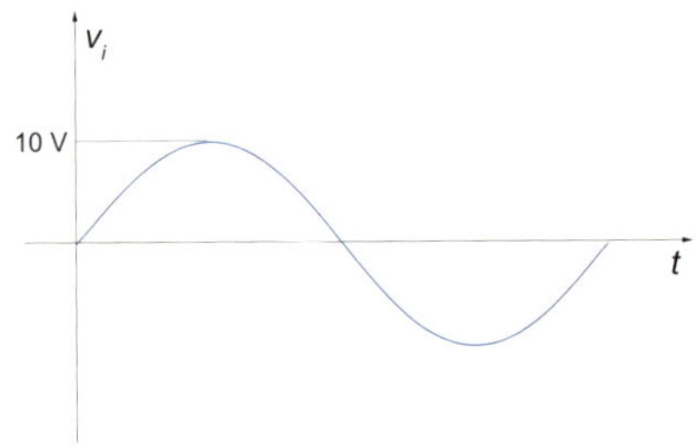

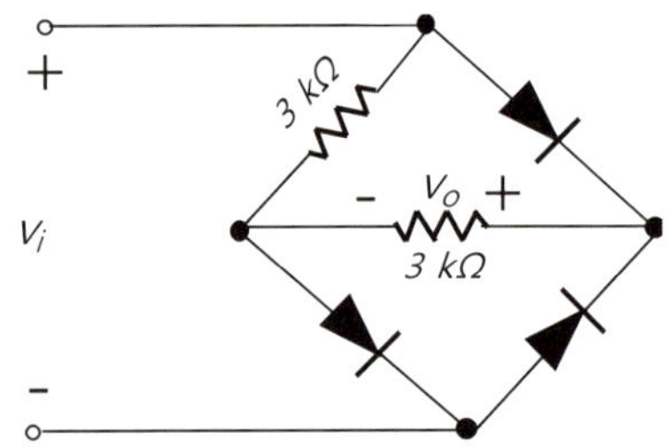

풀이

양의 입력에서는 브리지 회로를 옆의 회로로 등가화할 수 있다. 두 개의 3 [$k\Omega$]이 병렬 연결되어 있으므로 $v_o = v_i$ 이다.

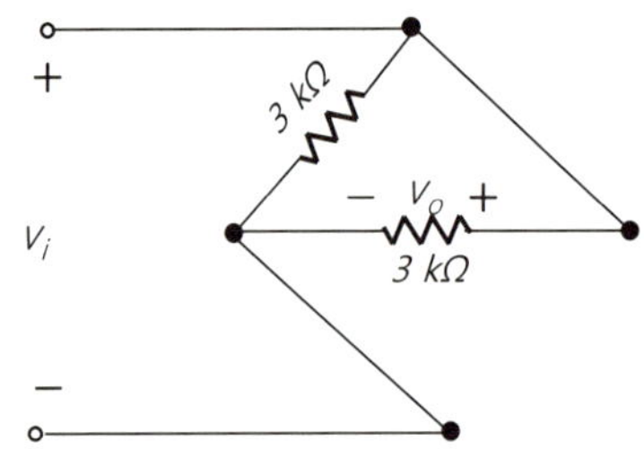

음의 입력에서는 브리지 회로를 옆의 회로로 등가화할 수 있다. 두 개의 3 [$k\Omega$]이 직렬 연결되어 있으므로 $v_o = \frac{1}{2}v_i$이다. 그러므로 v_o 의 출력파형은 아래와 같다. PIV는 10 [V]이다.

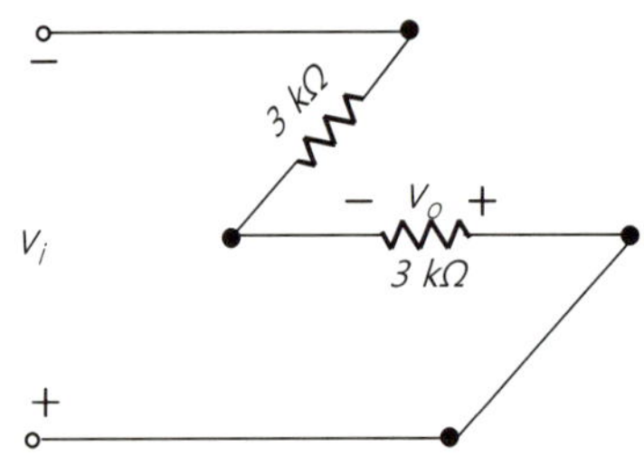

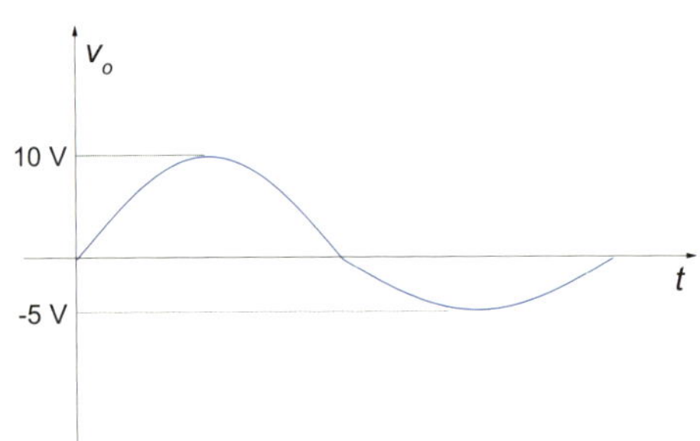

예제 4-15

아래 회로의 출력파형과 PIV를 구하라. 다이오드의 순방향 전압은 무시하라.

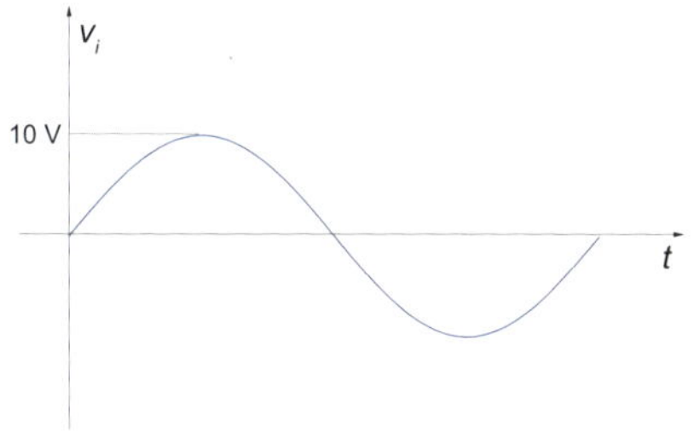

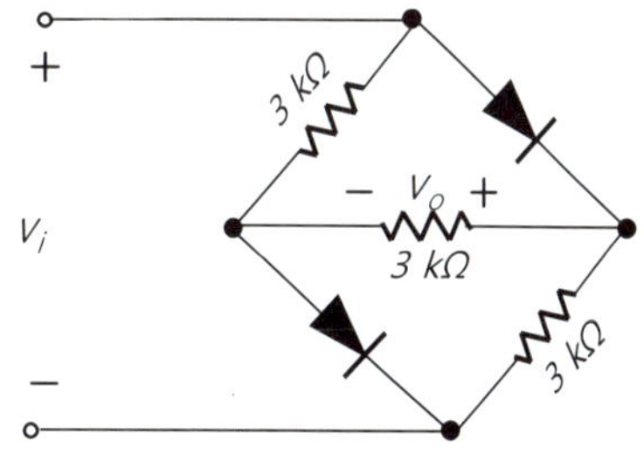

풀이

양의 입력에서는 브리지 회로를 옆의 회로로 등가화할 수 있다. 세 개의 3 [$k\Omega$]이 병렬 연결되어 있으므로 $v_o = v_i$ 이다.

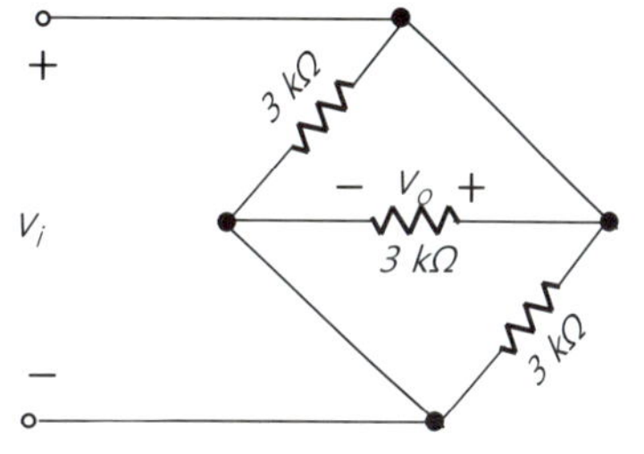

음의 입력에서는 브리지 회로를 옆의 회로로 등가화할 수 있다. 세 개의 3 [$k\Omega$]이 직렬 연결되어 있으므로 $v_o = \frac{1}{3}v_i$ 이다. 그러므로 v_o의 출력파형은 아래와 같다. 여기서 PIV는 $\frac{20}{3}$ [V] 이다.

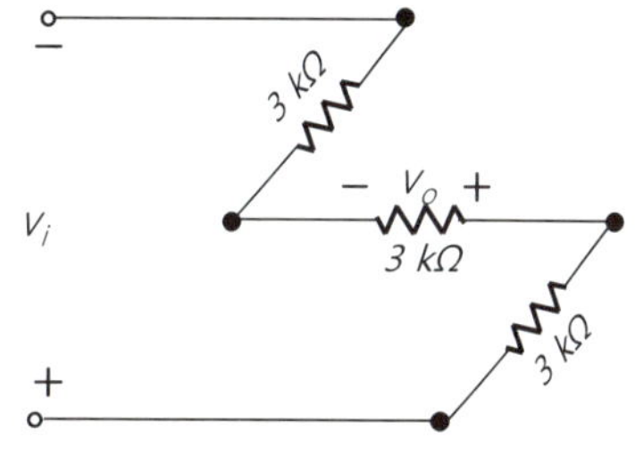

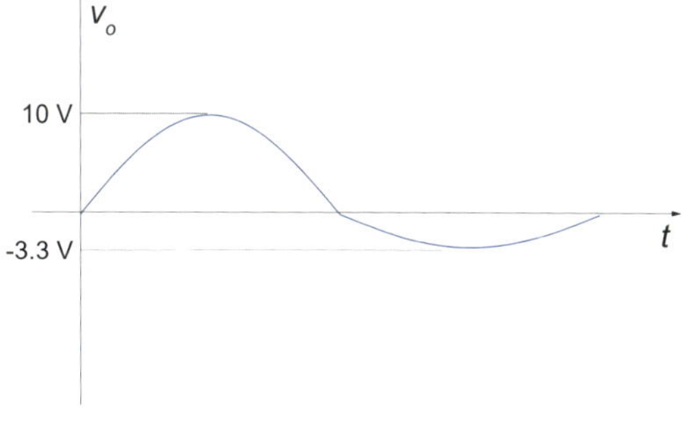

(2) 클리퍼 Clipper

가위를 뜻하는 클리퍼는 입력파형의 일부를 잘라내고 나머지 신호만 출력으로 보내는 회로이다. 따라서 앞에서 설명한 반파 정류기도 일종의 클리퍼이다. 직류전압을 삽입하거나 다이오드의 위치를 변경하여 다양한 방식의 클리퍼를 만들 수 있다.

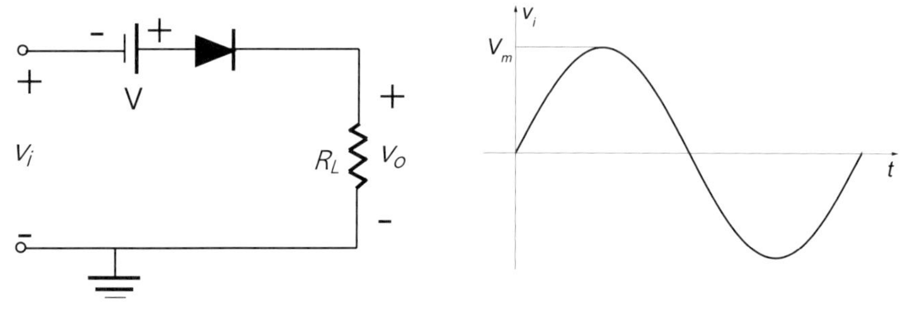

그림 4-13 클리퍼 예

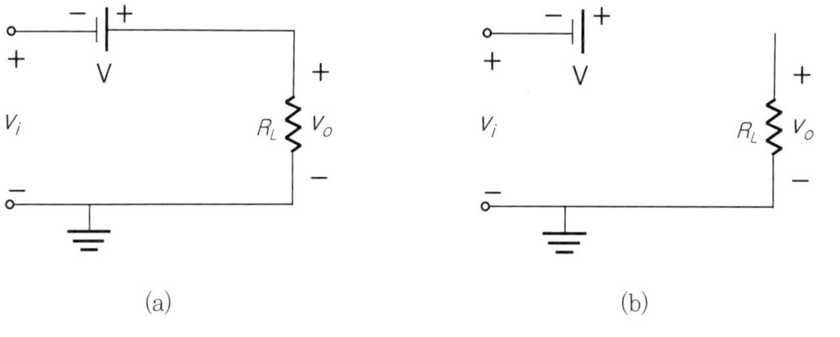

그림 4-14 다이오드가 (a) 순방향 및 (b) 역방향 바이어스일 때의 출력전압

클리퍼 회로는 다음의 순서로 해석한다. 먼저 ① 다이오드의 바이어스 방향이 바뀌는 입력전압의 크기를 결정한다. 그림 4-13의 클리퍼 예에서는 인가된 직류전압 $v_i = V$가 바이어스 방향의 전환점이 된다. 그런 다음 ② 다이오드의 바이어스 방향별로 출력전압을 구한다. 이때 순방향 다이오드는 단락으로 그리고 역방향 다이오드는 개방으로 간주한다.

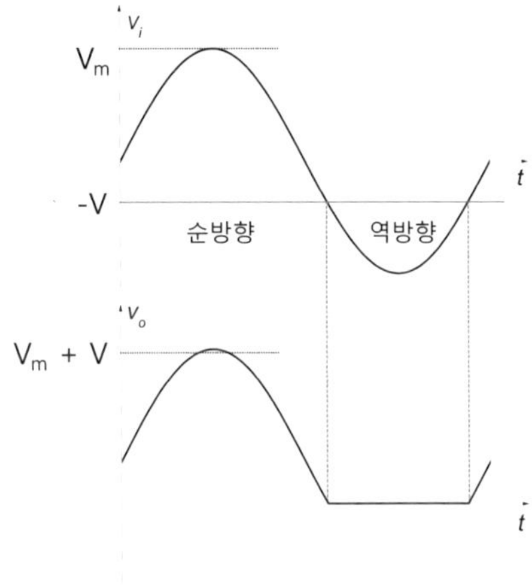

그림 4-15 그림 4-13 클리퍼의 입력 및 출력전압

예제 4-16

아래 회로의 출력파형을 구하라.

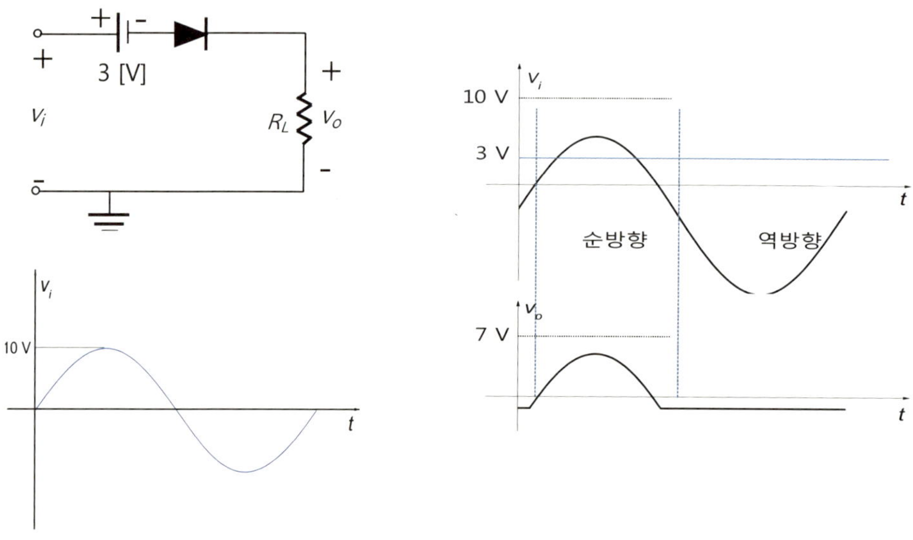

풀이

3 [V]를 기준으로 바이어스 방향이 바뀐다.

순방향: $v_o = v_i - 3$

역방향: $v_o = 0$

예제 4-17

아래 회로의 출력파형을 구하라.

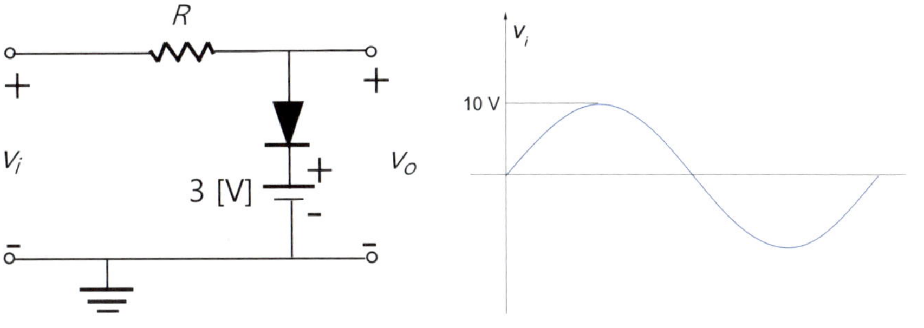

풀이

3 [V]를 기준으로 다이오드의 바이어스 방향이 바뀐다.

순방향: $v_o = 3$ [V]

역방향: $v_o = v_i$

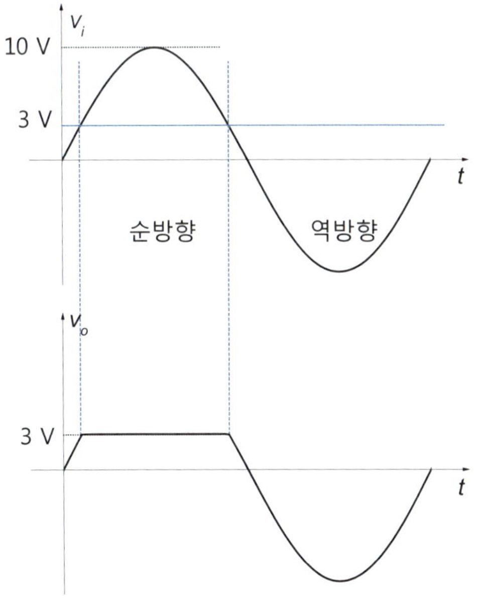

예제 4-18

아래 회로의 출력파형을 구하라.

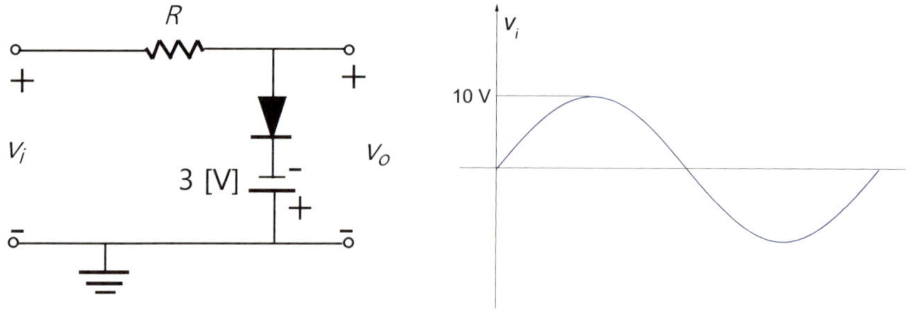

풀이

-3 [V]를 기준으로 다이오드의 바이어스 방향이 바뀐다.

순방향: $v_o = -3$ [V]

역방향: $v_o = v_i$

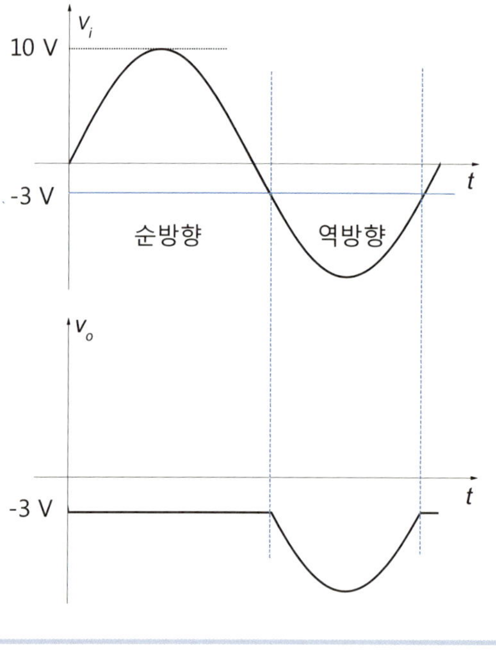

(3) 클램퍼 Clamper

클램퍼는 입력신호의 파형을 변형시키지 않고 직류레벨만 바꿔서 이동시키는 회로이다. 클램퍼는 클리퍼와 달리 커패시터가 회로에 삽입된다.

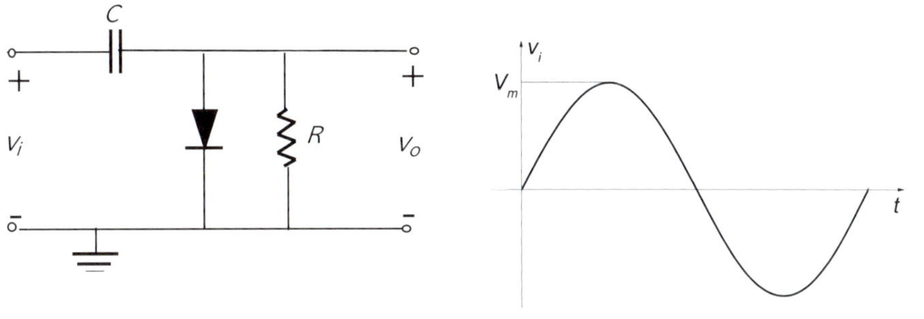

그림 4-16 클램퍼

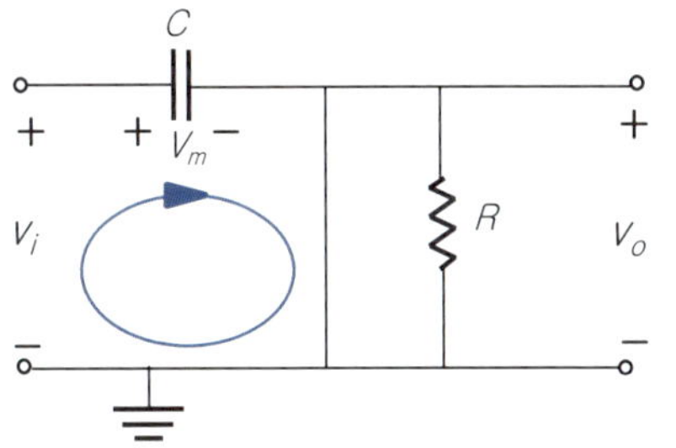

그림 4-17 커패시터 충전

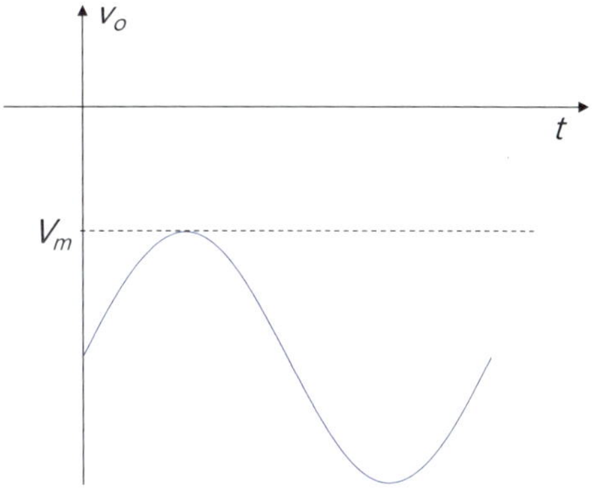

그림 4-18 클램퍼의 출력

클램퍼에 양전압이 인가되면 다이오드가 순방향이 되어 그림 4-17처럼 커패시터가 $-V_m$으로 충전된다. V_m으로 충전된 커패시터에 의해 다이오드는 항상 역방향 바이어스 상태를 유지한다. 따라서 모든 입력신호에서 출력전압은 $v_i - V_m$이다. 이때 R은 방전을 무시할 수 있을 만큼 충분히 크다고 가정한다. 클램퍼는 다음과 같은 순서로 해석한다. ① 다이오드를 통해 전류가 흐르는 방향을 확인한다. ② 전류에 의해 커패시터가 충전되는 전압을 구한다. ③ 커패시터를 V_m의 직류 전압원으로 간주하고 출력전압을 구한다.

예제 4-19

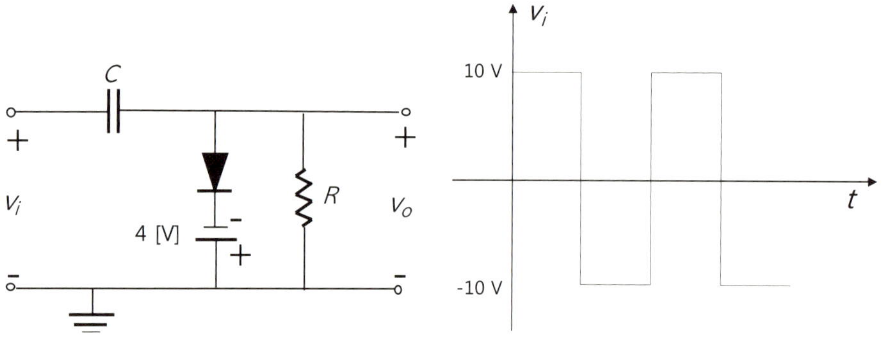

위 회로의 출력파형을 그려라.

풀이

커패시터는 $v_c = -|V_m + 4|$ $[V]$로 충전된다. $V_m = 10$ $[V]$이므로 충전전압은 -14 $[V]$가 된다. 커패시터가 최고 전압으로 충전되면 다이오드는 역방향 바이어스 상태가 된다. 따라서 $v_o = (v_i - 14)$ $[V]$이다.

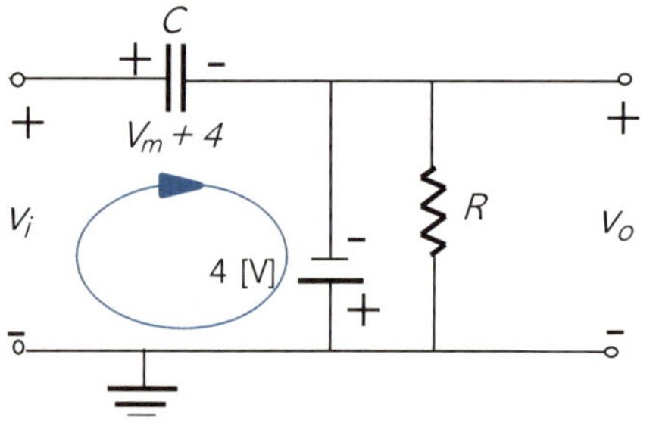

(a) 커패시터 충전 중

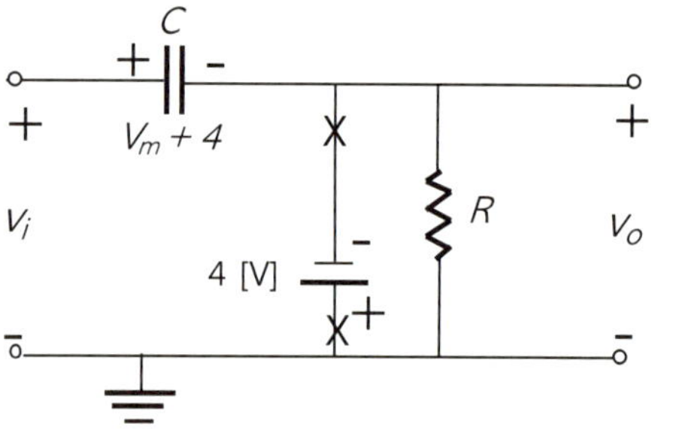

(b) 커패시터 충전 후

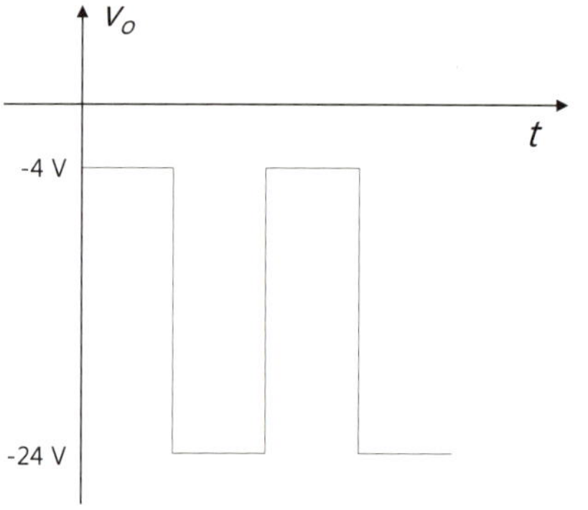

예제 4-20

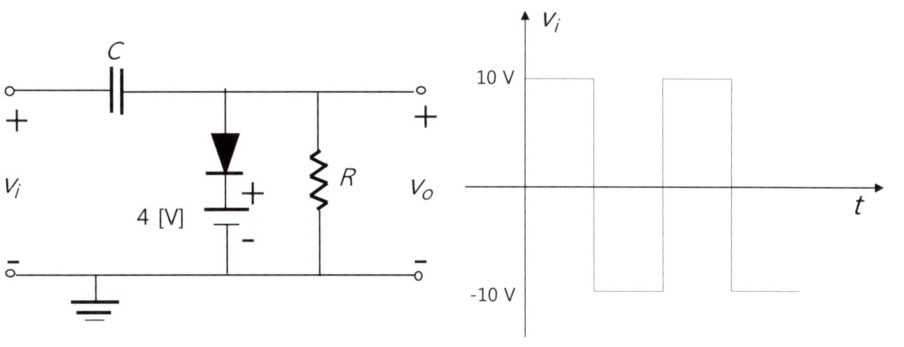

위 회로의 출력파형을 그려라.

풀이

$v_i = 10\ [V]$일 때 다이오드는 순방향 바이어스된다. 커패시터에 흐르는 전류 $i_c = C\dfrac{dv_c}{dt}$이다. 따라서 v_i가 $-10\ [V]$에서 $10\ [V]$로 상승하는 순간$(\dfrac{dv_c}{dt} \cong \infty)$에는 커패시터에 많은 전류가 흐르면서 $v_c = -|V_m - 4|\ [V]$로 충전된다. $V_m = 10\ [V]$이므로 충전전압은 $-6\ [V]$가 된다. 따라서 $v_o = (v_i - 6)\ [V]$이다.

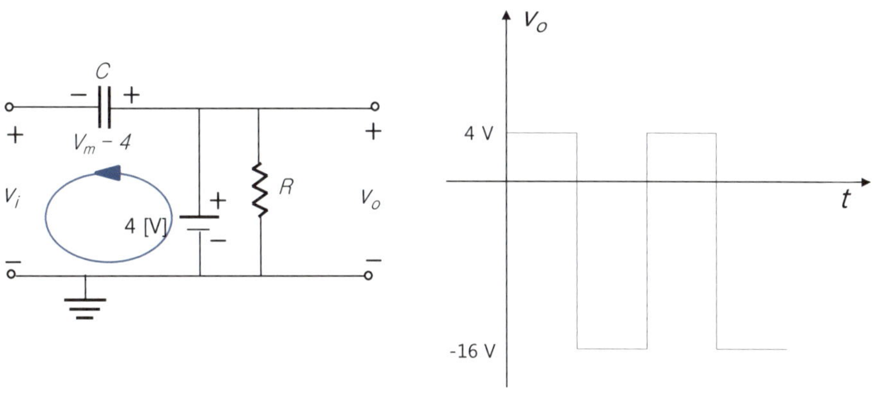

예제 4-21

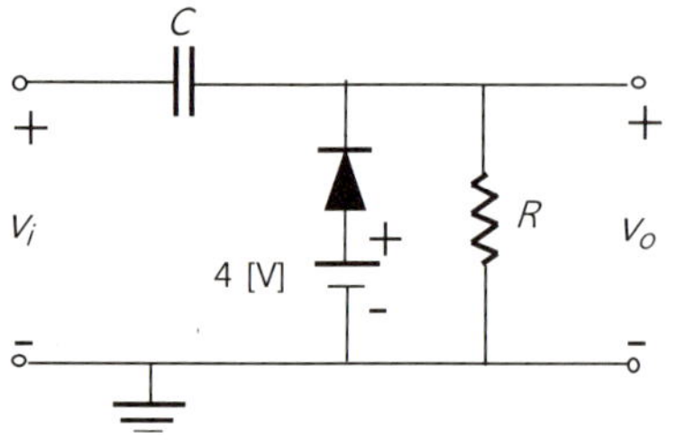

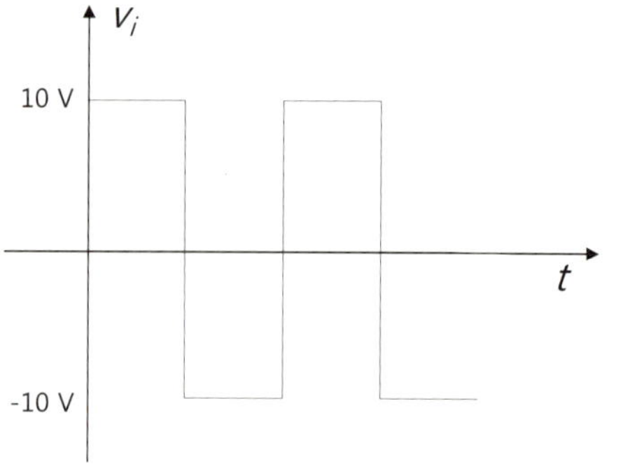

① 위 회로의 출력파형을 그려라.

② 입력신호의 주파수 $f = 10$ $[kHz]$, $R = 100$ $[k\Omega]$, $C = 10$ $[\mu F]$이다. R을 통한 방전을 무시할 수 있는지 설명하라.

풀이

① 다이오드의 방향에 의해서 전류의 흐름이 결정된다. 위 회로의 경우, 커패시터는 $v_c = +|V_m - 4|$ $[V]$로 충전된다. $V_m = -10$ $[V]$ 이므로 충전전압은 $+14$ $[V]$가 된다. 따라서 $v_o = v_i + 14$ $[V]$이다.

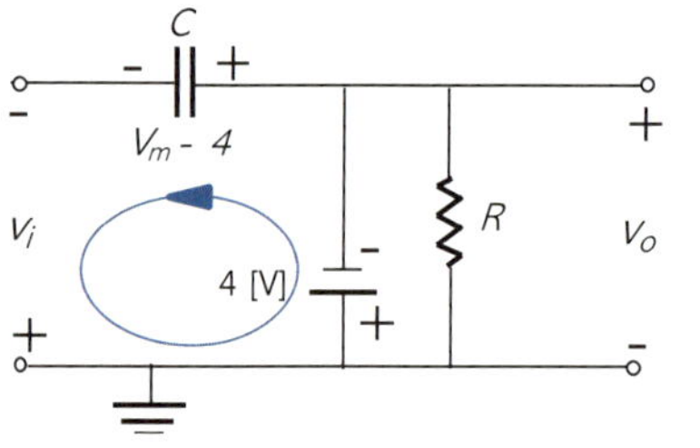

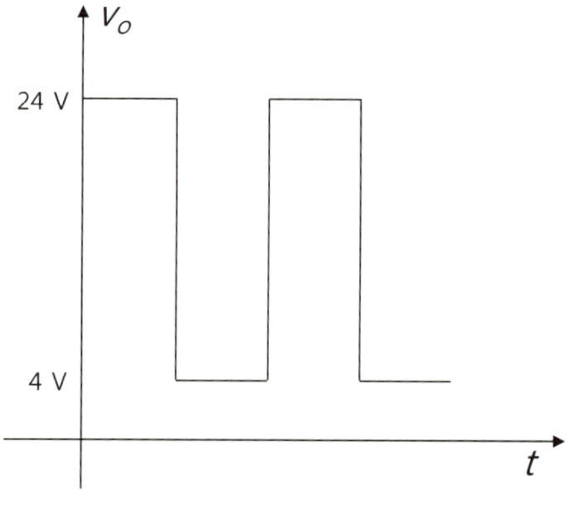

② 입력신호의 주기 $T = \frac{1}{f} = 0.1$ $[ms]$이며, 전압의 유지 기간인 반주기($\frac{T}{2}$)는 0.05 $[ms]$이다. 그리고 방전 시간에 해당하는 시정수 $RC = 1$ $[s]$이다. 시정수가 반주기에 비해 월등히 크므로 반주기 동안의 방전은 무시할 수 있다.

(4) 배전압 회로

클램퍼 회로에 연결된 커패시터의 충전전압을 이용하여 고압의 직류신호를 얻을 수 있다. 그림 4-18에 배전압 회로를 나타내었다. 다이오드 및 커패시터의 반복적인 추가를 통해 직류전압의 크기를 계속 증가시킬 수 있다.

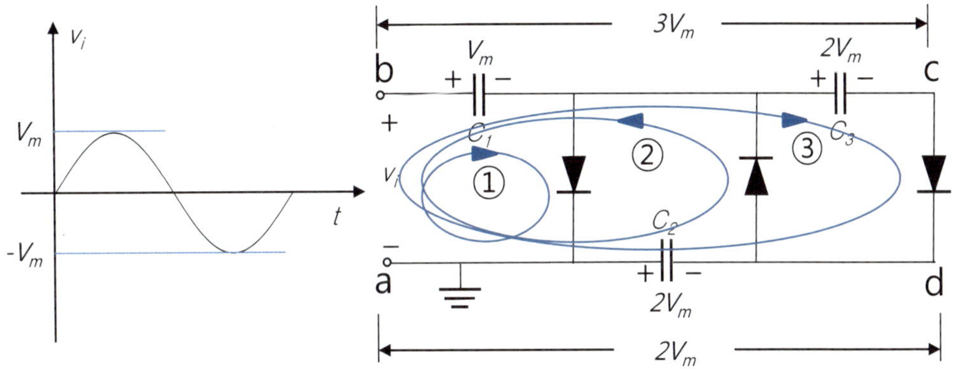

그림 4-19 배전압 회로

양의 전압이 인가되면 ①번 루프의 다이오드가 단락되어 C_1이 $-V_m$까지 충전된다. 음의 전압에서는 ②번 루프의 다이오드가 단락되어 C_2가 $-2V_m$으로 충전된다. C_2의 전압(V_{C2})는 ②번 루프에 키르히호프 전압법칙을 적용하여 구한다.

$$v_i + V_{C2} - V_{C1} = 0 \qquad (4\text{-}4)$$

$v_i = -V_m$ 그리고 $V_{C1} = V_m$ 이므로 $V_{C2} = 2V_m$ 이다. 다시 양의 전압에서는 ③번 루프의 다이오드가 단락되어 C_3가 $2V_m$까지 충전된다. 그림 4-19에서 a, b, c를 단자로 사용하여 $V_{cb} = 3V_m$ 그리고 $V_{da} = 2V_m$의 직류 배전압을 얻을 수 있다.

4-3 기타 다이오드 Various diodes

(1) 제너 다이오드 Zener diode

p 및 n 영역의 불순물 농도를 높이면 공핍영역의 폭이 좁아지면서 터널링에 의한 항복이 일어난다. 이때 항복전압은 불순물 농도에 반비례한다. 제너항복은 비파괴 항복이므로 항복전압을 낮추면 다이오드는 원상태를 회복한다. 제너 다이오드는 불순물 농도를 높여 항복전압을 낮춘 다이오드이다.

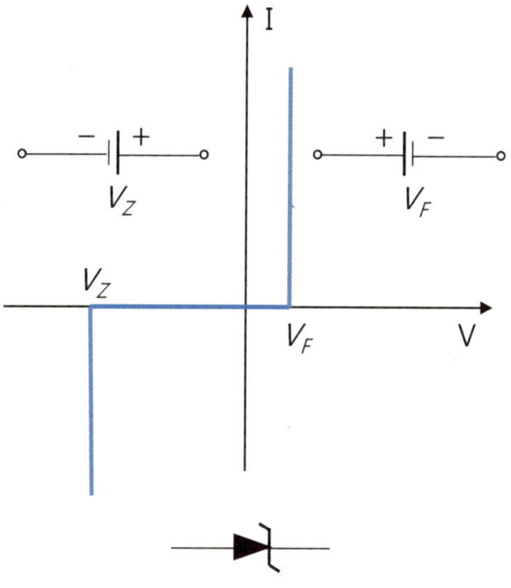

그림 4-20 제너 다이오드의 전류-전압 특성 및 기호

제너 다이오드의 순방향 특성은 일반 다이오드와 같다. 따라서 실리콘 제너 다이오드가 순방향 바이어스 상태라면 다이오드를 0.7 $[V]$ 직류전원으로 대치하면 된다. 제너 항복이 일어나면 제너 다이오드의 전압은 V_z로 고정된다. 따라서 항복전압보다 높은 전압이 제너 다이오드에 역방향으로 인가된다면 제너 다이오드를 V_z의 직류전원으로 대치하면 된다. 제너 다이오드는 정전압 유지를 위한 전압 조정기로 사용된다.

예제 4-22

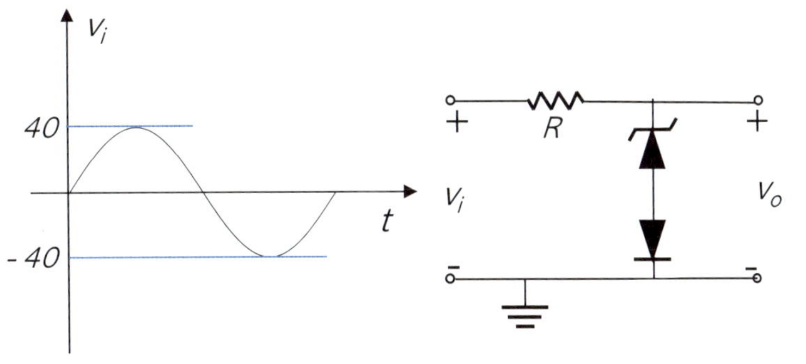

위 회로의 출력파형을 그려라. $V_z = 10\ [V]$

풀이

v_i가 10.7 $[V]$ 이상이면 두 다이오드에 전류가 흐르며 v_o는 제너 다이오드의 항복전압과 다이오드의 순방향 전압의 합인 10.7 $[V]$에 머무르게 된다. 그리고 10.7 $[V]$ 이하에서는 제너 다이오드가 차단상태가 되므로 $v_o = v_i$ 가 된다.

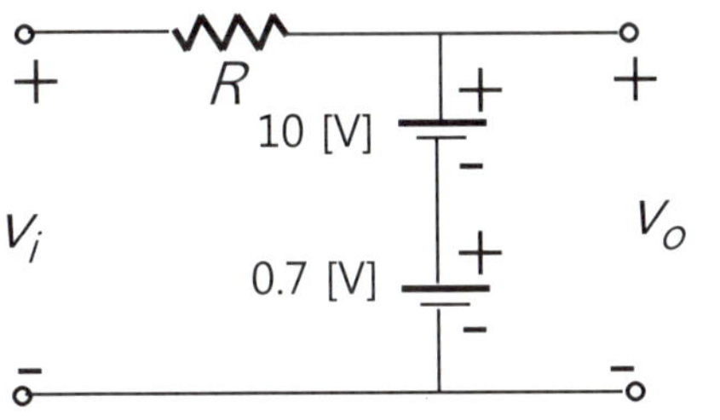

(a) $v_i \geq 10.7\ [V]$

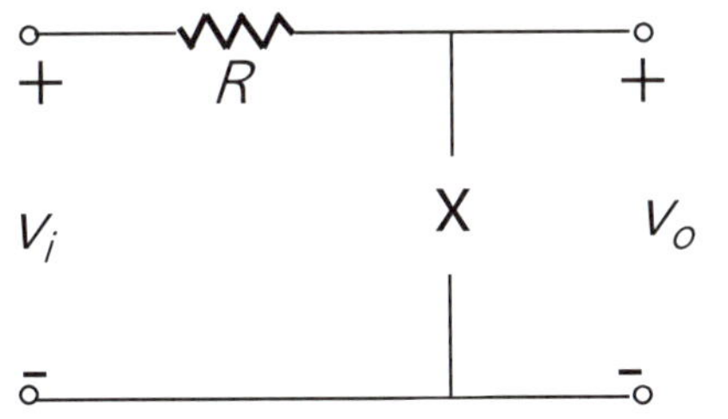

(b) $v_i \leq 10.7\ [V]$

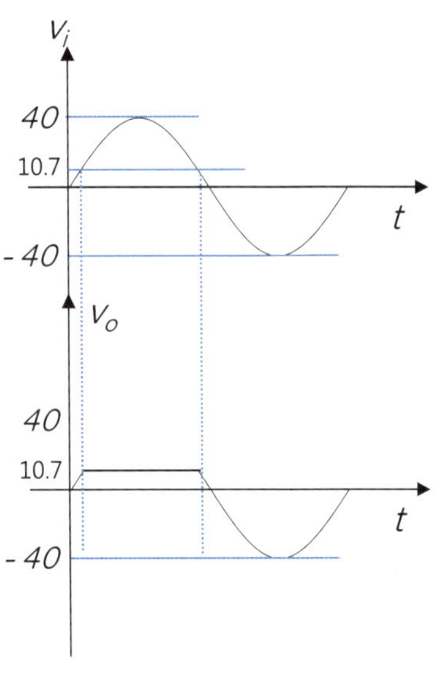

예제 4-23

v_i 가 고정되어 있을 때 제너 다이오드가 정전압원으로 작동하기 위한 R_L의 범위를 구하라. 제너 항복전압은 V_Z 이다.

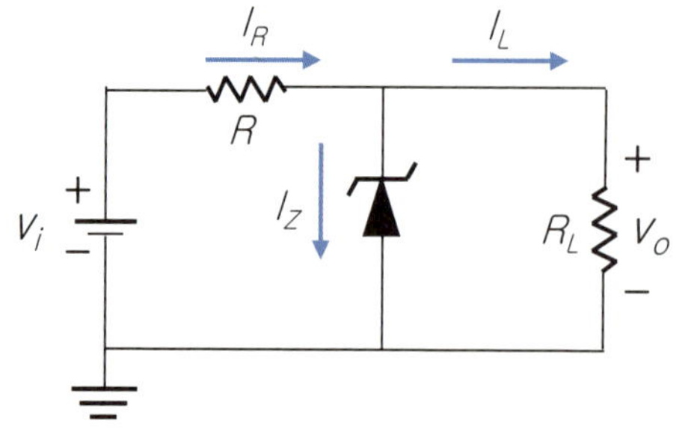

풀이

제너 다이오드를 연결하지 않았을 때 R_L에 인가되는 전압이 V_Z이상이 되어야 한다.

$$\frac{v_i R_L}{R+R_L} \geq V_Z, \quad R_L \geq \frac{V_Z R}{v_i - V_Z}$$

따라서 $R_{L\min}$ 은 $\dfrac{V_Z R}{v_i - V_Z}$ 이다.

제너 다이오드에 흐르는 전류는 최대 허용전류($I_{Z\max}$)를 초과해서는 안 된다.

$$I_Z = I_R - I_L, \quad I_R = \frac{v_i - V_Z}{R}, \quad I_L = \frac{V_Z}{R_L}$$

$$I_Z = \frac{v_i - V_Z}{R} - \frac{V_Z}{R_L} \leq I_{Z\max}$$

$$R_L \leq \frac{RV_Z}{v_i - V_Z} - \frac{V_Z}{I_{Z\max}}$$

따라서 $R_{L\max}$ 은 $\dfrac{RV_Z}{v_i - V_Z} - \dfrac{V_Z}{I_{Z\max}}$ 이다.

예제 4-24

R_L이 고정되어 있을 때 제너 다이오드가 정전압원으로 작동하기 위한 v_i의 범위를 구하라.

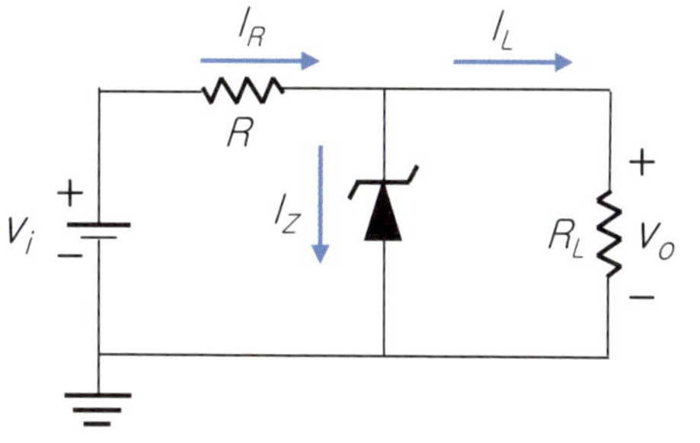

풀이

제너 다이오드를 연결하지 않았을 때 R_L에 인가되는 전압은 V_Z이상 되어야 한다.

$$\frac{v_i R_L}{R+R_L} \geq V_Z, \quad v_i \geq \frac{V_Z(R+R_L)}{R_L}$$

따라서 $V_{i\min}$은 $\dfrac{V_Z(R+R_L)}{R_L}$이다.

제너 다이오드에 흐르는 전류는 최대 허용전류($I_{Z\max}$)를 초과해서는 안 된다.

$$I_Z = I_R - I_L, \quad I_R = \frac{v_i - V_Z}{R}, \quad I_L = \frac{V_Z}{R_L}$$

$$I_Z = \frac{v_i - V_Z}{R} - \frac{V_Z}{R_L} \leq I_{Z\max}$$

$$v_i \leq I_{Z\max} R + \frac{V_Z R}{R//R_L}$$

따라서 $v_{i\max}$는 $I_{Z\max} R + \dfrac{V_Z R}{(R//R_L)}$이다.

(2) 쇼트키 다이오드 Schottky diode

금속과 반도체의 접합은 일함수work function(Φ)의 차이에 따라 저항성 또는 정류성 특성을 나타낸다. 여기서 일함수는 페르미 레벨Fermi level(E_F)에 있는 전자를 진공 중으로 떼어 내는 데 필요한 에너지이다. 그리고 페르미 레벨은 전자가 존재할 확률이 $\frac{1}{2}$인 에너지 레벨이다.

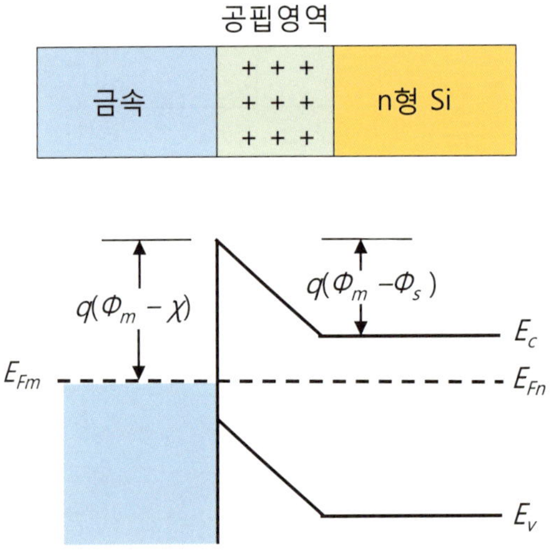

그림 4-21 쇼트키 다이오드의 에너지 밴드 다이어그램

금속과 n형 반도체의 접합을 예로 들어 정류성 접촉을 설명한다. 그림 4-21은 금속의 일함수가 n형 반도체의 일함수보다 큰 경우($\Phi_m-\Phi_s$)의 에너지 밴드 다이어그램이다. 여기서 E_c, E_v 및 X는 각각 전도대의 가장자리, 가전자대의 가장자리 및 전자친화력electron affinity이다. n형 반도체의 전자가 금속으로 확산되면서 양전하로 채워진 공핍영역이 n형 반도체에 형성된다. 금속의 경계면에는 전자가 축적되어 공핍영역의 양전하와 전기적 중성을 이룬다. 공핍영역의 양전하와 축적된 전자에 의해 공핍영역에는 전계가 형성되고 이 전계는 전자의 확산을 막는다. 이 상태에서 금속의 전위가 n형 반도체의 전위보다 높은 순방향 바이어스가 인가되면, 에너지 장벽이 낮아져 n형 반도체로부터 금속으로 전자의 확산이 다시 일어난다. 그러나 역방향 바이어스가 인가되면 에너지 장벽이 높아져 전자의 이동이 더욱 어려워진다. 이와 같은 금속-반도체 접합의 정류성을 이용한 다이오드가 쇼트키 다이오드이다.

쇼트키 다이오드는 순방향 바이어스에서 소수 반송자가 축적되지 않는다. 이것은 금속에는 정공이 존재하지 않기 때문이다. 쇼트키 다이오드는 순방향 바이어스에서 역방향 바이어스로 전환될 때, 즉 도통에서 차단상태로 바뀔 때 축적된 소수 반송자를 제거할 필요가 없다. 따라서 쇼트키 다이오드는 일반 다이오드에 비해 스위칭 속도가 빠르다. 그러나 쇼트키 다이오드는 역방향 누설전류가 크고 항복전압이 낮다는 단점이 있다.

(3) 발광 다이오드 Light emitting diode, LED

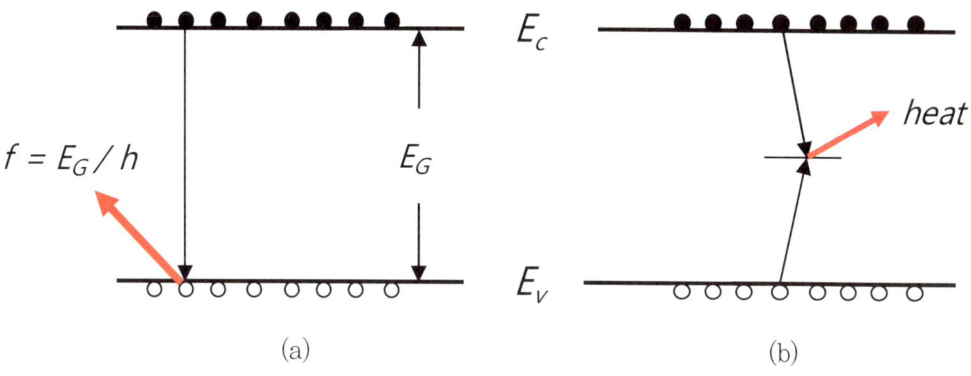

그림 4-22 (a) 직접 재결합 및 (b) 간접 재결합

반도체에 빛, 열 등 외부 에너지가 공급되면 전자와 정공이 생성된다. 이것을 전자-정공 쌍생성 electron-hole pair generation, *EHP*이라고 한다. 생성된 전자와 정공은 시간이 지나면 재결합recombination 한다. 이때 전자와 정공이 직접 만나는 경우를 직접 재결합direct recombination이라고 하고, 에너지 밴드 갭(E_G)에 존재하는 재결합 센터recombination center를 통해 전자와 정공이 만나는 경우를 간접 재결합indirect recombination이라고 한다. 전자와 정공이 재결합할 때 에너지 밴드 갭에 해당하는 에너지를 소모하는데, 직접 재결합하는 반도체는 이 에너지를 빛으로, 그리고 간접 재결합하는 반도체는 열로 방출한다. 순방향 바이어스에 의해 확산된 소수 반송자가 다수 반송자를 만나 재결합할 때 직접 재결합하는 반도체로 제조한 다이오드는 에너지 밴드 갭에 해당하는 에너지를 빛으로 방출한다. 이와 같이 순방향 전류가 흐를 때 빛을 내는 다이오드가 발광 다이오드이다. LED 빛의 주파수는 $f = E_G / h$이다. 여기서 h는 플랑크 상수이다. LED 빛의 파장은 반도체의 에너지 밴드 갭에 의해서 결정되므로 방출되는 빛의 파장이 에너지 밴드 갭에 해당하는 주파수를 중심으로 모여 있다. 전자공

학의 초창기에는 LED가 숫자나 글자를 표시하는 디스플레이 소자로 사용되었으나, 최근에는 전력 소모가 적은 LCD Liquid Crystal Display가 LED를 대체하고 있다. 그러나 유기 발광 다이오드 OLED의 개발과 함께 디스플레이 소자로서 LED에 대한 관심이 다시 커지고 있다. LED는 디스플레이 소자로서만 아니라 백열전등, 형광등을 대체할 조명장치로서도 각광을 받고 있다. 그동안 개발이 어려웠던 청색 LED 기술의 발전과 함께 LED의 활용 분야는 점차 확대될 것이다.

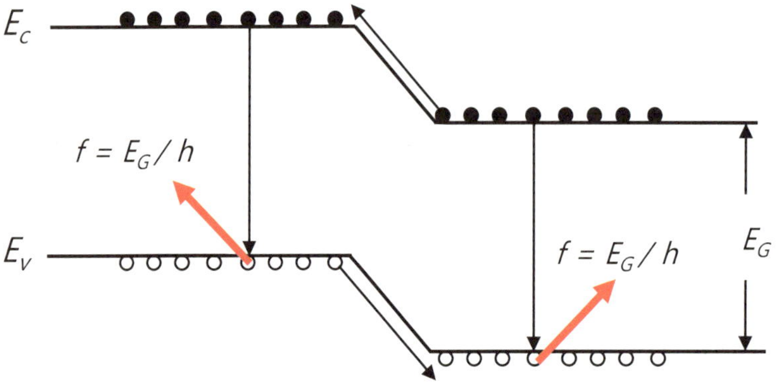

그림 4-23 순방향 바이어스에 의한 발광

(a)

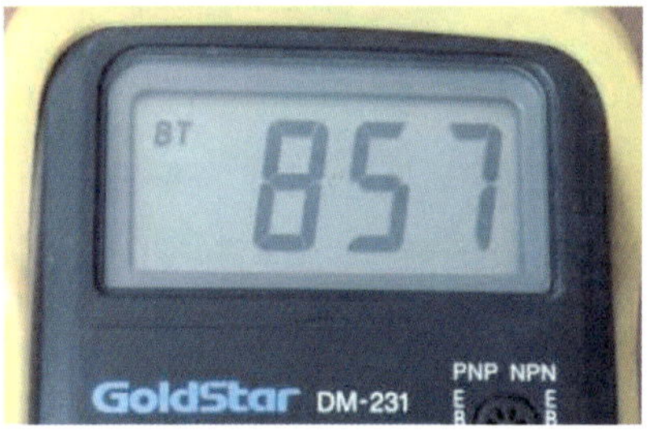

(b)

그림 4-24 표시장치: (a) LED 및 (b) LCD

PSpice 4-1

PSpice를 사용하여 아래 회로의 전류(I)와 전압(V)를 구하라.

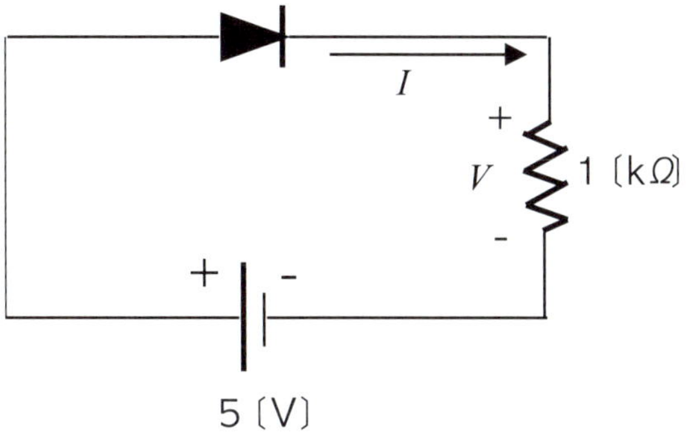

풀이

PSpice는 전자회로를 시뮬레이션하는 컴퓨터 프로그램이다. 프로그램이 고가이기 때문에 본 교재를 공부하는 동안에는 제작사(http://www.orcad.com/buy/try-orcad-for-free)에서 제공하는 무료 버전을 사용한다. 다운받은 프로그램을 설치하고, 설치한 프로그램 중에서 'Capture CIS Lite'를 연다. 'File→New→Project'를 선택한 후 'Name'을 입력한다. 'PSpice Analog or Mix A/D'를 선택한 후 'OK'를 클릭하면 새로운 'PAGE'가 열린다. 'Place→PSpice component'를 클릭한 후 필요한 소자들을 선택하여 회로를 구성한다. 회로 구성이 끝나면 'PSpice→New Simulation Profile'을 클릭하여 시뮬레이션 이름을 정하고 'Simulation setting'을 한 후 'PSpice→Run'을 클릭하여 시뮬레이션을 시작한다. 시뮬레이션 결과는 'PSpice→View Output File'을 통해서 확인할 수 있다. 상세한 내용은 PSpice 관련 교재를 참조하기 바란다. 위 회로의 전류 및 전압을 구하면,

$I = \dfrac{4.3\ [V]}{1\ [k\Omega]} = 4.3\ [mA]$, $V = 4.3\ [mA]$이다. 이 값들은 시뮬레이션 결과와 같다.

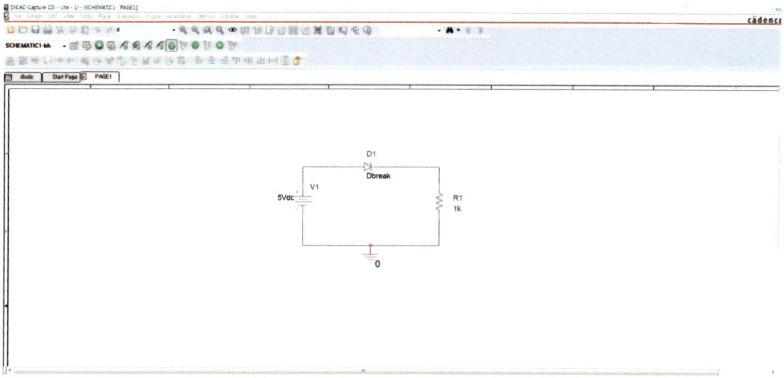

[시뮬레이션 회로]

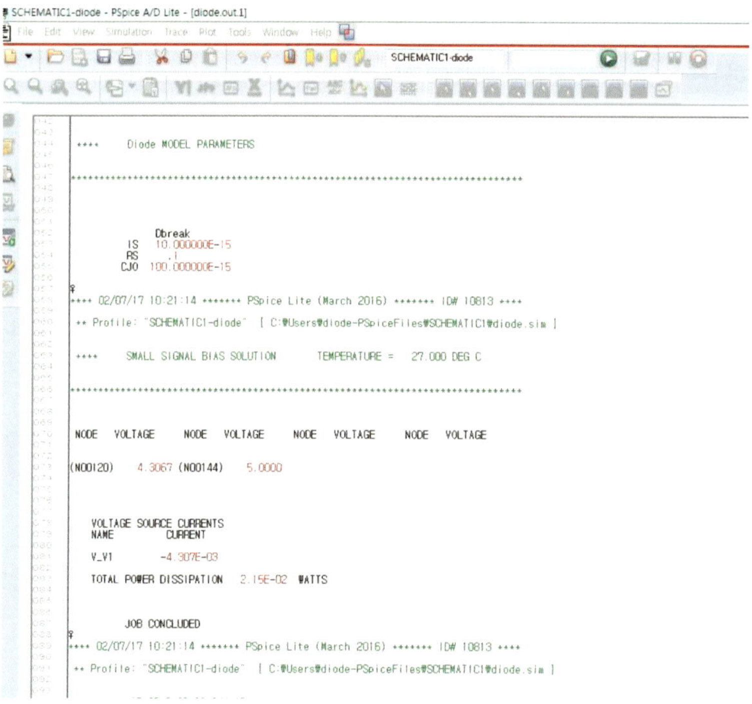

[시뮬레이션 결과]

PSpice 4-2

PSpice로 브리지 회로의 출력파형(v_o)을 구하라. 입력신호의 주파수는 60 [Hz]이다.

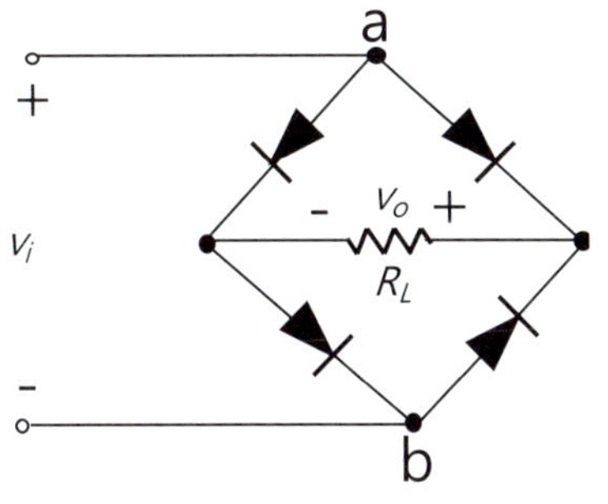

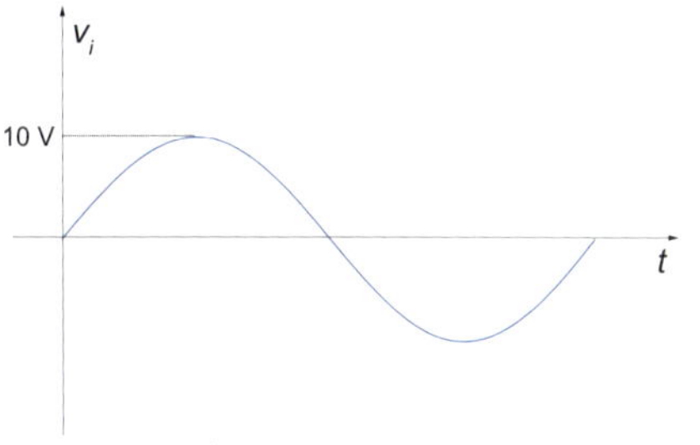

풀이

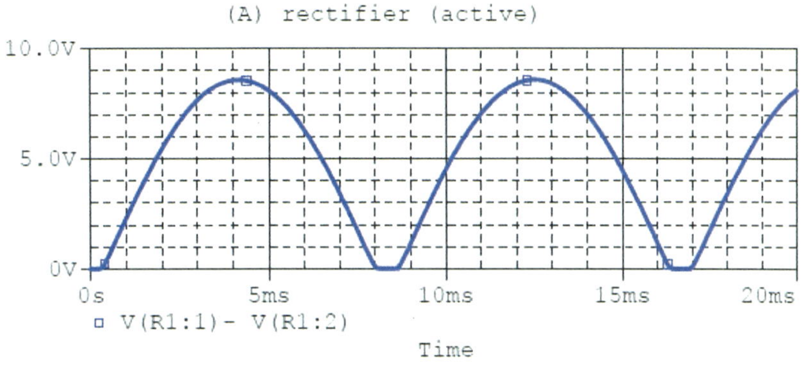

'View→Simulation Results'를 클릭하여 결과 화면을 연 후 'Trace→Add Trace'를 클릭하여 원하는 파형을 그린다. 위 그래프는 v_o의 시뮬레이션 결과이다. 그래프를 통해 전파정류를 확인할 수 있다. 전파정류 파형의 최대치가 입력신호에 비해 약 1.4 [V] 감소하였다. 이것은 2개의 다이오드에 인가되는 전압이다.

PSpice 4-3

부하저항 R_L에 따른 브리지 회로의 출력파형 변화를 구하라. v_i의 주파수는 60 $[Hz]$이다.

$$R_L = 1[k\Omega],\ 10\ [k\Omega],\ 100\ [k\Omega] \quad C = 10\ [\mu F]$$

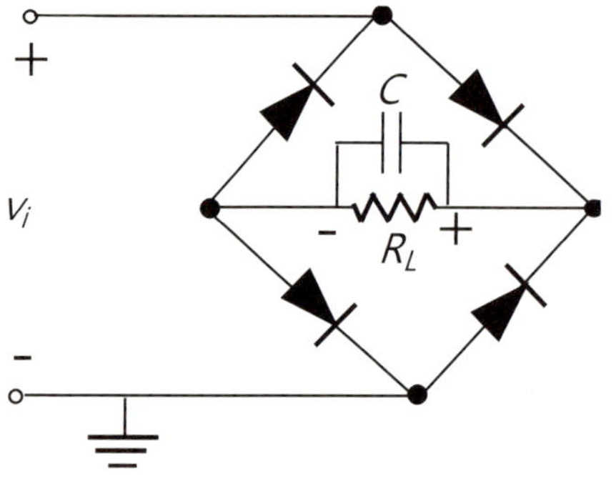

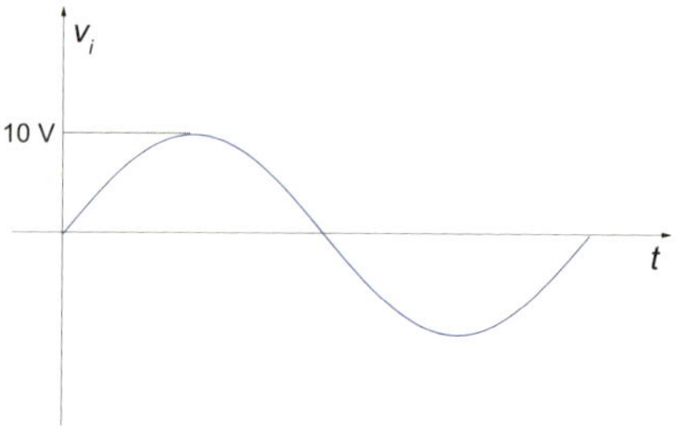

풀이

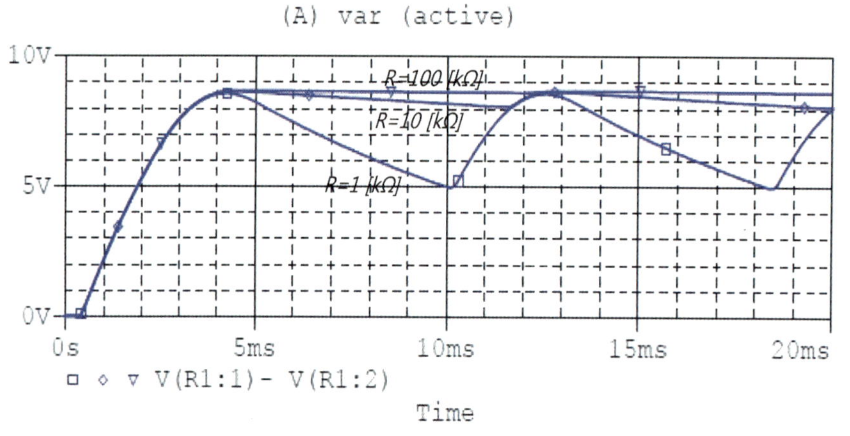

부하저항이 감소하면 방전에 의해 리플(ripple)이 증가한다. 리플을 줄이려면 부하저항에 병렬 연결된 충전용 커패시터의 용량을 늘려야 한다.

PSpice 4-4

출력파형 v_o을 구하라. v_i의 주파수는 10 [kHz], R=5 [$k\Omega$]이다.

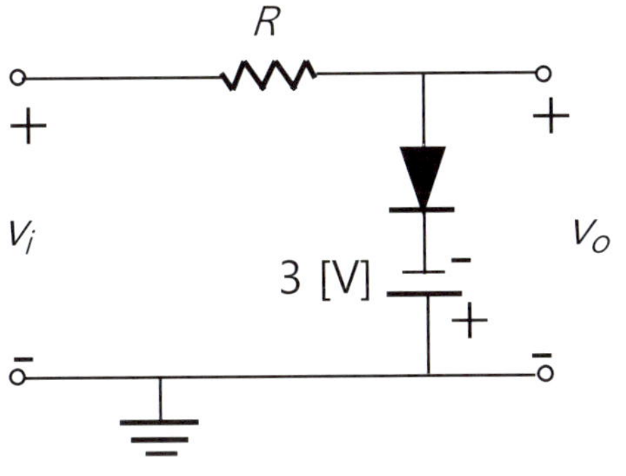

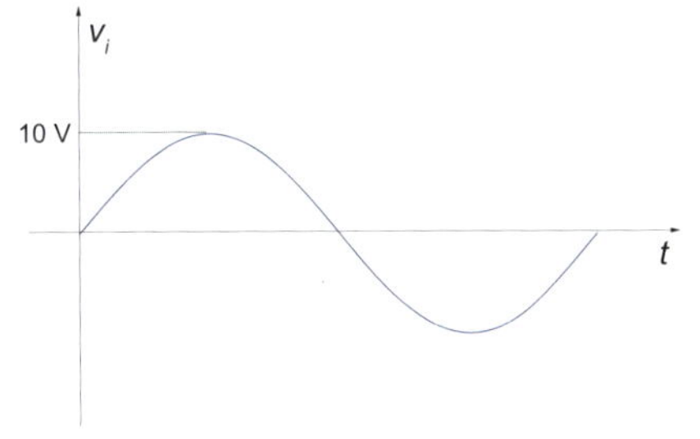

풀이

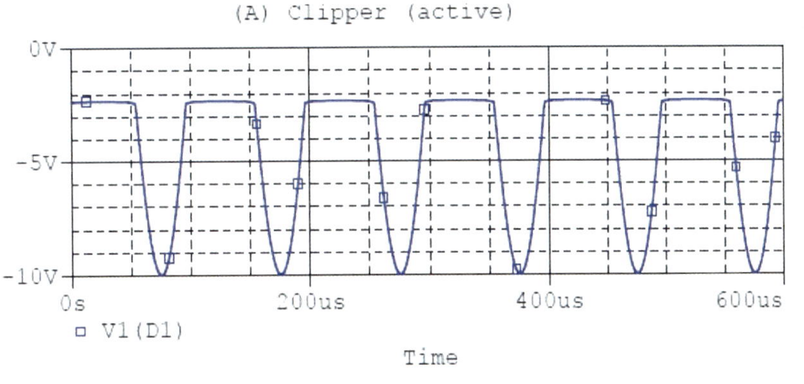

위 회로는 −2.3 [V]이상의 입력신호는 제거하고 나머지 신호만 출력으로 전달하는 클리퍼 회로이다. 예제 4-18과 달리 PSpice에서는 다이오드의 순방향 전압 0.7 [V]를 고려하기 때문에 −3.0 [V]가 아닌 −2.3 [V]를 기준으로 클리핑이 일어난다.

PSpice 4-5

출력파형 v_o을 구하라. v_i의 주파수는 10 $[kHz]$, R=100 $[k\Omega]$, C=10 $[\mu F]$이다.

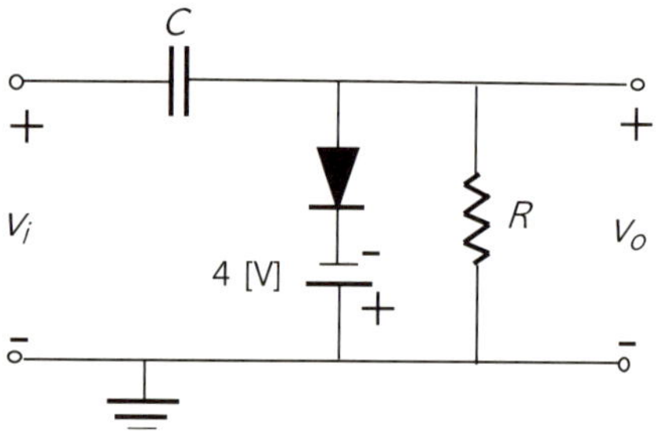

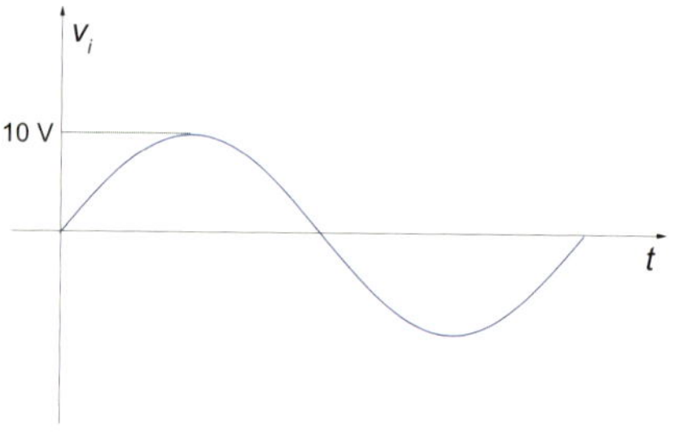

풀이

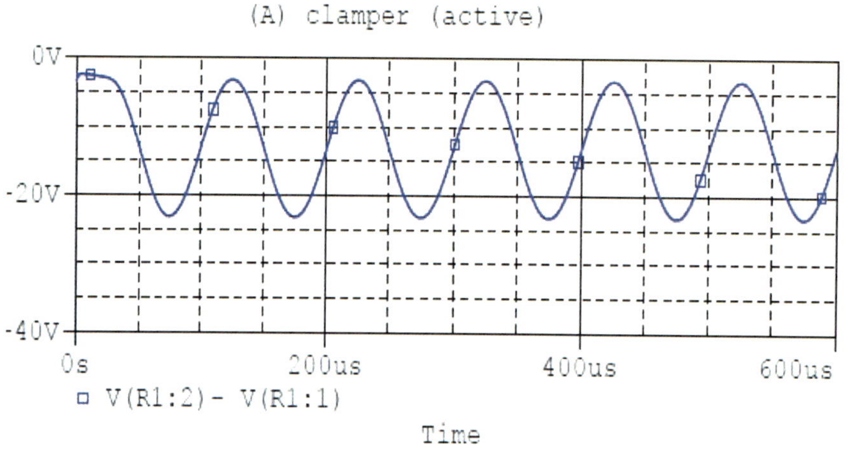

커패시터에 충전된 V_c =−14 $[V]$가 v_i에 더해져서 (v_i −14) $[V]$가 된다.

제5장

BJT Ⅰ

5-1 BJT 구조 및 동작

(1) 구조

바이폴라 트랜지스터Bipolar Junction Transistor, BJT에는 npn 및 pnp 두 가지 구조가 있다. 다이오드에는 하나의 p-n 접합면이 있으나, BJT에는 두 개의 p-n 접합면이 존재한다.

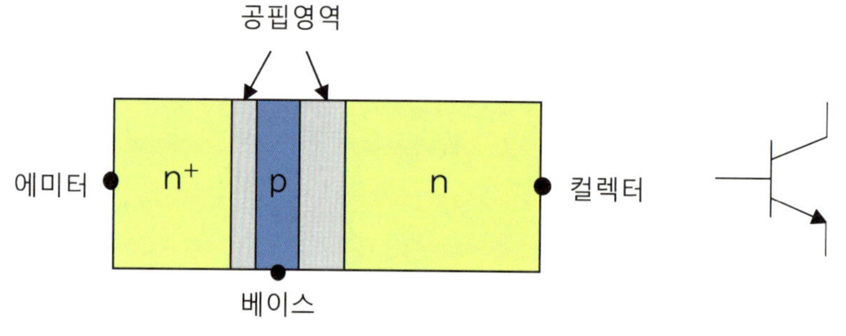

(a)

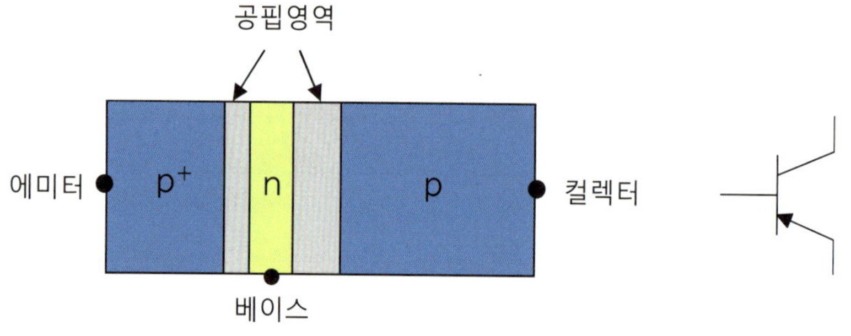

(b)

그림 5-1 (a) npn 및 (b) pnp 트랜지스터의 구조, 단자 명칭 및 기호

그림 5-1에 npn 및 pnp 트랜지스터의 구조 및 기호를 나타내었다. BJT에는 3개의 단자가 있으며 각 단자를 이미터emitter, 베이스base 및 컬렉터collector라고 칭한다. 반송자가 이미터를 출발하여 베

이스를 거쳐 컬렉터에 모일 것이라는 것을 각 단자의 명칭으로부터 예상할 수 있다. npn 트랜지스터와 pnp 트랜지스터는 그 동작 원리 및 사용법이 유사하다. 따라서 이 장에서는 npn 트랜지스터에 국한하여 그 동작을 설명한다.

(2) 동작 모드

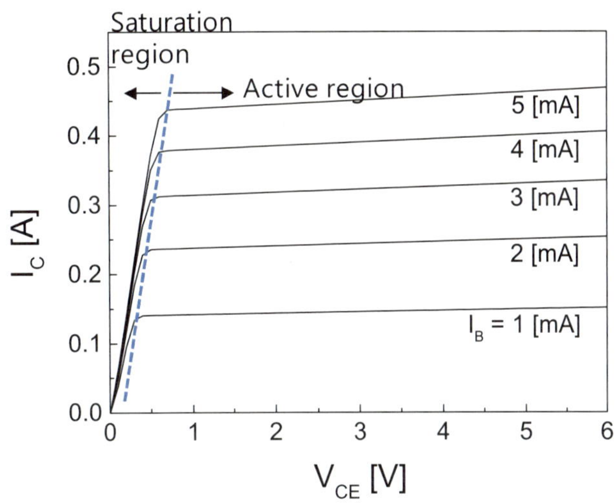

그림 5-2 BJT의 출력 특성 및 동작영역

[표 5-1] 동작영역별 바이어스 방향 및 특성

동작영역	바이어스		특징
	E-B	B-C	
활성	순방향	역방향	최대 전류 증폭률
포화	순방향	순방향	C-E 단락 ($V_{CE} \fallingdotseq 0\ [V]$)
차단	역방향	역방향	C-E 개방 ($I_C \fallingdotseq 0\ [A]$)

E: 이미터, B: 베이스, C: 컬렉터

BJT의 동작은 단자 간 바이어스의 방향에 따라 포화영역saturation region, 활성영역active region, 차단영역cutoff region으로 나누어진다. 표 5-1에 각 동작영역의 바이어스 방향 및 특성을 요약하였다. BJT는 활성영역에서 동작할 때 그 전류 증폭률이 가장 크다. 본 교재에서는 증폭기로 사용되는 활성영역 동작에 초점을 맞추어 전류 증폭, 바이어스 회로 등을 설명한다. 반도체 소자의 동작을 위해 인가하는 직류전압을 바이어스라고 한다.

(3) 입력 및 출력 구성

BJT 증폭기는 입력과 출력의 공통 단자에 의해서 공통 이미터common emitter, 공통 베이스common base 그리고 공통 컬렉터common collector로 구분된다.

가. 공통 이미터

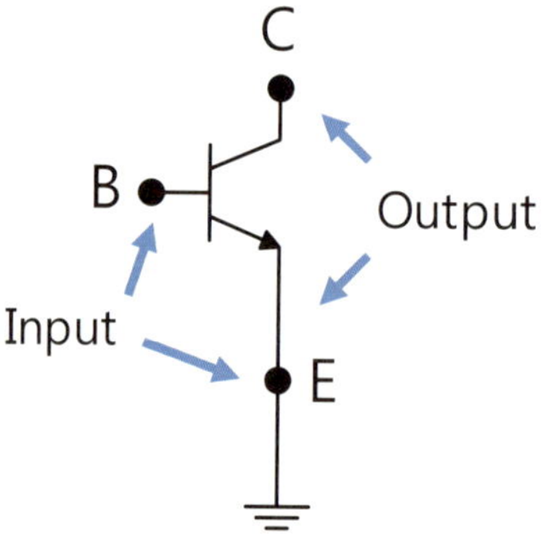

그림 5-3 공통 이미터 회로

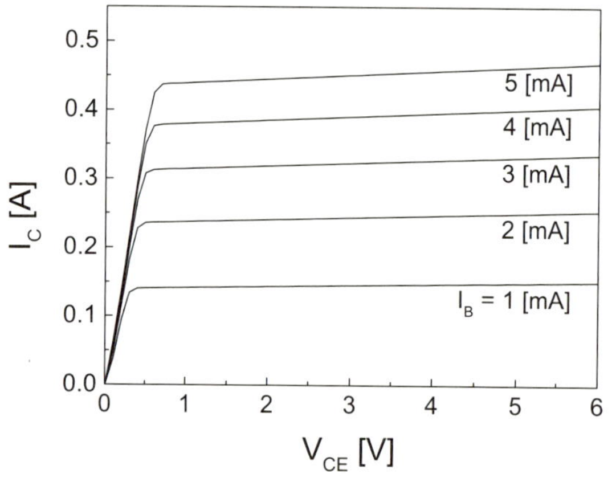

그림 5-4 공통 이미터 회로 출력 특성

공통 이미터 회로의 입력단자는 베이스와 이미터이고 출력단자는 컬렉터와 이미터이다. 공통 이미터 회로에서 입력전류 및 출력전류는 각각 베이스 전류 및 컬렉터 전류이다. 공통 이미터는 전류 및 전압 증폭이 용이한 가장 일반적인 증폭회로이다.

나. 공통 베이스

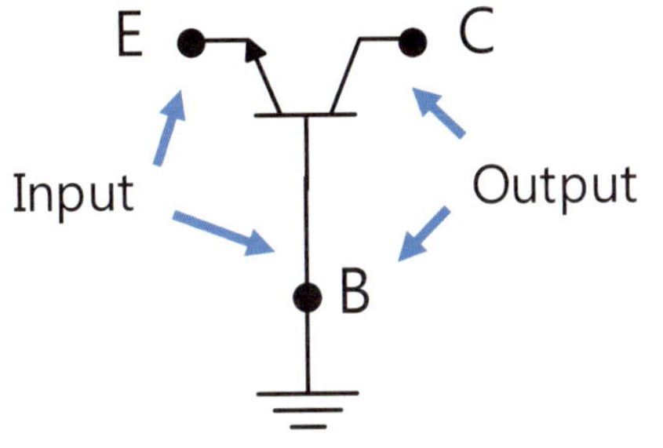

그림 5-5 공통 베이스 회로

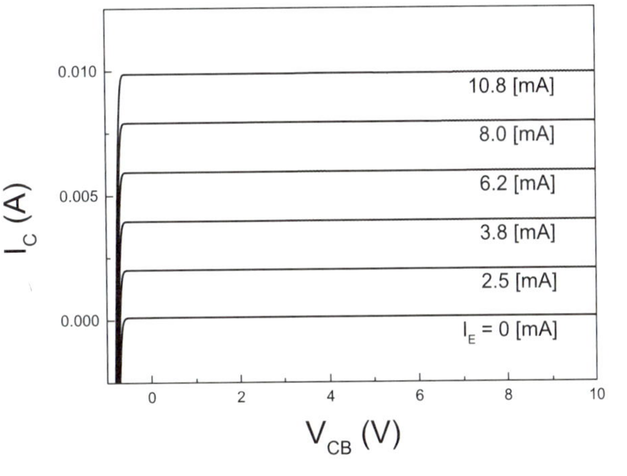

그림 5-6 공통 베이스 회로 출력 특성

공통 베이스 회로의 입력 및 출력전류는 각각 이미터 및 컬렉터 전류이다. 따라서 공통 이미터와 공통 베이스 회로는 서로 다른 전류 증폭률을 갖는다. 전류 증폭률에 대해서는 뒤에서 다시 설명한다.

다. 공통 컬렉터

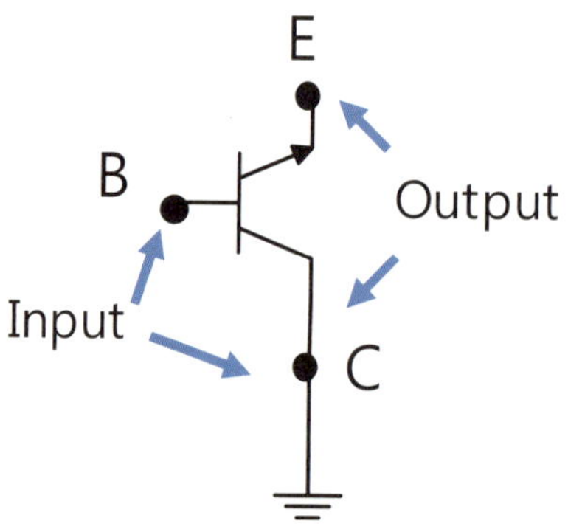

그림 5-7 공통 컬렉터 회로

공통 컬렉터 회로의 입력 및 출력전류는 베이스 및 이미터 전류이다. 이미터 전류와 컬렉터 전류는 차이가 없음으로 공통 컬렉터의 출력 특성은 공통 이미터와 동일하다고 간주해도 된다. 공통 이미터와 공통 컬렉터 회로는 그 구성이 매우 유사하다. 다만, 공통 컬렉터 회로는 이미터와 접지가 출력단자이다. 따라서「출력전압이 이미터 전압을 따라간다」는 의미로 공통 컬렉터 회로를 이미터 팔로워emitter follower라고 부른다. 이미터 팔로워는 입력 임피던스가 크고 출력 임피던스가 작아서 증폭기와 증폭기를 연결하는 완충 증폭기buffer amplifier로 사용된다.

(4) 전류 증폭

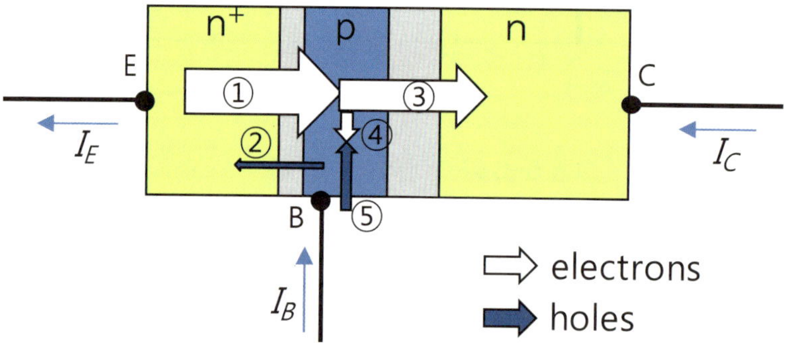

그림 5-8 활성영역에서의 전류 및 정공의 흐름

활성영역에서 동작하는 BJT의 경우, 이미터–베이스는 순방향 그리고 컬렉터–베이스는 역방향으로 바이어스된다. 이미터–베이스에 인가된 순방향 바이어스에 의해 이미터의 전자는 베이스(①)로 그리고 베이스의 정공은 이미터(②)로 확산된다. 베이스로 확산된 전자는 베이스–컬렉터 접합면에 이르고, 베이스–컬렉터 접합면에 다다른 전자는 공핍영역의 강한 전계에 의해 컬렉터로 끌려가서 컬렉터 전류가 된다(③). 그러나 베이스에 유입된 전자의 일부는 컬렉터에 닿지 못하고 베이스에서 정공과 재결합을 하여 소멸된다(④). 베이스는 전기적 중성 상태를 유지해야 한다. 따라서 재결합에 의해 소멸된 정공을 보충하기 위하여 베이스 단자로부터 정공이 유입되며(⑤), 이것이 베이스 전류이다.

전류는 「단위시간당 변하는 전하의 양」으로 정의된다. 그러므로 컬렉터 전류(I_c)는 베이스에서 컬렉터로 유입되는 전자의 속도에 비례하고 베이스 전류(I_B)는 베이스로 유입되는 정공의 속도에 비례한다. 그리고 이미터 전류(I_E)는 이미터–베이스 접합을 지나는 전자 및 정공의 속도에 비례한다.

가. 공통 베이스 단락회로 증폭률

이미터 전류와 컬렉터 전류의 비를 α 라고 하며, 직류와 교류를 나누어 아래와 같이 표현한다. α_{ac}의 정식 명칭은 공통 베이스 단락회로 증폭률common–base short–circuit amplification factor이다.

$$\alpha_{dc} = \frac{I_C}{I_E} \tag{5–1}$$

$$\alpha_{dc} = \frac{\Delta I_C}{\Delta I_E} \tag{5–2}$$

이미터에서 유입된 전자의 대부분은 컬렉터에 도달하고, 이미터–베이스 접합을 지나가는 정공의 수는 전자에 비해 매우 적기 때문에 α 는 0.95 ~ 0.998로 거의 1에 가깝다.

$$I_C = \alpha I_E + I_{CBO} \tag{5–3}$$

I_{CBO} 는 공통 베이스 컬렉터 누설전류로서 무시할 수 있을 만큼 작다.

나. 공통 이미터 순방향 전류 증폭률

β 는 베이스 전류와 컬렉터 전류의 비를 나타낸다. β 의 정식 명칭은 공통 이미터 순방향 전류 증폭률 common–emitter forward–current amplification factor이다. β_{dc} 및 β_{ac} 는 각각 직류 및 교류 β 를 의미한다.

$$\beta_{dc} = \frac{I_C}{I_B} \tag{5-4}$$

$$\beta_{ac} = \frac{\Delta I_C}{\Delta I_B} \tag{5-5}$$

컬렉터 전류는 베이스를 지나 컬렉터에 다다르는 전자(③)가 베이스에 머무르는 시간(τ_T)에 반비례하고, 베이스 전류는 정공(④)이 재결합하기 전까지 베이스에 머무르는 시간(τ_B)에 반비례한다. 따라서 β를 높이려면 베이스의 길이를 줄이고 베이스의 불순물 농도를 낮추어야 한다.

$$\beta = \frac{\tau_T}{\tau_B} \tag{5-6}$$

$$I_C = \beta I_B + I_{CEO} \tag{5-7}$$

베이스의 길이를 줄이면 항복전압이 낮아지고, 불순물 농도를 낮추면 베이스 영역의 공핍영역이 넓어져 베이스에서 펀치스루punch-through가 일어날 가능성이 높아진다. 펀치스루는 베이스 영역 전체가 공핍영역이 되는 현상을 칭한다. 베이스에 펀치스루가 발생하면 BJT는 증폭특성을 잃는다. 이온주입법ion implantation 등 반도체 공정의 발전에 따라 베이스의 길이 및 불순물 농도를 정밀하게 조정할 수 있다.

예제 5-1

β와 I_{CEO}를 α와 I_{CBO}로 나타내어라.

풀이

$$I_E = I_C + I_B, \ I_C = \alpha I_E + I_{CBO}$$

$$I_C = \alpha(I_C + I_B) + I_{CBO}$$

위 식을 정리하면,

$$I_C = \frac{\alpha I_B}{1-\alpha} + \frac{I_{CBO}}{1-\alpha} \qquad \therefore \beta = \frac{\alpha}{1-\alpha}, \ I_{CEO} = \frac{I_{CBO}}{1-\alpha}$$

예제 5-2

BJT의 출력 특성 곡선으로부터 활성영역에서의 β_{dc} 및 β_{ac}를 구하라. $I_B = I_{B1}$이다.

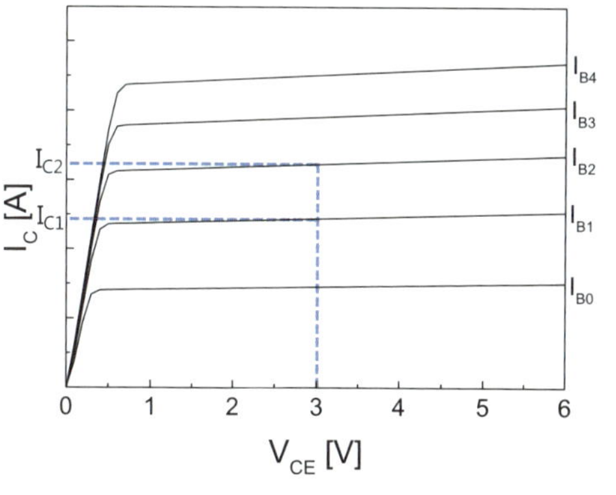

풀이

$$\beta_{dc} = \frac{I_{C1}}{I_{B1}} \text{ 또는 } \frac{I_{C2}}{I_{B2}}$$

$$\beta_{ac} = \frac{\Delta I_C}{\Delta I_B} = \frac{I_{C2} - I_{C1}}{I_{B2} - I_{B1}}$$

(5) 트랜지스터 정격

BJT는 최대 컬렉터 전류(I_{Cmax}), 최대 이미터-컬렉터 전압(V_{CEmax}), 최대 소모 전력(P_{Cmax})의 범위 내에서 사용해야 한다. 그림 5-9에 BJT의 동작 한계를 그래프로 나타내었다.

$$I_C = \frac{P_{C\max}}{V_{CE}} \tag{5-8}$$

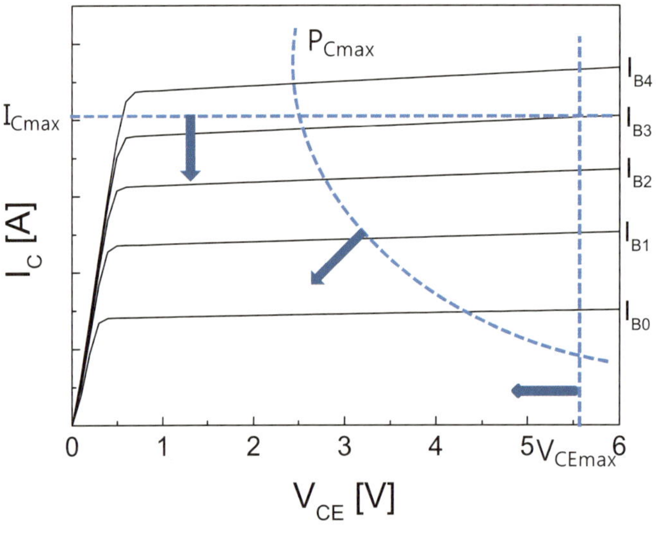

그림 5-9 BJT의 동작 한계

BJT는 증폭기뿐만 아니라 전자스위치나 정전류원으로도 사용된다. 식 (5-8)에서 알 수 있듯이, BJT에 흐르는 전류의 용량을 늘리면 인가할 수 있는 전압의 범위는 줄어든다. BJT 회로를 설계할 때는 전류, 전압 및 전력 정격을 고려하여 BJT의 규격을 여유를 두고 선택해야 한다.

5-2 바이어스 회로 Bias circuits

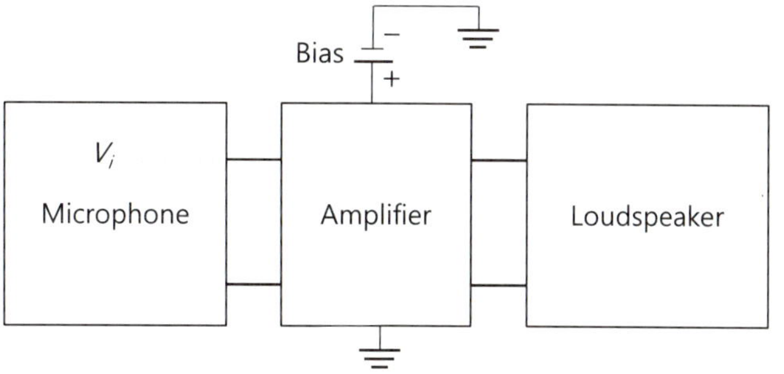

그림 5-10 바이어스와 입력신호

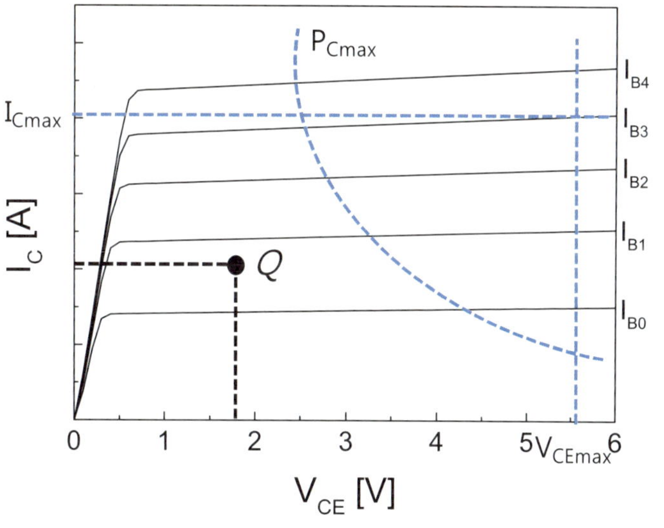

그림 5-11 BJT의 동작점

그림 5-10은 바이어스와 입출력신호 사이의 관계를 개략적으로 나타낸 것이다. 증폭기로 사용하는 BJT는 활성영역에서 동작하도록 설계한다. 그러나 활성영역에서 동작하도록 설계된 BJT가 입력신호에 의해 포화영역 또는 차단영역으로 이동할 수도 있다. 입력신호는 베이스 전류에 더해져서 컬렉터 전류를 증가 또는 감소시키기 때문이다. 따라서 BJT가 입력신호의 전 범위에 거쳐 활성영역에서 동작

하도록 바이어스 회로를 설계해야 한다. 입력신호가 인가되지 않을 때의 컬렉터 전류(I_C)와 이미터-컬렉터 전압(V_{CE})을 동작점Quiescent point(Q)이라고 한다. BJT의 동작점은 한계영역의 중간쯤으로 설정하는 것이 바람직하다.

(1) 고정 바이어스

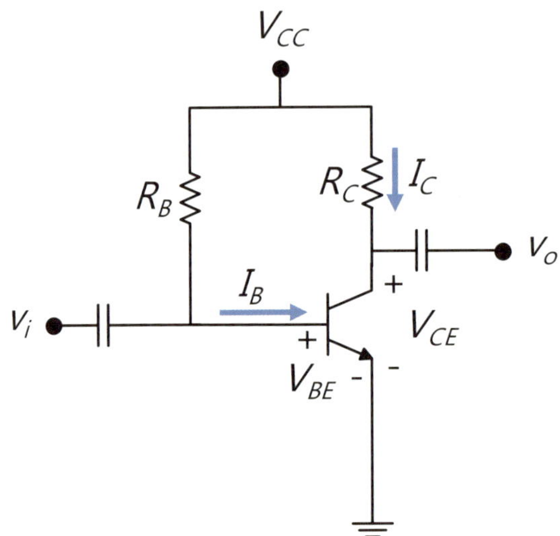

그림 5-12 고정 바이어스 회로

그림 5-12에 고정 바이어스 회로를 나타내었다. 이 장에서는 바이어스 회로의 해석 및 설계에 대해서 공부한다. 따라서 회로상에 표시되어 있는 입출력 신호인 v_i 및 v_o는 무시한다. 고정 바이어스 회로가 활성영역에서 동작하도록 설계되었다고 가정하고 동작점을 구한다. 먼저 입력단에 KVL을 적용한다.

$$V_{CC} - I_B R_B - V_{BE} = 0 \tag{5-9}$$

$$I_B = \frac{V_{CC} - V_{BE}}{R_B} \tag{5-10}$$

$$I_C = \beta I_B = \frac{\beta(V_{CC} - V_{BE})}{R_E} \tag{5-11}$$

다음에는 V_{CE}를 구하기 위해서 출력단에 KVL을 적용한다.

$$V_{CC} - I_C R_C - V_{CE} = 0 \tag{5-12}$$

$$V_{CE} = V_{CC} - I_C R_C \tag{5-13}$$

$$I_C = -\frac{V_{CE}}{R_C} + \frac{V_{CC}}{R_C} \tag{5-14}$$

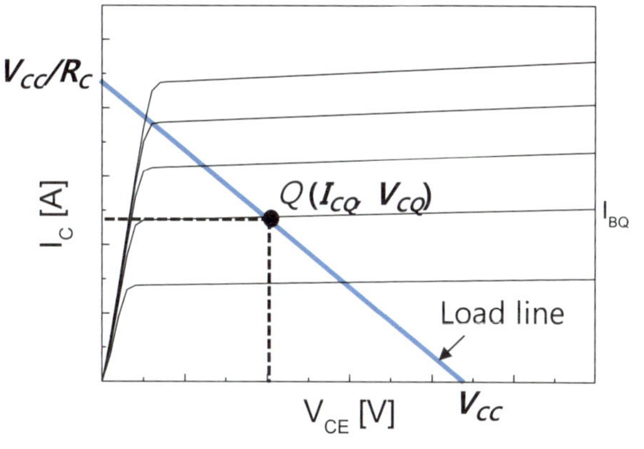

그림 5-13 고정 바이어스 부하선

출력단에서 구한 V_{CE}와 I_C 의 관계 즉, 식 (5-14)를 부하선load line이라고 한다. BJT의 출력 특성 곡선과 부하선이 만나는 점이 동작점이다. V_{CC}와 R_C를 조정하면서 부하선을 그려 보면 적절한 동작점을 찾을 수 있다.

예제 5-3

① 아래 회로의 동작점을 구하라. $\beta = 100$

② R_B =100 $[k\Omega]$일 때 동작점을 구하라.

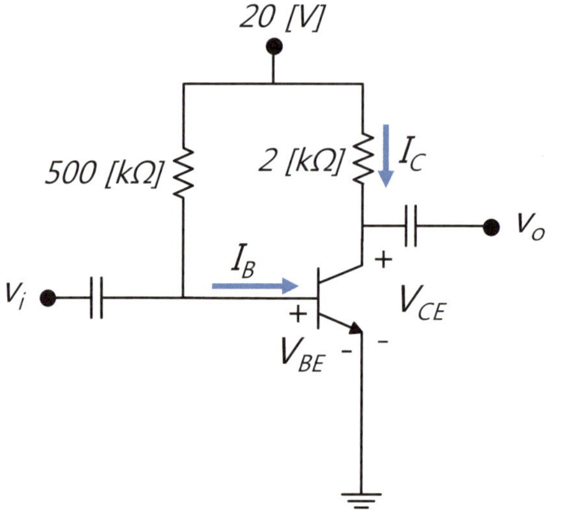

풀이

① $I_B = \dfrac{20-0.7}{500}\ [mA] = 0.0386\ [mA]$, $I_C = \beta I_B = 3.86\ [mA]$

$V_{CC} = 2I_C + V_{CE}$, $V_{CE} = V_{CC} - 2I_C = 12.3\ [V]$

② $I_B = \dfrac{20-0.7}{100}\ [mA] = 0.193\ [mA]$, $I_C = \beta I_B = 19.3\ [mA]$,

$V_{CE} = V_{CC} - 2I_C = -18.6\ [V]$

V_{CC}를 20 $[V]$ 인가한 상태에서 V_{CE}는 음의 전압이 될 수 없다. V_{CE}가 음이 나온다는 것은 BJT가 활성영역이 아니라 포화영역에서 동작하고 있다는 것을 의미한다. 포화영역에서는 BJT의 β가 급격하게 감소한다. 즉, 포화영역에서 동작하는 BJT에는 $I_C = \beta I_B$를 적용할 수 없다. 포화영역에서는 $V_{CE} = 0\ [V]$이므로, I_C를 다시 계산해야 한다.

$$I_C = \frac{V_{CC}}{R_C} = 10\ [mA]$$

$$V_{CE} = 0\ [V]$$

(2) 이미터 바이어스

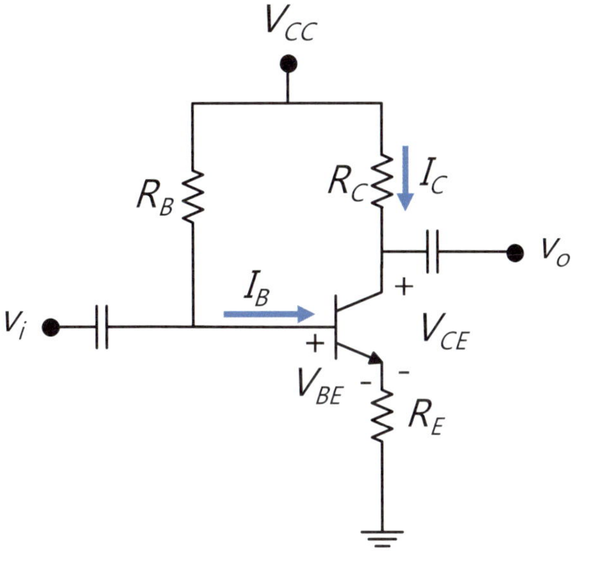

그림 5-14 이미터 바이어스 회로

반도체 소자는 진공관에 비해 소자의 소형화, 반영구적인 수명, 낮은 전력 소모 등 많은 장점을 가지고 있으나 온도 변화에 불안정하다는 치명적인 단점이 있다. 온도 변화에 의해 BJT의 동작점(I_C, V_{CE})이 변하면 증폭기의 동작이 불안정해진다. 고정 바이어스 회로에 이미터 저항을 연결하면 이런 온도 불안정성이 일부 개선된다. 온도가 증가하면 I_C가 증가하고, 증가한 I_C는 이미터의 전위(V_E)를 높여서 I_B를 감소시킨다. I_B는 $V_{BE} = V_B - V_E$에 비례하기 때문이다. I_B의 감소는 I_C를 감소시켜 지속적인 I_C의 증가를 억제한다. 다시 말해서, 이미터 저항 R_E는 온도가 올라가면 I_C를 끌어내리고, 온도가 내려가면 I_C를 끌어올림으로써 온도에 따른 I_C의 변화를 억제한다. $I_C \cong I_E$로 보고 입력단에 KVL을 적용하면,

$$V_{CC} = R_B I_B + V_{BE} + I_C R_E = \frac{R_B I_C}{\beta} + V_{BE} + I_C R_E \tag{5-15}$$

$$I_C = \frac{V_{CC} - V_{BE}}{\frac{R_B}{\beta} + R_E} \tag{5-16}$$

만약 $R_E \gg \dfrac{R_B}{\beta}$의 조건을 만족시키는 설계를 한다면 식 (5-15)는 $I_C \cong \dfrac{V_{CC} - V_{BE}}{R_E}$가 되어 I_C에 대한 β의 영향이 없어진다. I_C에 미치는 인자 중에서 온도에 가장 민감한 것이 β이기 때문이다. 다음에는 출력단에 KVL을 적용한다.

$$V_{CC} = R_C I_C + V_{CE} + I_C R_E \qquad (5-17)$$

$$I_C = \frac{-V_{CE}}{R_E + R_C} \qquad (5-18)$$

식 (5-18)이 이미터 바이어스 회로의 부하선이다. 동작점은 위의 두 식을 풀어서 구할 수도 있고 그림 5-15와 같이 부하선을 사용하여 구할 수도 있다.

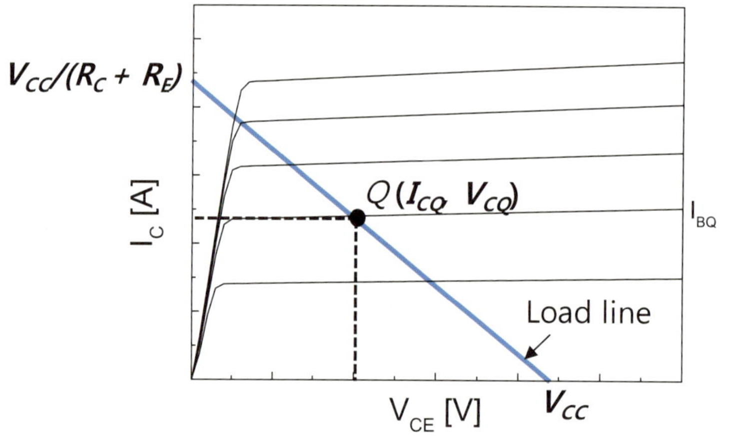

그림 5-15 이미터 바이어스 부하선

예제 5-4

① 아래에 있는 이미터 바이어스 회로의 I_B를 구하라. $\beta = 100$

② 출력 특성 곡선에 부하선을 그린 후 동작점의 위치에 대해 논하라.

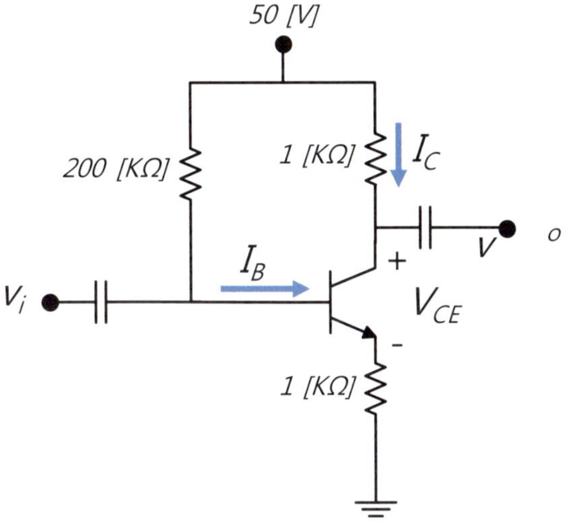

풀이

① $50 = 200 I_B + 0.7 + I_C$, $I_B = \dfrac{50 - 0.7}{200 + \beta} = 0.164\ [mA]$

②

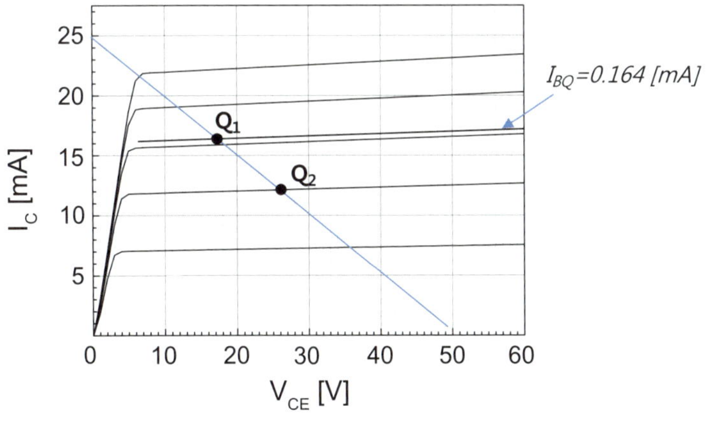

동작점 Q_1은 (16.4 [mA], 17.1 [V]) 부근이다. 동작점이 포화영역으로 약간 치우쳐져 있으므로 오른쪽 (Q_2)으로 이동시키는 것이 바람직하다.

PSpice 5-1

① 예제 5-4의 바이어스 점을 구하라. ② R_1 =1 $[k\Omega]$로 바꾸면 동작점은 어떻게 변하는가?

풀이

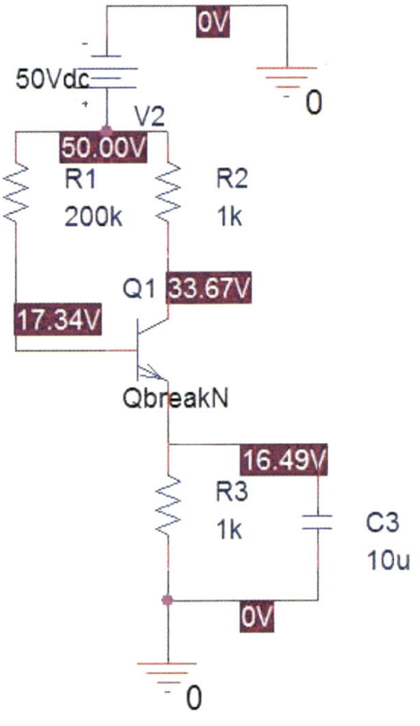

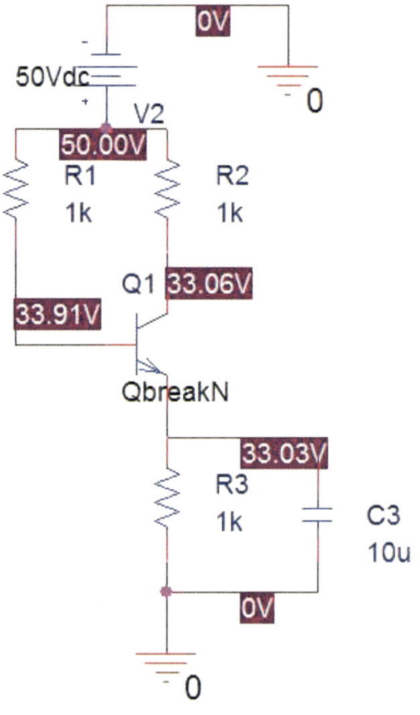

① 트랜지스터로 사용한 *QbreakN* 은 PSpice에서 제공하는 $\beta = 100$ 인 npn BJT이다. 시뮬레이션 결과를 보면, $V_C = 33.67\ [V]$, $V_E = 16.49\ [V]$이다.

따라서 $V_{CE} = V_C - V_E = 17.18\ [V]$이고 $I_C \dfrac{V_{CC} - V_C}{1\,[k\Omega]} = 16.33\ [mA]$이다. 이것은 예제 5-4와 같은 값이다.

② 베이스 저항이 $1\,[k\Omega]$으로 낮아지면, BJT가 포화영역으로 진입하게 되어

$V_{CE} \cong 0\ [V]$가 된다. 시뮬레이션 결과에서는 $0.03\ [V]$로 나온다.

(3) 전압 분배 바이어스

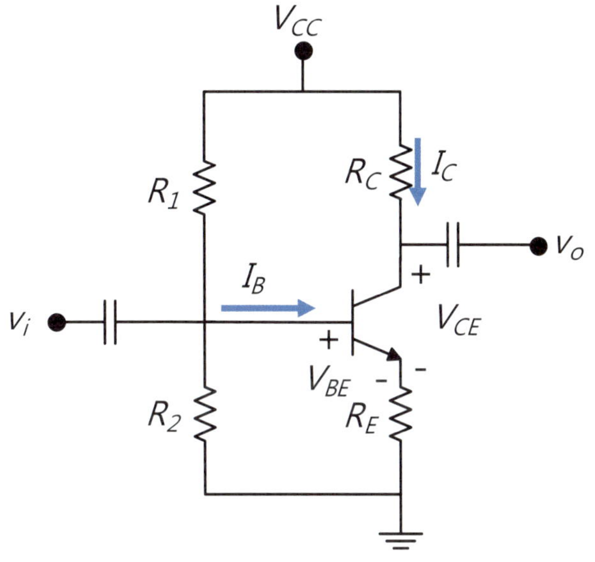

그림 5-16 전압 분배 바이어스

전압 분배 바이어스는 온도 안정성이 높은 회로 중 하나이다. 전압 분배 바이어스 회로는 $\beta R_E \geq 10R_2$라는 가정하에 근사적인 방법으로 동작점을 구할 수 있다. 활성영역에서 동작하는 BJT의 β는 매우 크기 때문에 실제 회로에서 $\beta R_E \geq 10R_2$는 만족된다. 근사 해석을 위해서 우선 베이스 전위(V_B)와 이미터 전위(V_E)를 구한다.

$$V_B = \frac{R_2 V_{CC}}{R_1 + R_2} \tag{5-19}$$

$$V_E = V_B - V_{BE} = \frac{R_2 V_{CC}}{R_1 + R_2} - V_{BE} \tag{5-20}$$

$$I_C \cong I_E = \frac{V_E}{R_E} = \frac{1}{R_E}\left(\frac{R_2 V_{CC}}{R_1 + R_2} - V_{BE}\right) \tag{5-21}$$

$$V_{CE} = V_{CC} - (R_C + R_E) I_C \tag{5-22}$$

식 (5-20)에서 보듯이 I_C는 저항(R_E , R_1 , R_2)과 전원(V_{CC}) 그리고 V_{BE}의 영향을 받을 뿐 β와는 무관하다. 증폭기 회로에서 온도에 민감한 파리메타는 BJT의 특성인 β 및 V_{BE}이다. 특히 온도에 따른 β의 변화는 I_C를 변하게 한다. 따라서 전압 분배 바이어스 회로를 사용하면 BJT의 온도가 I_C에 미치는 영향을 줄일 수 있다. 25 [℃]의 소자온도에서 $\beta = 50$ 및 $V_{BE} = 0.65$ [V]인 BJT의 경우, 소자온도가 −65 [℃]로 내려가면 $\beta = 20$ 및 $V_{BE} = 0.85$ [V]가 되고 100 [℃]로 증가하면 $\beta = 80$ 및 $V_{BE} = 0.48$ [V]로 변한다.

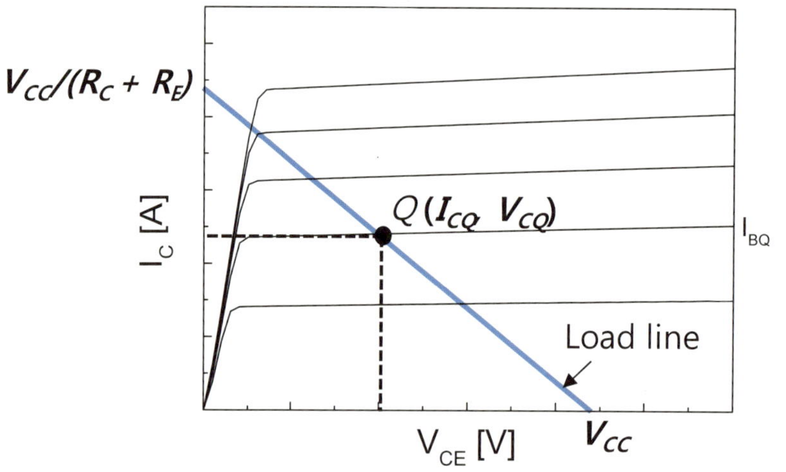

그림 5-17 전압 분배 바이어스의 부하선

예제 5-5

그림 5-16의 전압 분배 바이어스 회로에서 동작점을 구하라. ($\beta R_E < 10R_2$)

풀이

전압 분배 바이어스 회로의 베이스 측을 테브난 등가회로로 나타내면 아래와 같다.

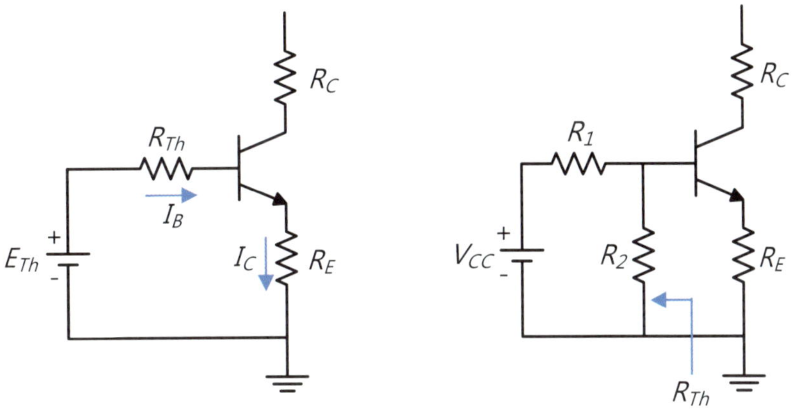

여기서 R_{Th}는 전압원(V_{CC})을 단락시킨 후 구한 베이스에서의 등가저항이다. 따라서 $R_{Th} = R_1 // R_2$가 된다. 그리고 E_{Th}는 R_2에 인가되는 전압이므로 $E_{Th} = V_{CC}\dfrac{R_2}{(R_1 + R_2)}$이다. 입력단의 테브난 등가회로에 KVL을 적용하면,

$E_{Th} - I_B R_{Th} - V_B = E_{Th} - V_{BE} - I_E R_E = 0$ 이다.

이 식으로부터 V_B를 구하면, $V_B = E_{Th} - I_B R_{Th}$이 된다. 여기서 구한 V_B를 식 (5-18)과 비교하면, I_B에 의해 V_B가 감소됨을 알 수 있다. 비록 I_B의 크기가 작지만 R_{Th}가 큰 경우 $R_{Th} \succ \dfrac{\beta R_E}{10}$에는 I_B가 V_B에 미치는 영향을 고려해야만 한다. 이 식으로부터 컬렉터 전류를 구하면, $I_C = \beta\dfrac{(E_{Th} - V_{BE})}{R_{Th} + (1+\beta)R_E}$이 된다. 그리고 출력단에 KVL을 적용하여 V_{CE}를 구하면,

$V_{CE} = V_{CC} - I_C(R_C + R_E)$이다.

예제 5-6

아래 전압 분배 바이어스 회로의 동작점을 구하라. $\beta = 100$

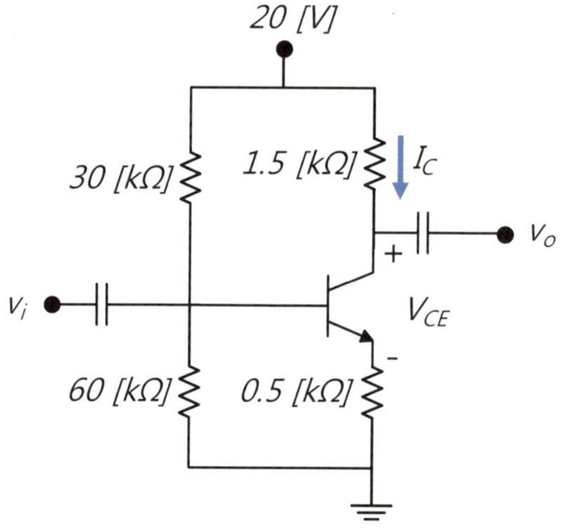

풀이

$\beta R_E \geq 10 R_2$ 조건이 성립되지 않으므로 근사해석을 사용하지 못한다.

$$R_{Th} = 30 // 60\ [k\Omega] = 20\ [k\Omega]$$

$$E_{Th} = \frac{60 \times 20}{90}\ [V] = 13.33\ [V]$$

$$I_C = \beta \frac{(E_{Th} - V_{BE})}{R_{Th} + (1+\beta) R_E} = 100 \frac{12.63}{70.5}\ [mA] \cong 17.9\ [mA]$$

$$V_{CE} = 20 - I_C(1.5 + 0.5) = -15.8\ [V]$$

V_{CC}가 20 $[V]$ 인가되었으므로, V_{CE}는 양의 값으로 나와야 한다. V_{CE}가 음의 값으로 나온 것은 계산에 오류가 있거나 가정에 잘못이 있었기 때문이다. 본 풀이의 오류는 BJT가 활성영역에서 동작한다고 가정한 것에 있다. 위의 회로에서 BJT는 포화영역에서 동작한다. 따라서 동작점은 아래와 같이 다시 계산해야 한다.

$$V_{CE} = 0\ [V],\ I_{CE} = \frac{20\ [V]}{(1.5 + 0.5)\ [k\Omega]} = 10\ [mA]$$

예제 5-7

아래 전압 분배 바이어스 회로의 동작점을 구하라. $\beta = 200$

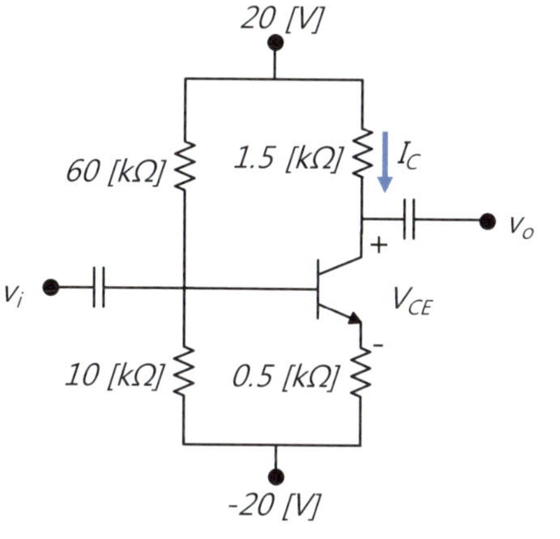

풀이

$\beta R_E \geq 10 R_2$ 이므로 근사해석을 사용할 수 있다.

$20\ [V]$와 $-20\ [V]$인 2개의 전원에서 전압이 공급되므로 중첩의 원리를 사용하여 V_B를 구한다.

$$V_B = \frac{10}{60+10} \times 20\ [V] + \frac{60}{60+10} \times (-20\ [V]) = -14.3\ [V],\ V_E = V_B - 0.7 = -15\ [V]$$

$$I_C = \frac{[-15-(-20)]\ [V]}{0.5\ [k\Omega]} = 10\ [mA]$$

$$20 - I_C(1.5+0.5) - V_{CE} + 20 = 0,\ V_{CE} = 20\ [V]$$

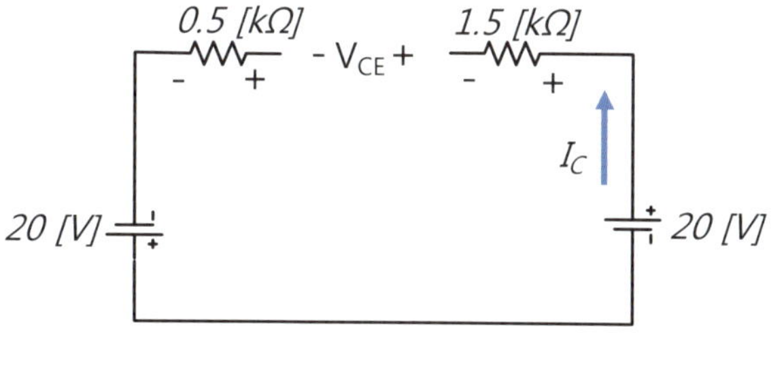

PSpice 5-2

아래 회로의 바이어스 점을 구하라.

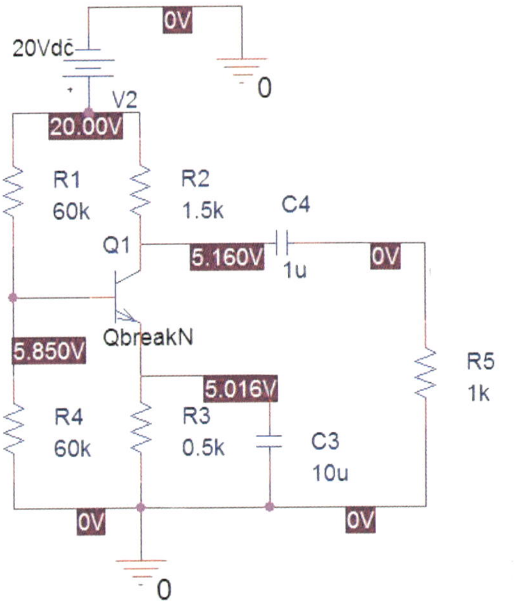

풀이

시뮬레이션 결과를 보면, $V_{CE} = V_C - V_E = (5.160 - 5.016)\ [V] = 0.144\ [V]$ 이다.

BJT가 포화영역에서 동작한다는 예제 5-6의 결과와 유사하다. BJT가 포화영역에 들어가면 V_{CE} 는 $0.1\ [V] \sim 0.2\ [V]$가 된다.

PSpice 5-3

예제 5-7의 바이어스 점을 구하라.

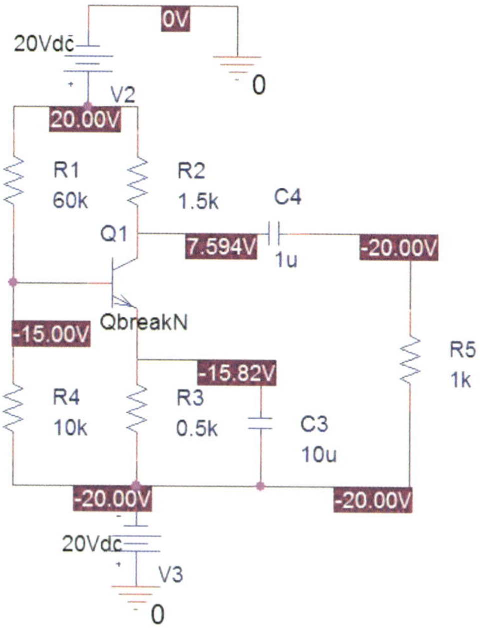

풀이

시뮬레이션 결과를 보면, $V_{CE} = V_C - V_E = [7.594 - (-15.82)]\ [V] = 23.414\ [V]$이다.
근사적으로 구한 예제 5-7의 결과와 비교해 보면 약 14.6[%]의 차이가 난다.

예제 5-8

① 공통 베이스 회로의 동작점(I_C, V_{CB})을 구하라.

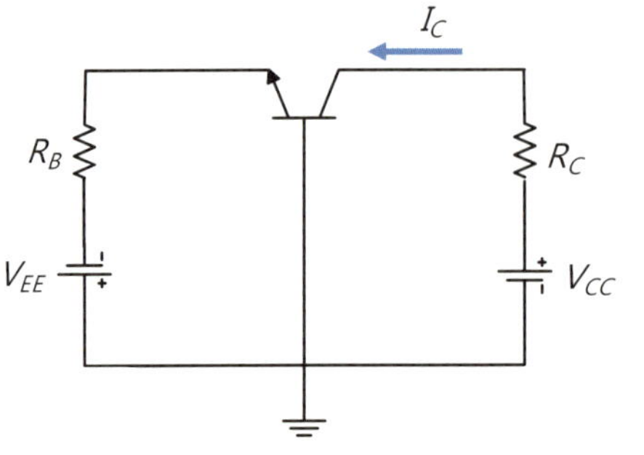

② 이미터 팔로워 회로의 I_C 및 V_{EC}를 구하라.

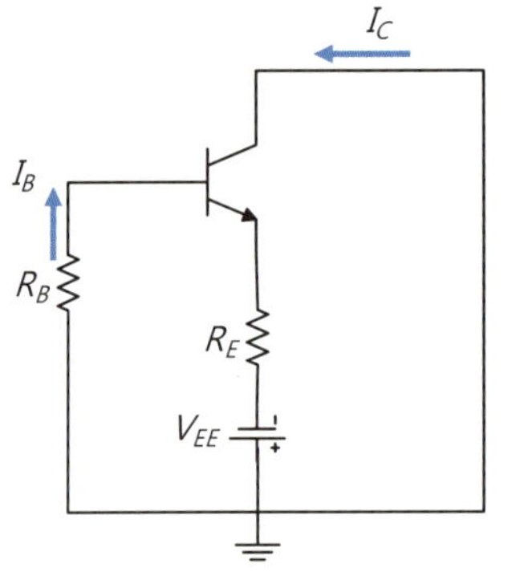

풀이

① 입력단의 KVL: $V_{EE} = I_E R_B + V_{BE}$, $I_E \cong I_C$, $\therefore I_C = \dfrac{V_{EE} - V_{BE}}{R_B}$

출력단의 KVL: $V_{CC} = I_C R_E + V_{CB}$, $V_{CB} = V_{CC} - I_C R_C$

② 입력단의 KVL: $V_{EE} = I_B R_B + V_{BE} + I_E R_E$, $I_E \cong I_C = \beta I_B$

$$\therefore I_C = \frac{V_{EE} - V_{BE}}{(R_B / \beta) + R_E}$$

출력단의 KVL: $V_{EE} = -V_{EC} + I_E R_E$, $V_{EC} = -V_{EE} + I_C R_E$

5-3 BJT 응용

(1) 다단 회로

증폭기의 이득을 높이기 위하여 BJT를 직렬 또는 병렬로 연결하여 사용한다. 대표적인 다단계 회로로는 달링톤Darlington, 캐스코드Cascode, 지클라이 쌍Sziklai pair 회로가 있다. 본 교재에서는 다단 회로의 구성만 간단히 설명한다. 그림 5-18에 각 다단 회로를 비교하였다.

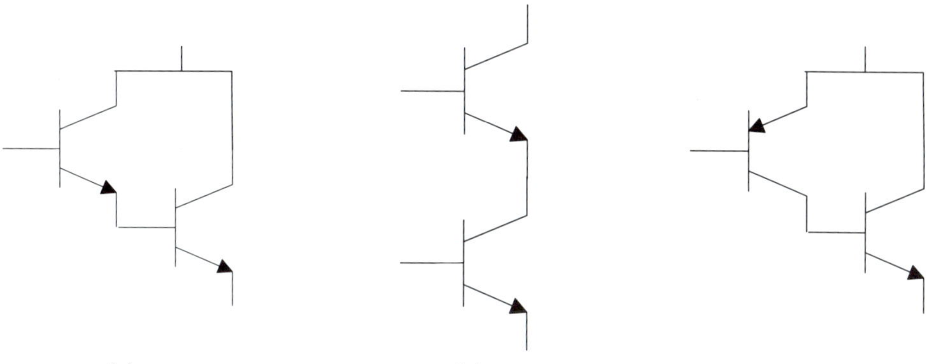

그림 5-18 (a) 달링톤, (b) 캐스코드 및 (c) 지클라이 쌍 회로

두 개의 동일한 BJT를 병렬로 연결하면 달링톤 회로가 되고 직렬로 연결하면 캐스코드 회로가 된다. 여기서 동일하다는 것은 두 BJT가 모두 npn 또는 pnp라는 의미이다. 그리고 지클라이 쌍은 pnp와 npn 트랜지스터를 병렬로 연결한 회로이다. 달링톤 회로와 지클라이 쌍 회로의 전류이득은 두 트랜지스터의 전류이득을 곱한 값과 같으므로 매우 크다. 캐스코드 회로는 하단의 공통 이미터 회로와 상단의 공통 베이스 회로를 연결한 것으로 증폭기의 고주파 특성을 향상시키고 전압이득을 높이기 위해 사용된다.

(2) 스위칭 회로

BJT가 차단영역으로 바이어스되면 $I_C = 0$이 되어 컬렉터-이미터가 개방상태가 되고 포화영역이 되면 $V_{CE} = 0$이 되어 컬렉터-이미터가 단락상태가 된다. 따라서 BJT는 동작영역 이동을 통하여 전기 스위치로 작동한다. 포화영역의 BJT는 이미터-베이스와 베이스-컬렉터 모두 순방향으로 바이어스되어 있다. 순방향으로 바이어스된 p-n 접합면에는 소수 반송자가 축적된다. BJT가 포화영역에서 차단 영역으로 바뀌거나 그 반대가 될 때에는 소수 반송자의 제거 또는 축적을 위한 시간이 필요하고 이것이 BJT의 스위칭 속도를 지연시키는 원인이 된다.

예제 5-9

아래 스위칭 회로에서 입력신호에 의한 출력신호를 구하라. $\beta = 50$

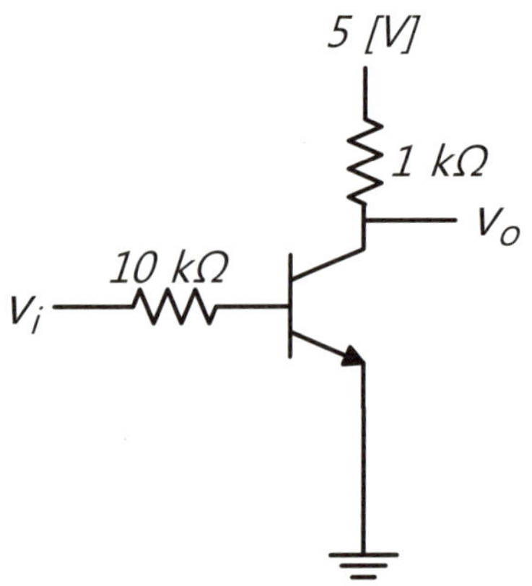

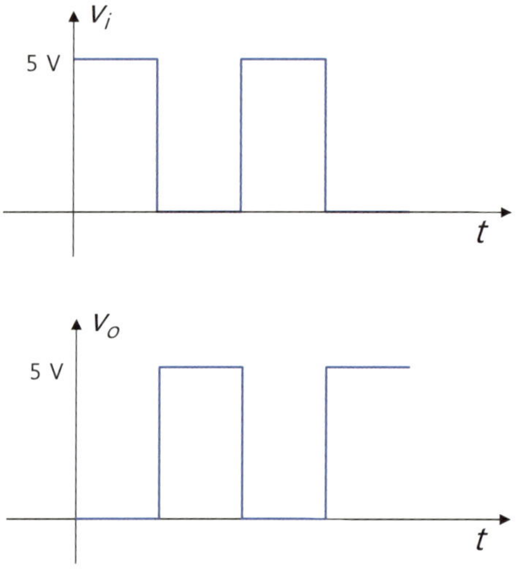

풀이

$v_i = 0\ [V]$ 일 때, $I_C = 0$. $\therefore v_o = 5\ [V]$ (스위치 개방)

$v_i = 5\ [V]$ 일 때, $I_B = \dfrac{4.3}{10k} = 0.43\ [mA]$

$I_C = \beta I_B = 50 \times 0.43\ [mA] = 21.5\ [mA]$

$V_{CE} = (5 - 21.5)\ [V] = -16.5\ [V]$

V_{CE} 가 음수이므로 BJT는 포화영역이다. $\therefore v_o = 0\ [V]$ (스위치 단락)

(3) 정전류원

정전류원이란 부하의 저항 크기에 관계없이 부하에 동일한 전류를 흐르게 하는 전원을 뜻한다. 활성영역에서 동작하는 BJT의 컬렉터 전류는 컬렉터–이미터 전압의 영향을 받지 않는다. 그림 5–19는 활성영역으로 바이어스된 BJT와 제너 다이오드를 사용하여 정전류원을 설계한 것이다.

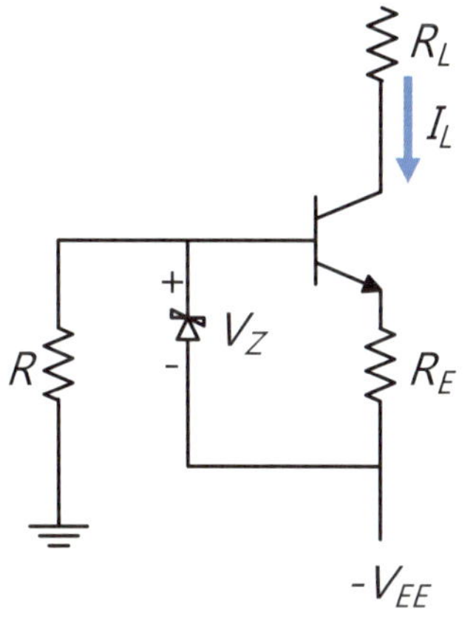

그림 5–19 정전류원

그림 5–19에서 부하저항(R_L)에 흐르는 전류(I_L)를 구한다. 제너 다이오드를 포함하는 폐회로에 KVL을 적용하면,

$$V_Z - V_{BE} - I_E R_E = 0 \tag{5–23}$$

$$I_L \cong I_B = \frac{V_Z - V_{BE}}{R_E} \tag{5–24}$$

이다. 식 (5–24)에 알 수 있듯이 I_L은 R_L의 영향을 받지 않는다. 따라서 그림 5–19는 부하에 항상 I_L의 전류를 공급하는 정전류원이 된다.

정전류원의 다른 형태로 전류 미러current mirror가 있다. 전류 미러는 마주 보도록 배열한 BJT의 한쪽 전류를 조절하여 맞은편 BJT의 전류를 제어하는 회로이다. 그림 5–20에 전류 미러 회로 중 하나를 나타내었다. BJT Q_1과 Q_2가 대칭으로 배열되어 있으며, Q_1의 컬렉터 전류 조절을 통해 Q_2의 컬렉터에 연결된 부하의 전류를 제어한다.

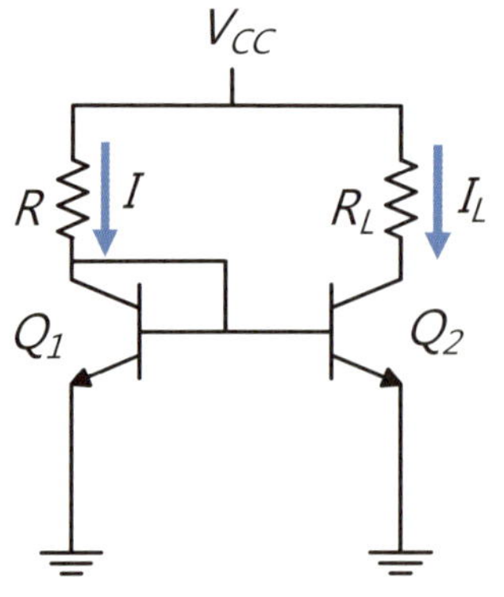

그림 5-20 전류 미러

Q_1과 Q_2의 특성이 같다고 가정하면, $I_{B1} = I_{B2}$가 된다. Q_1의 컬렉터와 베이스가 붙어 있으므로

$$I = \frac{V_{CC} - V_{BE}}{R} \tag{5-25}$$

$$I \cong I_{C1} = I_{C2} = I_L = \frac{V_{CC} - V_{BE}}{R} \tag{5-26}$$

따라서 부하전류는 부하저항의 영향을 받지 않고 항상 일정하게 흐른다.

예제 5-10

부하전류 I_L 은 얼마인가? $\beta = 200$

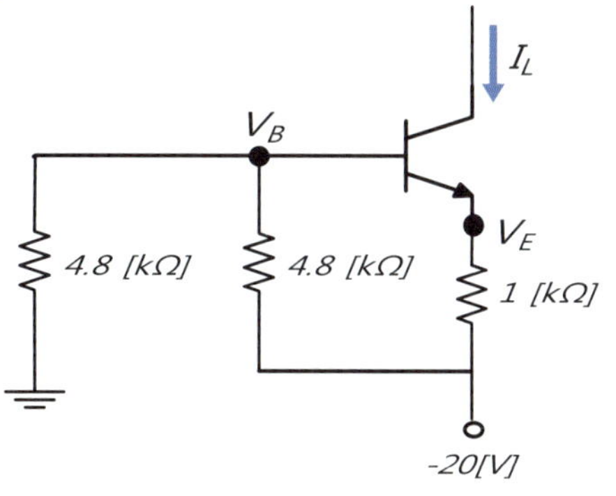

풀이

$$\beta R_E \ge 10R_2,\ V_S = \frac{4.8\,[k\Omega]}{(4.8+4.8)\ [k\Omega]} \times (-20\ [V]) = -10\ [V]$$

$I_L \cong I_E = \dfrac{V_E - (-20\ [V])}{R_E} \cong 9.3\ [mA]$, I_L 은 부하저항의 영향을 받지 않는다.

예제 5-11

① $V_Z = 3.2\ [V]$, $R_L = 3.0\ [k\Omega]$일 때의 I_L은 얼마인가?

② $V_Z = 3.2\ [V]$, $R_L = 10.0\ [k\Omega]$일 때의 I_L은 얼마인가?

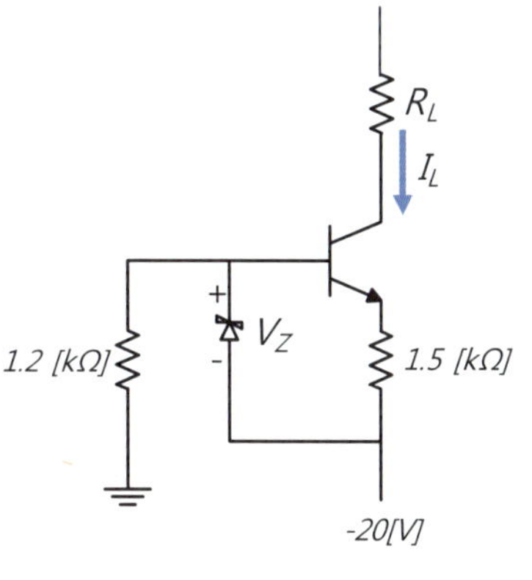

풀이

① $I_L \cong I_E = \dfrac{V_Z - V_{BE}}{R_E} \cong 1.67\ [mA]$

② $I_L \cong I_E = \dfrac{V_Z - V_{BE}}{R_E} \cong 1.67\ [mA]$, I_L은 부하저항의 영향을 받지 않는다.

예제 5-12

① $R_L = 1.0\ [k\Omega]$일 때의 I_L은 얼마인가?

② $R_L = 10.0\ [k\Omega]$일 때의 I_L은 얼마인가?

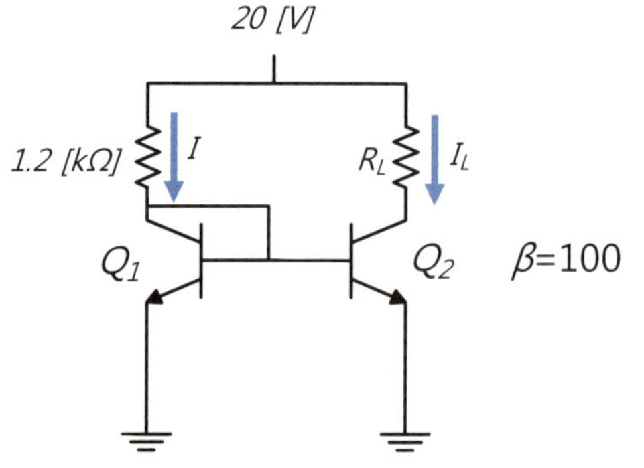

풀이

① $I \cong \dfrac{V_{CC} - V_{BE}}{R_C} = \dfrac{(20-0.7)\ [V]}{1.2\ [k\Omega]} = 16.1\ [mA] = I_L$

② $I \cong \dfrac{V_{CC} - V_{BE}}{R_C} = \dfrac{(20-0.7)\ [V]}{1.2\ [k\Omega]} = 16.1\ [mA] = I_L$

5-4 바이어스 안정도 Bias stability

BJT의 특성은 온도의 영향을 많이 받는다. 온도 증감에 의해 BJT의 β, V_{BE}, I_{CO}가 바뀌고 이런 변동은 컬렉터 전류를 불안정하게 한다. 온도가 증가하면 β는 증가하고 V_{BE}는 감소한다(−2.5 [mV/℃]). 그리고 역방향 누설전류 I_{CO}는 10 [℃] 증가할 때마다 2 배씩 증가한다. BJT의 온도 안정도는 아래 식과 같은 안정도 계수로 표현한다.

$$S(\beta) = \frac{\Delta I_C}{\Delta \beta} \tag{5-27}$$

$$S(V_{BE}) = \frac{\Delta I_C}{\Delta V_{BE}} \tag{5-28}$$

$$S(I_{CO}) = \frac{\Delta I_C}{\Delta I_{CO}} \tag{5-29}$$

$$\Delta I_C = S(\beta)\Delta\beta + S(V_{BE})\Delta V_{BE} + S(I_{CO})\Delta I_{CO} \tag{5-30}$$

예제 5-13

아래 고정 바이어스 회로의 $S(\beta)$, $S(V_{BE})$, $S(I_{CO})$를 구하라. ($I_{CO} = I_{CEO}$)

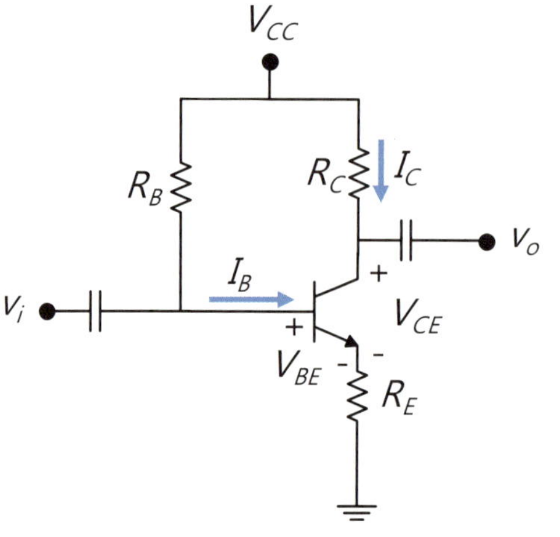

풀이

$$I_B = \frac{V_{CC} - V_{BE}}{R_B}$$

$$I_C = \beta I_B + I_{CEO} = \beta I_B + (1+\beta) I_{CBO}$$

$$\cong \beta \frac{V_{CC} - V_{BE}}{R_B} + \beta I_{CBO}$$

$$S(I_\beta) = \frac{dI_C}{d\beta} = I_B + I_{CBO} = \frac{V_{CC} - V_{BE}}{R_B} + I_{CBO} \cong \frac{I_C}{\beta}$$

$$(I_{CBO} \cong \frac{I_{CEO}}{\beta}),\ S(V_{BE}) = \frac{dI_C}{dV_{BE}} = -\frac{\beta}{R_B},\ S(I_{CO}) = \frac{dI_C}{dI_{CO}} = \beta$$

제6장

BJT II

6-1 교류 소신호 등가모델 Ac small signal equivalent model

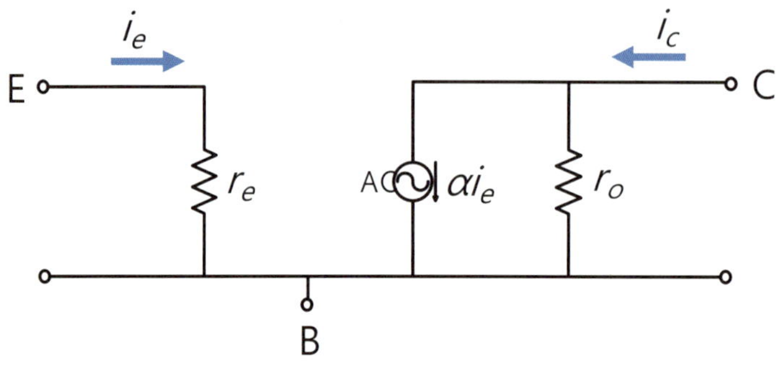

(a)

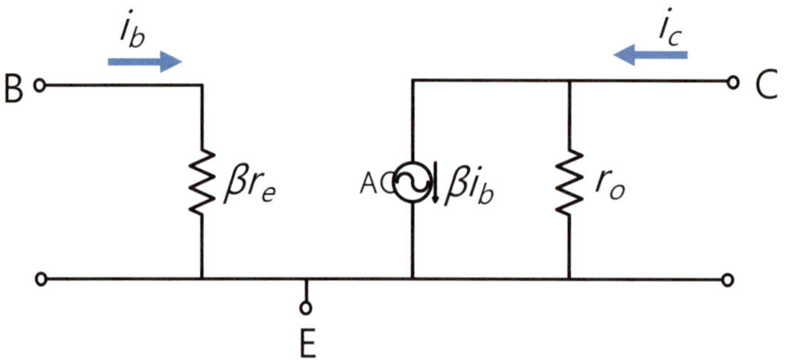

(b)

그림 6-1 BJT 소신호 등가모델: (a) 공통 베이스 및 (b) 공통 이미터

활성영역에서 동작하도록 바이어스된 BJT는 증폭기의 역할을 한다. 이 장에서는 활성영역에서 동작하는 BJT의 교류 소신호(이하 '교류')에 대한 전압이득, 전류이득, 입력 임피던스 및 출력 임피던스를 구하는 방법에 대해서 공부한다.

BJT의 교류 응답을 해석하기 위해서는 교류 등가모델을 사용해야 한다. 증폭기로 설계되는 BJT는 활성영역에서 동작하고, 활성영역의 BJT는 정전류원의 특성을 갖는다. 따라서 BJT의 컬렉터는 정전류원으로 등가화할 수 있다. 그림 6–1(a)는 공통 베이스 회로의 교류 등가회로이다. 그리고 (b)는 공통 이미터 및 이미터 팔로워의 등가회로이다. 공통 베이스 회로의 경우에는 이미터–베이스 사이의 저항이 r_e 그리고 전류 증폭률은 α 이다. 반면에 공통 이미터 회로는 베이스–이미터 저항이 βr_e 그리고 전류 증폭률은 β 가 된다.

$$|v_{be}|=|v_{eb}|=i_e r_e =|i_b(\beta r_e)| \tag{6–1}$$

식 (6–1)의 조건을 맞추기 위하여 공통 이미터 회로에서는 r_e 대신 βr_e 를 사용한다. α, β, r_e 는 다음과 같이 정의된다.

$$\alpha = \frac{\Delta I_C}{\Delta I_E} = \frac{i_c}{i_e} \tag{6–2}$$

$$\beta = \frac{\Delta I_C}{\Delta I_B} = \frac{i_c}{i_b} \tag{6–3}$$

$$r_e = \frac{\Delta V_{BE}}{\Delta I_E} = \frac{v_{be}}{i_e} = \frac{26\ [mA]}{I_E\ [mA]} \tag{6–4}$$

$$r_o = \frac{\Delta V_{CE}}{\Delta I_C} \tag{6–5}$$

식 (6–5)로 정의된 컬렉터–이미터 교류저항 r_o 는 그림 6–2에 정의된 어얼리 전압Early voltage(V_A)으로 구할 수 있다. BJT의 활성영역 특성 곡선을 그 기울기대로 이었을 때 그 직선과 x축이 만나는 점을 V_A라고 한다.

$$r_o = \frac{V_A + V_{CEQ}}{I_{CQ}} \cong \frac{V_A}{I_{CQ}} \tag{6-6}$$

출력단의 전류를 βi_b 대신 $g_m v_{re}$를 사용하는 경우도 있지만, 본 교재에서는 βi_b를 사용한다. g_m은 전달 컨덕턴스로서 다음에 공부하게 될 전계 효과 트랜지스터의 교류 등가모델에 사용된다.

$$g_m = \frac{\Delta I_E}{\Delta V_{BE}} = \frac{i_e}{V_{be}} \tag{6-7}$$

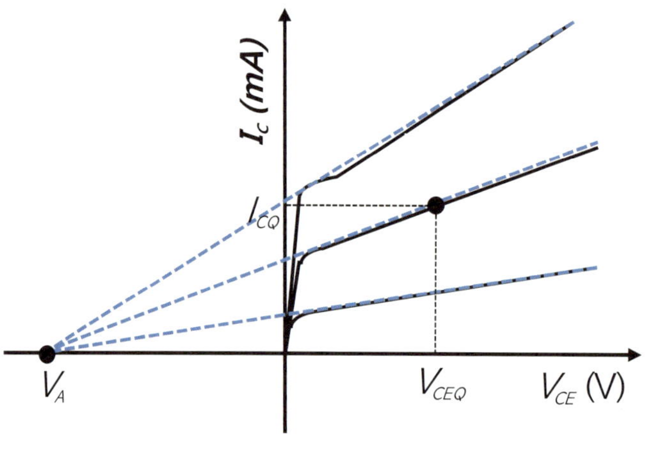

그림 6-2 어얼리 전압

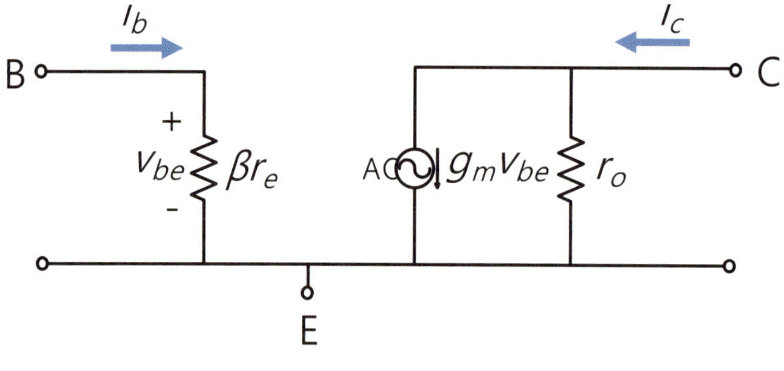

그림 6-3 전달 컨덕턴스를 사용한 등가모델

6-2 교류 해석 Ac small signal analysis

(1) 고정 바이어스 회로

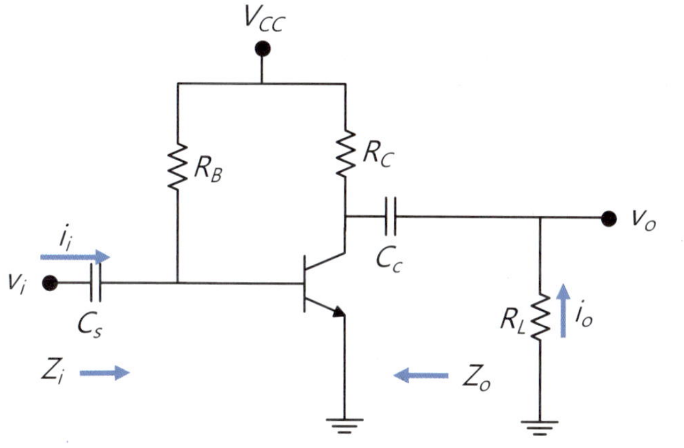

그림 6-4 고정 바이어스 회로

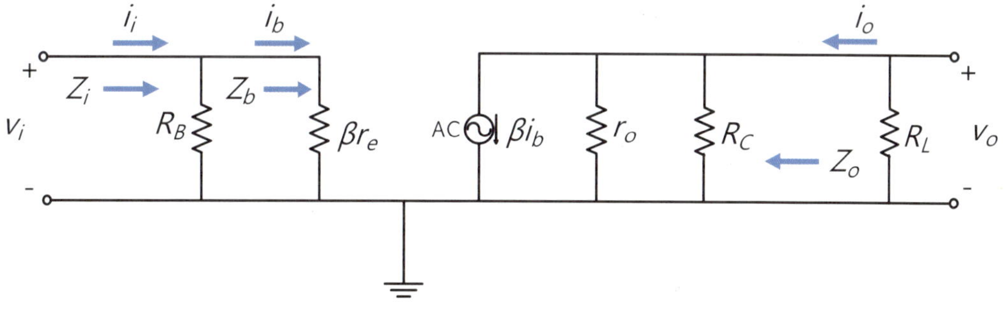

그림 6-5 고정 바이어스 회로의 교류 등가회로

증폭기의 교류 특성을 구하려면 우선 교류 등가회로를 그려야 한다. 교류 등가회로를 그릴 때, 결합 커패시터와 직류 전압원은 단락으로 간주하면 된다. 이것은 교류 신호에 대한 결합 커패시터의 리액턴스reactance와 직류 전압원의 내부저항이 매우 작기 때문이다.

그림 6-5에 고정 바이어스 회로의 교류 등가회로를 나타내었다. 여기서 R_L은 부하저항으로서 예를 들면 확성기loudspeaker의 저항이다. 그러므로 BJT의 출력 임피던스에는 R_L을 포함시키지 않는다.

$$v_i = \beta r_e i_b \tag{6-8}$$

$$v_o = \beta i_b (r_o // R_C // R_L) \tag{6-9}$$

$$A_V = \frac{v_o}{v_i} = \frac{-\beta i_b (r_o // R_C // R_L)}{\beta r_e i_b} = \frac{-(r_o // R_C // R_L)}{r_e} \cong -\frac{R_C}{r_e} \tag{6-10}$$

$$Z_b = \frac{v_i}{i_b} = \frac{\beta r_e i_b}{i_b} = \beta r_e \tag{6-11}$$

$$Z_i = R_B // \mathrm{Z}_b = R_B // \beta r_e \cong \beta r_e \tag{6-12}$$

$$Z_O = \frac{v_o}{i_o}\Big|_{v_i=0} = r_o // R_C \cong R_C \tag{6-13}$$

$$i_i = i_b \frac{R_B + \beta r_e}{R_B} \cong i_b \tag{6-14}$$

$$i_o = (\beta i_b) \frac{r_o + R_C}{r_o + R_C + R_L} \cong \beta i_b \tag{6-15}$$

$$A_i = \frac{i_o}{i_i} \cong \beta \tag{6-16}$$

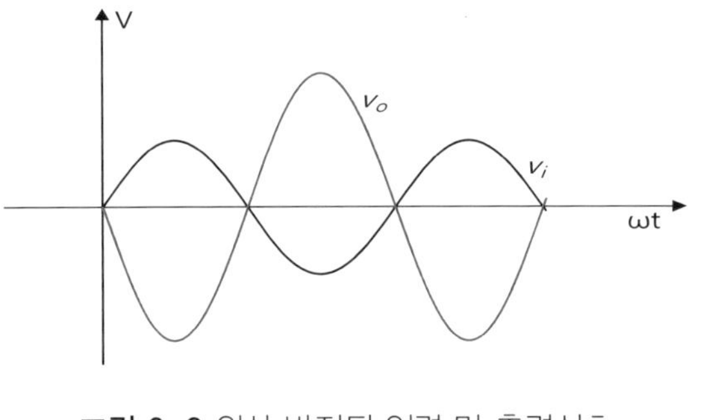

그림 6-6 위상 반전된 입력 및 출력신호

A_v의 부호가 음수인 것은 v_i와 v_o의 위상이 반전된다는 것을 의미한다. Z_i의 경우, 먼저 BJT의 베이스에서 들여다본 등가 임피던스(Z_b)를 구한 후 R_B와의 병렬로 계산하는 것이 편리하다. 그리고 Z_o를 구할 때는 $v_i = 0$으로 둔다는 것을 기억해야 한다. $v_i = 0$이란 입력 측을 단락시킨다는 의미다. $v_i = 0$이면 $i_b = 0$이다. 그러므로 등가회로상의 전류원(β_{ib})은 개방상태가 되고 출력 임피던스는 병렬 연결된 r_o와 R_c만 남는다.

(2) 이미터 바이어스 회로

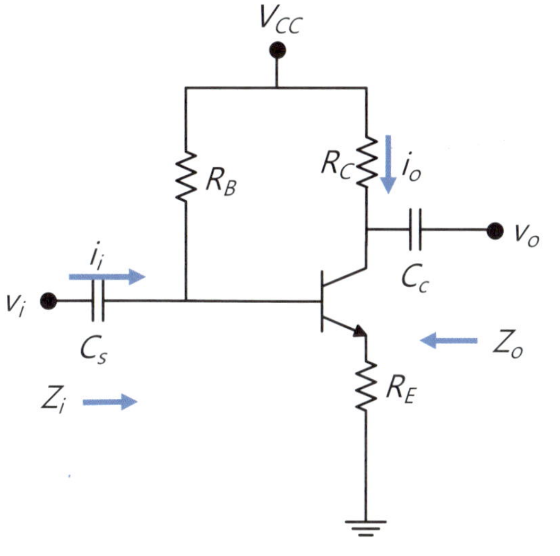

그림 6-7 이미터 바이어스 회로

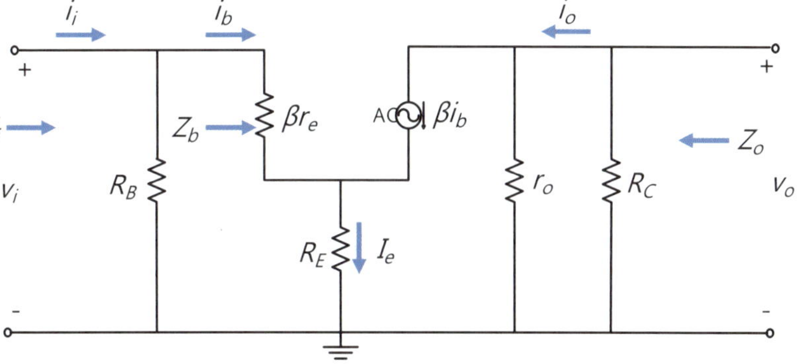

그림 6-8 이미터 바이어스 회로의 교류 등가회로

바이어스 회로의 온도 안정화를 위하여 이미터에 저항을 연결한다. 그림 6–7에 이미터 바이어스 회로를 나타내었다. 부하저항은 매우 크다고 가정하고 생략하였다.

$$v_i = i_b(\beta r_e) + i_e R_E \cong \beta i_b(r_e + R_E) \tag{6–17}$$

$$v_o = -i_e(r_o // R_C) \cong -\beta i_b(r_e + R_C) \tag{6–18}$$

$$A_v = \frac{v_o}{v_i} \cong -\frac{\beta i_b(r_e + R_C)}{\beta i_b(r_e + R_E)} = -\frac{r_o // R_C}{r_e + R_E} \cong -\frac{R_C}{r_e + R_E} \tag{6–19}$$

$$Z_b = \frac{v_i}{i_b} \cong \beta(r_e + R_E) \tag{6–20}$$

$$Z_i = Z_b // R_B \cong \beta(r_e + R_E) // R_B \cong \beta(r_e + R_E) \tag{6–21}$$

$$Z_o = \frac{v_o}{i_o}\Big|_{v_i=0} = r_o // R_C \cong R_C \tag{6–22}$$

$$A_i = \frac{i_o}{i_i} \cong \frac{\beta i_b \dfrac{r_o}{r_o + R_C}}{i_b \dfrac{R_B + Z_b}{R_B}} \cong \beta \tag{6–23}$$

이미터 바이어스 회로는 고정 바이어스 회로에 비해 전압이득이 감소하고 입력 임피던스가 증가한다. 이미터 저항 R_E가 바이어스의 온도 안정화에는 기여하지만 이로 인해 전압이득이 감소한다. 이런 전압이득의 감소를 방지하기 위해 바이패스 커패시터bypass capacitor(C_E)를 R_E와 병렬로 연결한다. 바이패스된 이미터 바이어스 회로의 전압이득 등은 아래와 같다.

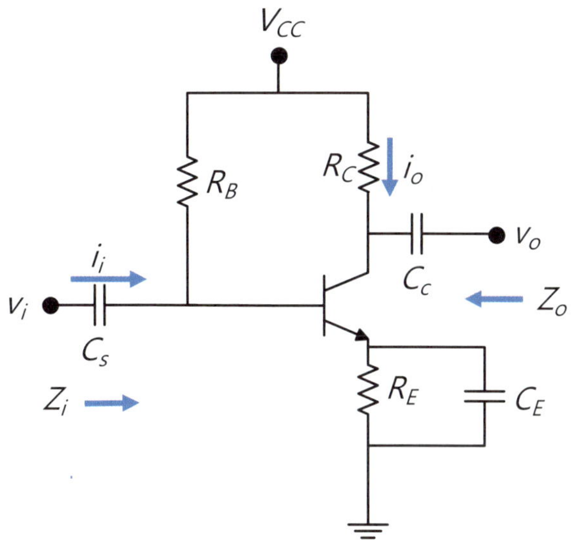

그림 6-9 바이패스된 이미터 바이어스 회로

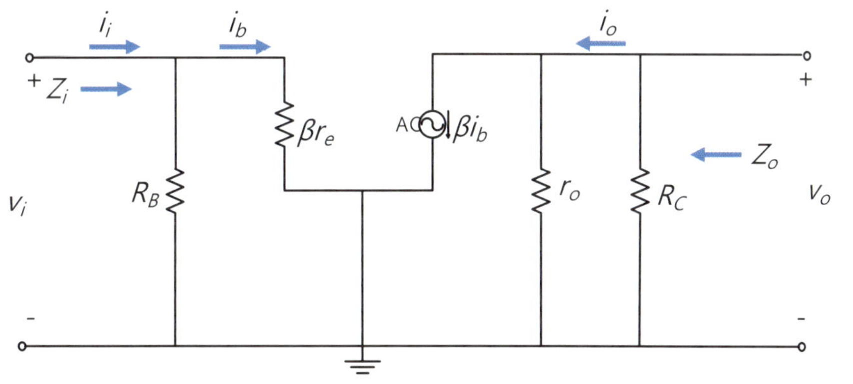

그림 6-10 바이패스된 이미터 바이어스 회로의 교류 등가회로

$$A_v = \frac{v_o}{v_i} \cong -\frac{\beta i_b (r_o // R_C)}{i_b \beta r_e} = -\frac{r_o // R_C}{r_e} \cong -\frac{R_C}{r_e} \qquad (6\text{–}24)$$

$$Z_b = \frac{v_i}{i_b} \cong \beta r_e \tag{6-25}$$

$$Z_i = Z_b \,//\, R_B \cong \beta r_e \tag{6-26}$$

$$Z_o = \frac{v_o}{i_o}\Big|_{v_i=0} = r_o \,//\, R_C = R_C \tag{6-27}$$

$$A_i = \frac{i_o}{i_i} \cong \frac{\beta i_b \dfrac{r_o}{(r_o + R_C)}}{i_b \dfrac{R_B + \beta r_e}{R_B}} \cong \beta \tag{6-28}$$

바이패스 커패시터를 연결하면 A_v, Z_i 등 이미터 바이어스 회로의 교류 응답특성이 고정 바이어스 회로와 같아진다. 바이패스 커패시터를 연결함으로써 R_E에 의해 발생하는 전압이득 감소를 방지할 수 있다. 그러나 바이패스 커패시터를 연결하면, R_E에 의해 입력 임피던스가 증가하는 효과도 상쇄된다. 입력 임피던스를 높이려면 다음에 공부할 이미터 팔로워를 사용해야 한다.

예제 6-1

아래 회로의 ① A_v ② Z_i ③ Z_o 및 ④ A_i를 구하라. $\beta = 50,\ r_o \gg R_c$

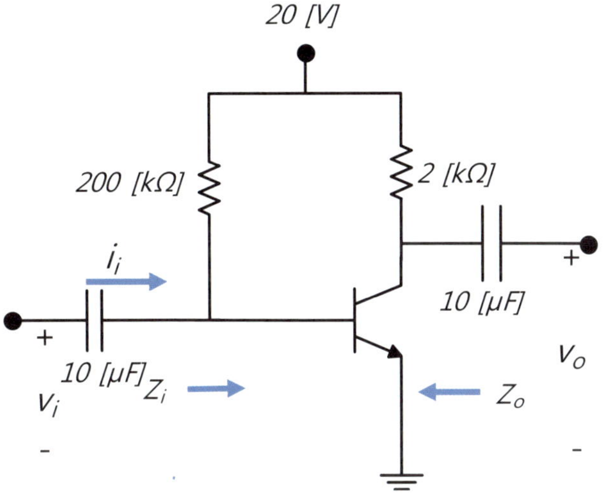

풀이

① $I_C = \dfrac{20-0.7}{200} \times 50 = 4.825\ [mA]$

$$r_e = \frac{26\ [mV]}{4.825\ [mA]} = 5.39\ [\Omega]$$

$$A_v = \frac{-R_C}{r_e} \cong -371$$

② $Z_i \cong \beta r_e = 270\ [k\Omega]$

③ $Z_o \cong R_C = 2\ [k\Omega]$

④ $A_i \cong \beta = 50$

예제 6-2

① 아래 회로의 A_v, Z_i, Z_o 및 A_i를 구하라. $\beta = 100, r_o \gg R_c$

② 바이패스 커패시터가 연결되는 경우의 A_v는 얼마인가?

③ 입력신호의 주파수가 $1\ [MHz]$일 때, 결합 커패시터를 단락으로 볼 수 있음을 설명하라.

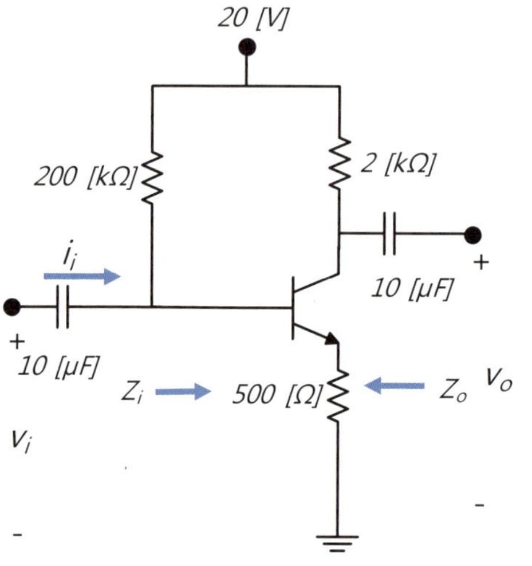

풀이

① $20 = 200I_B + 0.7 + 0.5I_C = 200\dfrac{I_C}{100} + 0.7 + 0.5I_C$

$I_C = 7.72\ [mA],\ r_e = \dfrac{26\ [mV]}{7.72\ [mA]} = 3.37\ [\Omega]$

$A_v = -\dfrac{R_C}{r_e + R_E} = -3.97,\ Z_i \cong \beta(r_e + R_E) = 50.6\ [k\Omega]$

$Z_o = R_C = 2\ [k\Omega],\ A_i \cong \beta = 100$

② $A_v = -\dfrac{R_C}{r_e} = -539.8$

③ $X_C = \dfrac{1}{2\pi fC} = 0.016\,[\Omega],\ X_C \ll Z_i$ 따라서 결합 커패시터는 단락으로 간주함.

PSpice 6-1

예제 6-2의 전압이득을 계산하라. 입력신호의 주파수는 10 $[kHz]$, 피크 전압은 0.1 $[mV]$, 바이패스 커패시터는 ① 0, ② 1 $[\mu F]$, ③ 10 $[\mu F]$, 50 $[\mu F]$ 의 4가지를 사용하라.

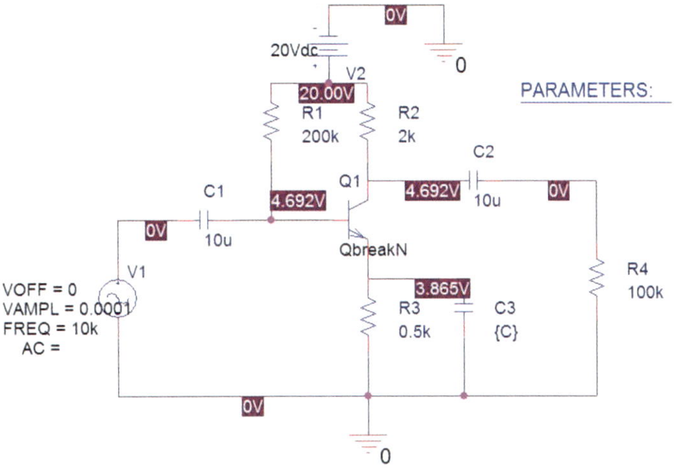

풀이

①

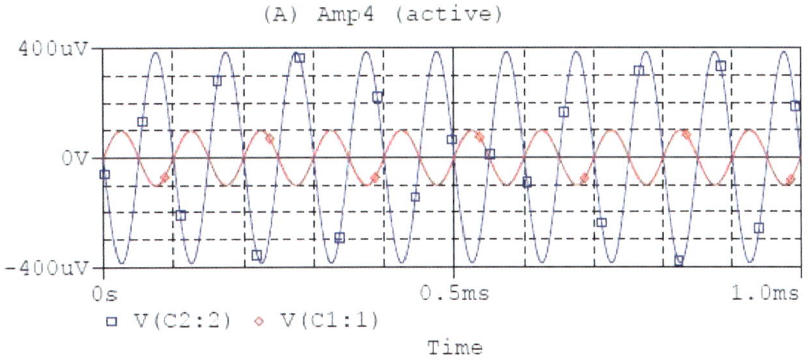

위 그래프는 입력신호와 출력신호를 나타낸 것이다. 여기서 $A_v \cong -\dfrac{400\ [\mu V]}{100\ [\mu V]} = -4$

②

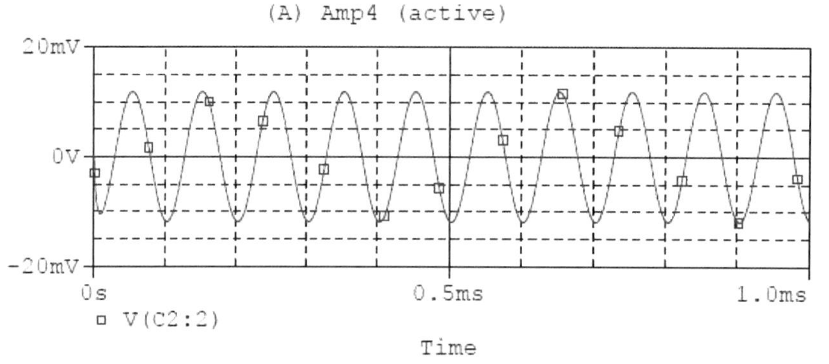

$$A_v = -\frac{15.45\ [mV]}{100\ [\mu V]} = -154.5$$

③

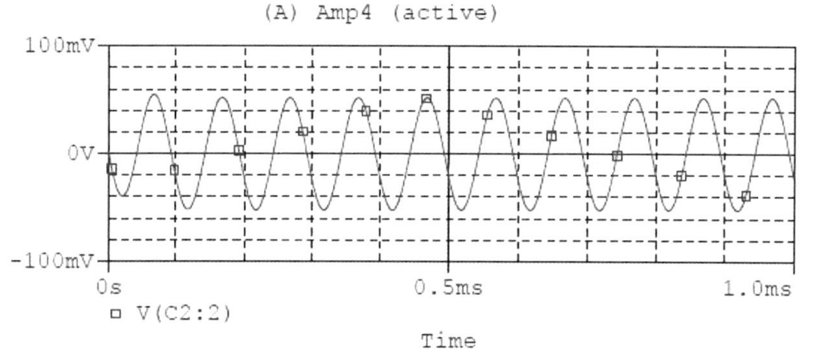

$$A_v \cong -\frac{53\ [mV]}{100\ [\mu V]} = -530$$

④

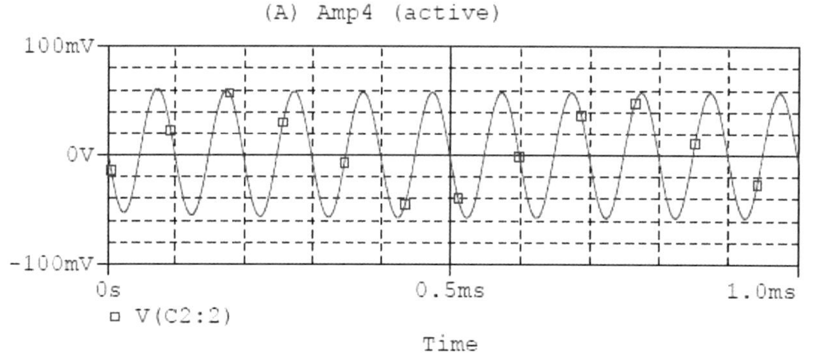

$A_v \cong -\frac{57\ [mV]}{100\ [\mu V]} = -570$, 출력파형의 왜곡이 나타남을 확인할 수 있다.

(3) 전압 분배 바이어스 회로

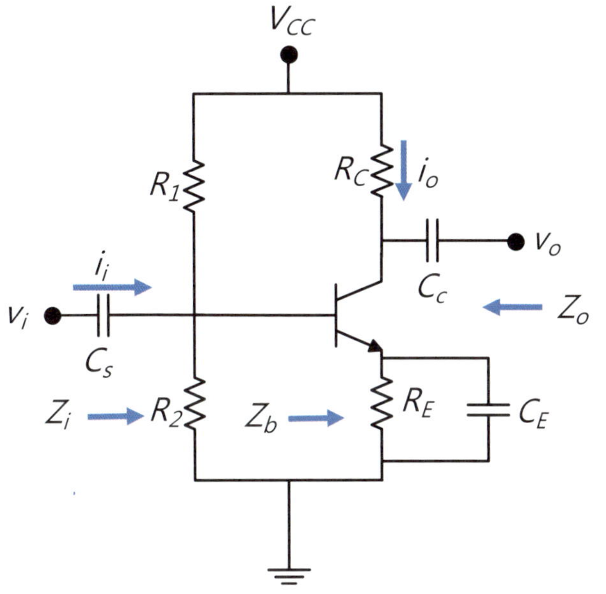

그림 6-11 전압 분배 바이어스 회로

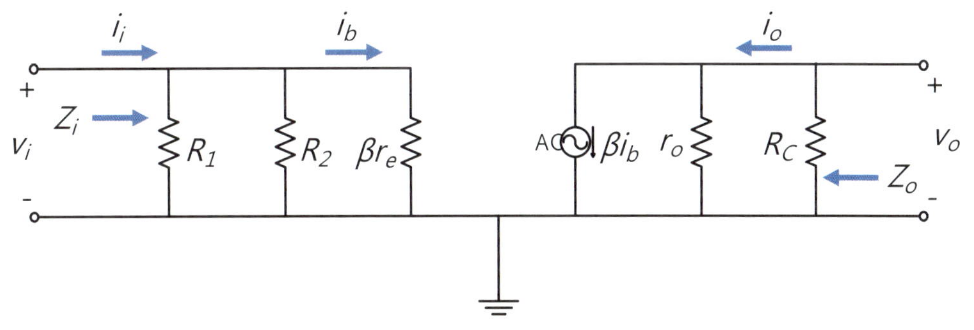

그림 6-12 전압 분배 바이어스 회로의 교류 등가회로

전압 분배 바이어스 회로의 경우 입력 임피던스, 전압이득 등 교류 특성은 앞에서 설명한 회로들과 유사하면서 동작점의 온도 안정성은 향상된다. 그림 6-11 회로에서도 바이패스 커패시터 C_E에 의해 R_E는 단락되는 것으로 간주한다.

$$A_v = \frac{v_o}{v_i} \cong -\frac{\beta i_b (r_o // R_C)}{i_b \beta r_e} = \frac{-r_o // R_C}{r_e} \cong -\frac{R_C}{r_e} \tag{6-29}$$

$$Z_b = \frac{v_i}{i_b} \cong \beta r_e \tag{6-30}$$

$$Z_i = Z_b // (R_1 // R_2) \cong \beta r_e \tag{6-31}$$

$$Z_o = \frac{v_o}{i_o} |_{v_i=0} = r_o // R_C \cong R_C \tag{6-32}$$

$$A_i = \frac{i_o}{i_i} \cong \frac{\beta i_b \frac{r_o}{(r_o + R_C)}}{i_b \frac{R_1 // R_2 + \beta r_e}{R_1 // R_2}} \cong \beta \tag{6-33}$$

예제 6-3

아래 회로의 A_v, Z_i, Z_o 를 구하라. $\beta = 200$, $r_o \gg R_C$

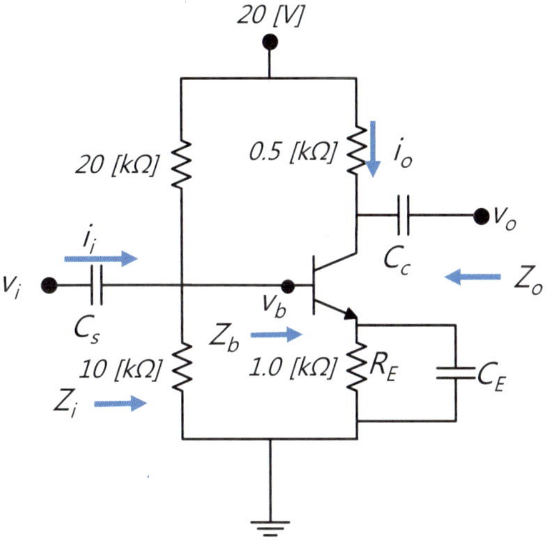

풀이

$$V_B = \frac{10 \times 20}{30} [V] = 6.67 [V]$$

$$I_E = \frac{(6.67 - 0.7) [V]}{1 [k\Omega]} = 5.97 [mA], \ r_e = \frac{26 [mV]}{5.97 [mA]} = 4.355 [\Omega]$$

$$A_v \cong -\frac{R_C}{r_e} = -114.8, \ Z_i \cong \beta r_e \cong 871 [\Omega], \ Z_o \cong R_C = 0.5 [k\Omega]$$

예제 6-4

동적점은 (1 [mV], 5 [V]), $A_v = -5$인 전압 분배 바이어스 회로를 설계하라. $\beta = 100$, $r_o \gg R_C$, C_E는 없는 것으로 간주하라. $C_E = 1\,[\mu F]$를 연결하면 A_v는 얼마가 되는가?

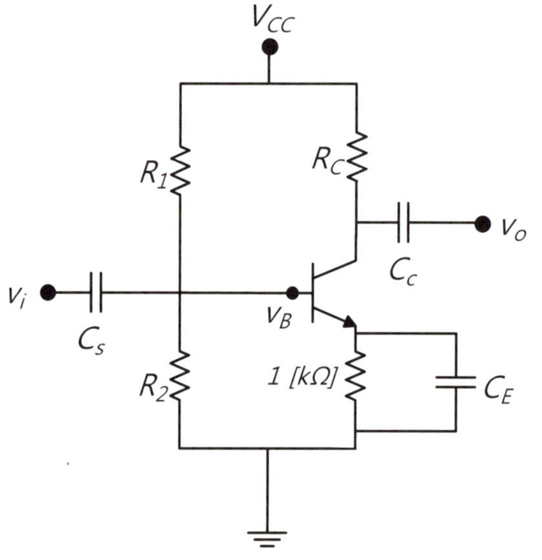

풀이

① $A_v = -\dfrac{R_C}{R_E} = -5$ 이므로 $R_C = 5\,[k\Omega]$ 이다.

② $V_{CE} = V_{CC} - I_C(R_C + R_E) = 5\,[V]$ 로부터 $V_{CC} = 11\,[V]$ 이다.

③ $\beta R_E \geq 10 R_2$을 만족하도록 $R_2 = 10\,[k\Omega]$ 으로 정한다. 컬렉터에 $I_C \cong I_E = 1\,[mA]$의 전류가 흐르려면 $V_B = V_{CC}\dfrac{R_2}{(R_1 + R_2)} = 1.7\,[V]$의 전압이 베이스에 인가되어야 한다.

$\therefore R_1 = 54.7\,[k\Omega] = 55\,[k\Omega]$

$r_e = \dfrac{26\,[mV]}{1\,[mV]} = 26\,[\Omega]$이므로,

바이패스 커패시터를 연결하면 $A_v = -\dfrac{R_C}{r_e} \cong -192$가 된다.

PSpice 6-2

아래 회로의 출력전압을 구하라. $v_i = 0.01\sin(2\times 1000\pi t)\ [V]$ 이다.

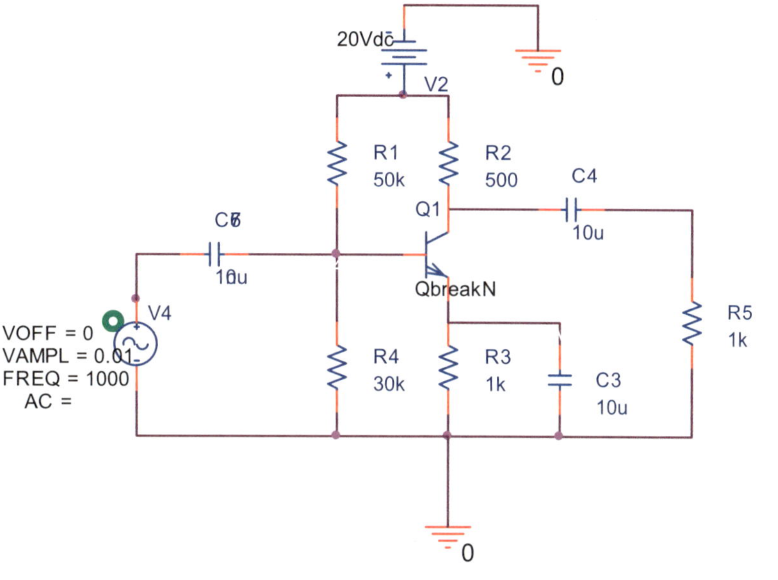

풀이

PSPICE에서 구한 출력전압은 아래와 같다.

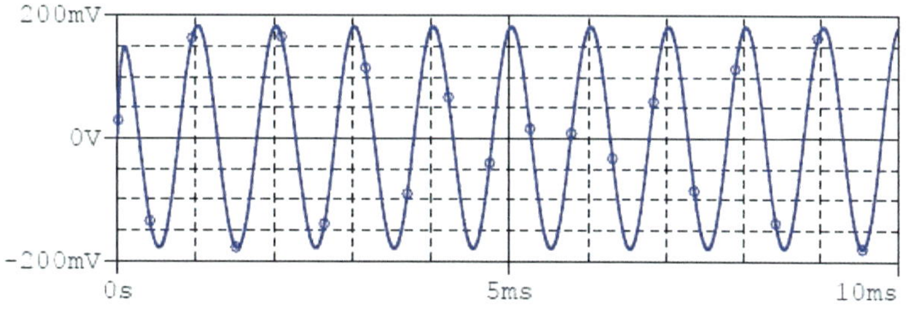

출력전압 그래프로부터 구한 전압이득은 $A_v \cong -\dfrac{185\ [mV]}{10\ [mV]} = -18.5$ 이다.

본 예제의 전압이득은 −18.5로 예제 6-3의 −130.9에 비해 약 7배 정도 낮다. 이것은 입력전압의 주파수가 $1000\ [Hz]$ 로 낮아 이미터 저항 R_E 의 영향을 무시할 수 없기 때문이다.

(4) 이미터 팔로워 회로

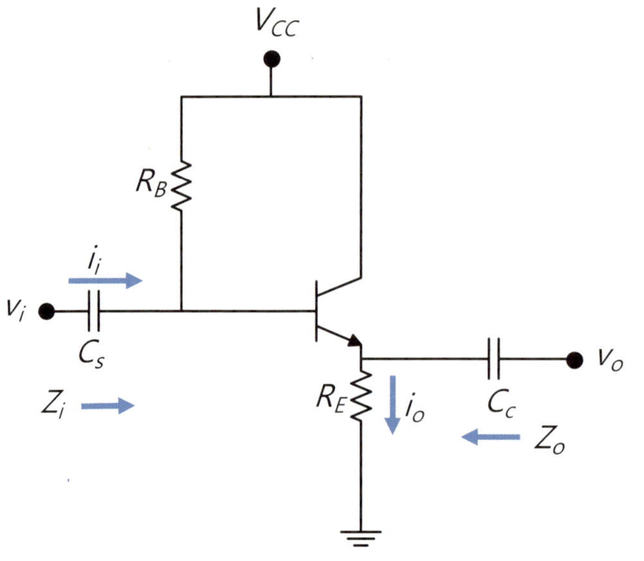

그림 6-13 이미터 팔로워 회로

그림 6-13 회로의 입력단은 베이스와 접지이며 출력단은 이미터와 컬렉터이다. 교류 해석에서 직류전원은 단락으로 보기 때문에 컬렉터는 접지된 것과 같다. 따라서 그림 6-13은 공통 컬렉터 회로가 된다. 공통 컬렉터 회로의 출력전압은 이미터 전압과 같다. 출력전압이 이미터 전압을 따라간다는 의미로 공통 컬렉터 회로를 이미터 팔로워emitter follower라고 한다.

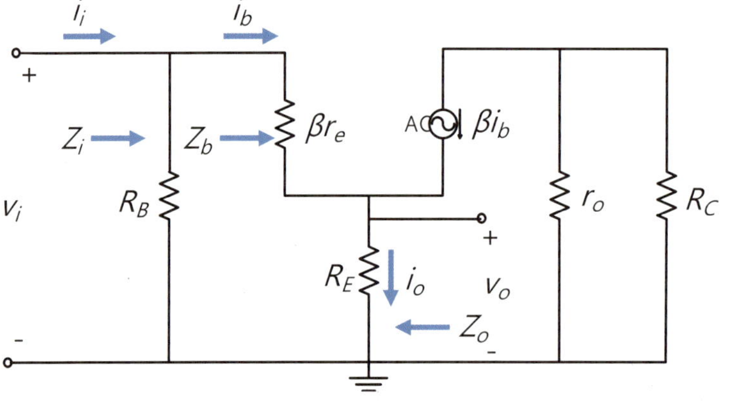

그림 6-14 이미터 팔로워 교류 등가회로

$$v_i = i_b(\beta r_e) + (1+\beta)i_b R_E \tag{6-34}$$

$$v_o = (1+\beta)i_b R_E \tag{6-35}$$

$$A_v = \frac{(1+\beta)i_b R_E}{i_b\beta r_e + (1+\beta)i_b R_E} \cong 1 \tag{6-36}$$

$$Z_b = \frac{v_i}{i_b} \cong \beta r_e + \beta R_E = \beta(r_e + R_E) \tag{6-37}$$

$$Z_i = Z_b \,//\, R_B \cong Z_b \cong \beta R_E \tag{6-38}$$

$$A_i = \frac{i_o}{i_i} \cong \frac{(1+\beta)i_b}{i_b \frac{Z_b + R_B}{R_B}} \cong 1+\beta \cong \beta \tag{6-39}$$

이미터 팔로워의 출력 임피던스는 공통 이미터 회로처럼 등가회로상에서 쉽게 구할 수 없다. 공통 이미터 회로의 경우, $v_i = 0$ 이면 $i_b = 0$ 이 되므로 컬렉터 전류원(βi_b)을 제거하면 된다. 그러나 이미터 팔로워 회로에서는 $v_i = 0$ 에서도 컬렉터 전류원이 개방상태가 되지 않는다. 이미터 팔로워의 출력 임피던스는 멀티미터의 저항 측정 방법을 사용해야 정확하게 구할 수 있다. 전류 및 전압과는 달리 저항은 에너지를 낼 수 없다. 그러므로 멀티미터에서는 별도의 전압을 저항에 인가한 후 이때 저항에 흐르는 전류를 통해 저항을 간접적으로 측정한다. 마찬가지 방법으로 그림 6-15처럼 이미터 팔로워의 출력단자에 (v')을 인가하고 이때 흐르는 전류(i')를 구해서 두 값의 비($\frac{v'}{i'}$)를 구하면 Z_o 가 된다.

$$i_b = -\frac{v'}{\beta r_e} \tag{6-40}$$

$$i' = ① + ② + ③ = \frac{v'}{R_E} + \frac{v'}{\beta r_e} - \beta i_b = v'(\frac{1}{R_E} + \frac{1}{\beta r_e} + \frac{1}{r_e}) \tag{6-41}$$

$$Z_o = \frac{v'}{i'}|_{v_i=0} = (\frac{1}{R_E} + \frac{1}{\beta r_e} + \frac{1}{r_e})^{-1} = R_E // \beta r_e // r_e \cong r_e \tag{6-42}$$

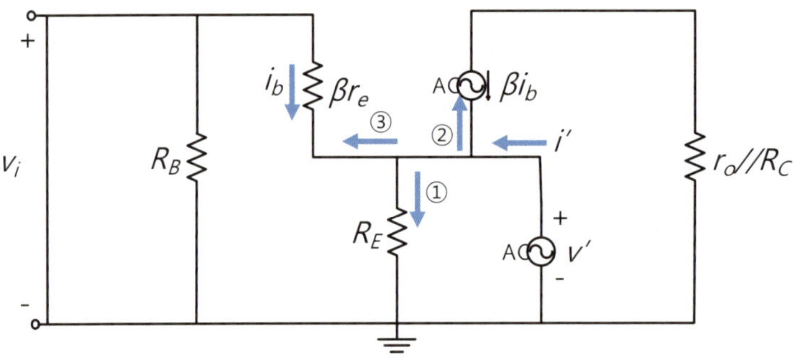

그림 6-15 이미터 팔로워의 출력 임피던스 계산

이미터 팔로워는 입력 임피던스가 크고 출력 임피던스는 작다. 그리고 전압이득은 약 1이다. 이런 특성 때문에 이미터 팔로워는 출력 임피던스가 큰 증폭기와 입력 임피던스가 작은 증폭기를 연결하는 완충 증폭기buffer amplifier로 사용된다. 증폭기가 마이크로 폰 등으로부터의 입력전압을 충분히 받아들이려면 입력 임피던스가 커야 한다. 또한 증폭된 출력전압을 확성기 등의 부하로 잘 전달하려면 증폭기의 출력 임피던스는 작아야 한다.

예제 6-5

아래 회로의 A_v, Z_i, Z_o를 구하라. $\beta = 100$, $r_o \gg R_C$

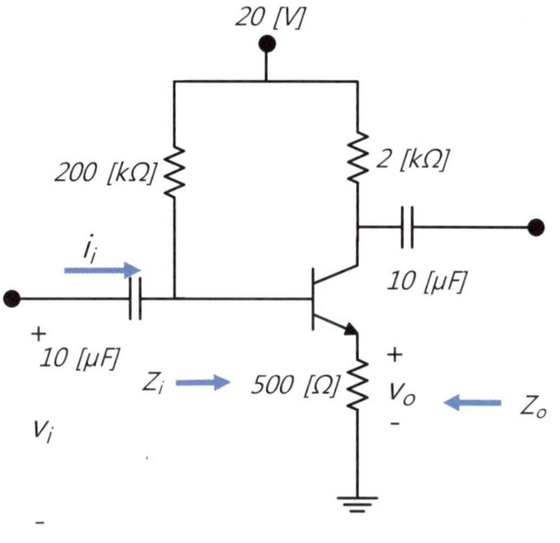

풀이

$$20 = 200I_B + 0.7 + 0.5I_C = 200\frac{I_C}{100} + 0.7 + 0.5I_C$$

$$I_C = 7.72\ [mA],\ r_e = \frac{26\ [mV]}{7.72\ [mA]} = 3.37\ [\Omega]$$

$$A_v = \frac{(1+\beta)R_E}{\beta r_e + (1+\beta)R_E} \cong 0.99$$

$$Z_i = \beta(r_e + R_E)//R_B \cong 50\ [k\Omega]$$

$$Z_o = R_E//\beta r_e//r_e \cong 3.4\ [\Omega]$$

(5) 공통 베이스 회로

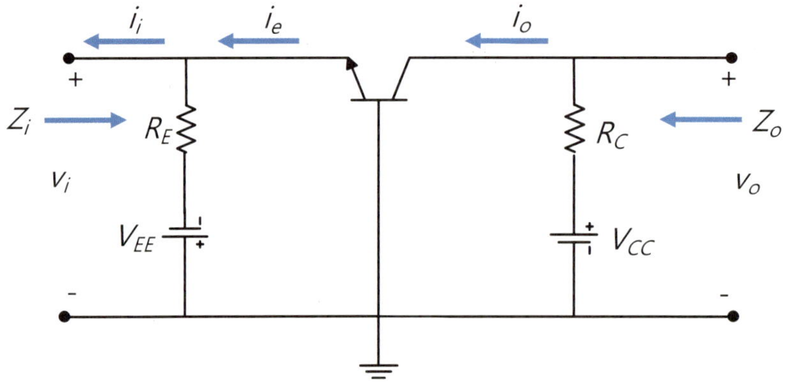

그림 6-16 공통 베이스 회로

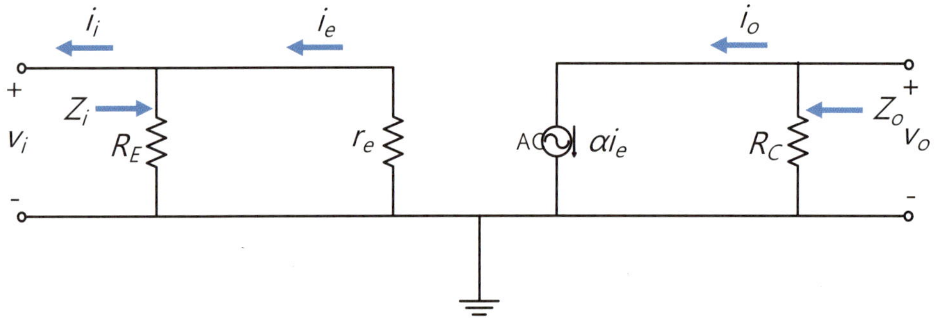

그림 6-17 공통 베이스 교류 등가회로

$$A_v = \frac{-\alpha i_e R_C}{-i_e r_e} \cong \frac{R_C}{r_e} \tag{6-43}$$

$$Z_i = R_E // r_e \cong r_e \tag{6-44}$$

$$Z_o = R_C \tag{6-45}$$

$$A_i = \frac{\alpha i_e}{i_e} = \alpha \cong 1 \tag{6-46}$$

공통 베이스 회로는 입력신호와 출력신호의 위상이 동일하다. 그리고 전압이득은 높고 전류이득은 1에 가깝다. 그러므로 공통 베이스 회로는 위상차가 없이 입력전압을 증폭하고자 할 때 사용된다.

예제 6-6

아래 회로의 A_v, Z_i, Z_o 및 A_i를 구하라. $\alpha = 0.99$, $r_o \gg R_C$

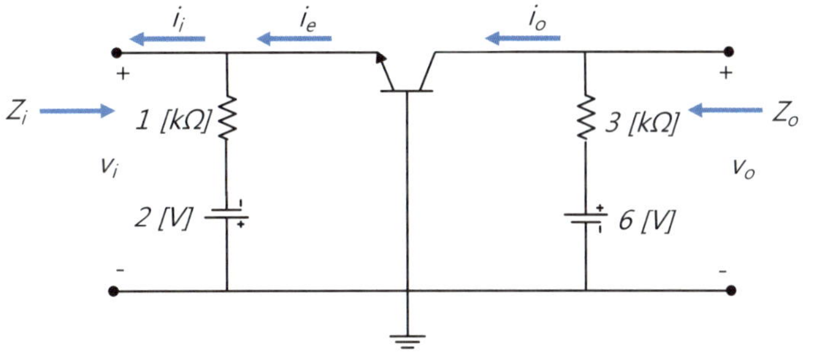

풀이

① $I_E = \dfrac{(2-0.7)\ [V]}{1\ [k\Omega]} = 1.3\ [mA]$

$$r_e = \frac{26\ [mV]}{1.3\ [mA]} = 20\ [\Omega]$$

$$A_v \cong \frac{R_C}{r_e} = 150,\ Z_i = r_e\,//\,R_E \cong 19.6\ [\Omega]$$

$$Z_o = R_C = 3\ [k\Omega],\ \mathrm{A}_i \cong \alpha = 0.99$$

제7장

FET Ⅰ

7-1 FET 구조 및 동작

바이폴라 접합 트랜지스터Bipolar Junction Transistor, BJT는 입력전류가 출력전류를 제어하는 소자이다. 그러나 전계 효과 트랜지스터Field-Effect Transistor, FET는 입력전압으로 출력전류를 제어한다. 전계 효과 트랜지스터는 그 구조에 의해서 JFETJunction Field-Effect Transistor와 MOSFETMetal- Oxide-Semiconductor Field-Effect Transistor로 구분된다.

(1) JFET Junction Field-Effect Transistor

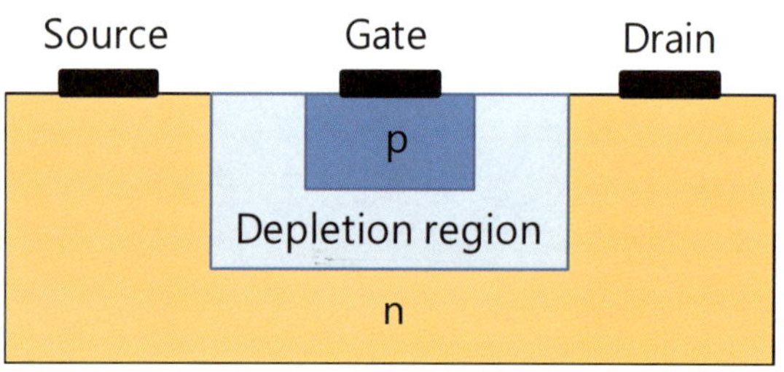

그림 7-1 JFET의 구조

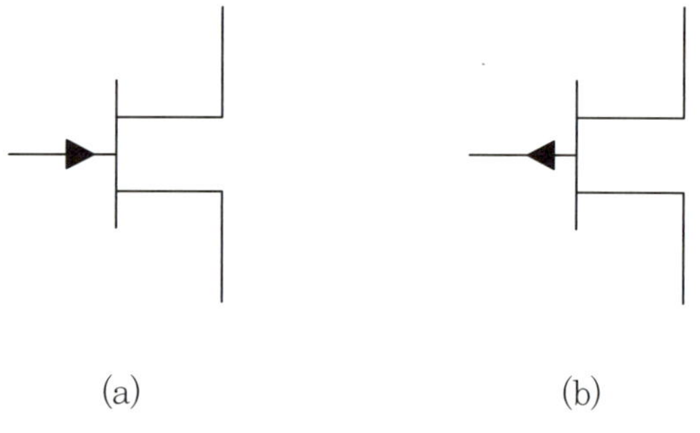

그림 7-2 JFET의 기호: (a) n-채널 및 (b) p-채널

그림 7-1은 JFET의 구조이다. BJT와 달리 JFET의 단자는 소스source, 드레인drain 및 게이트gate로 구성된다. 소스는 반송자를 공급하며 드레인으로는 반송자가 빠져나간다는 것을 단자의 이름으로부터 유추할 수 있다. 그리고 게이트는 반송자의 출입을 통제하는 문의 역할을 한다. 반송자가 지나가는 게이트의 아래 부분이 n형이면 n-채널 JFET 그리고 p형이면 p-채널 JFET라고 한다. n-채널과 p-채널은 바이어스의 극성만 달라질 뿐 회로 구성의 차이는 없다. 따라서 본 교재에서는 n-채널을 위주로 JFET의 동작 원리, 바이어스 회로 등을 설명한다.

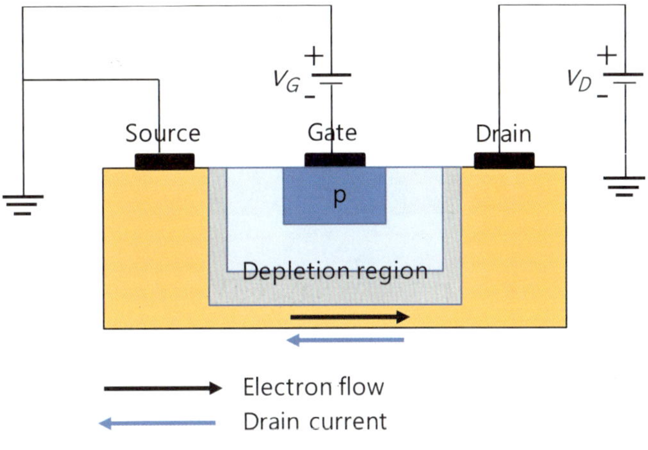

그림 7-3 게이트 전압에 의한 채널의 변화

JFET의 소스와 드레인 사이에 전압을 인가하면 전류가 흐른다. 이때 게이트-소스 및 게이트-드레인 사이에는 전류가 흐르지 않아야 한다. 따라서 게이트-소스 전압(V_{GS}) 및 게이트-드레인 전압(V_{GD})는 항상 역방향이어야 한다. 역방향 바이어스된 p-n 접합의 공핍영역 폭(W)은 역방향 전압(V_R)의 크기에 비례한다.

$$W \propto |V_R|^{\frac{1}{2}} \tag{7-1}$$

$V_{GS} \prec 0$ 이면 공핍영역이 넓어지면서 채널의 폭이 줄어든다. 채널 폭이 줄어들면 채널의 저항이 증가하며, 이로 인해 드레인 전류(I_D)가 감소한다. 역방향 인가된 V_{GS}를 계속 증가시키다 보면, 어느 순간 공핍영역의 폭과 채널의 폭이 같아져서 채널의 전 영역이 공핍영역으로 채워진다. 이 상태를 핀치

오프pinch-off라고 하며 이때의 V_{GS} 또는 V_{GD}를 핀치오프 전압(V_P)이라고 한다. 소스 영역에서 핀치오프가 일어나면 $I_D = 0$이 되며, 드레인 영역에서 핀치오프가 발생하면 I_D가 포화saturation된다.

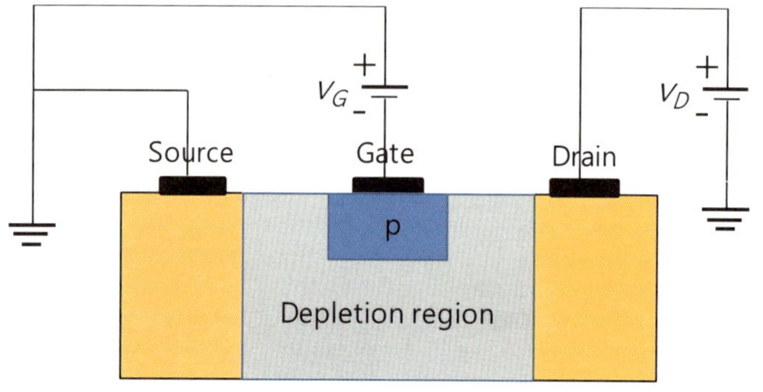

그림 7-4 핀치오프 ($|V_{GS}|>|V_P|$, $I_D = 0$)

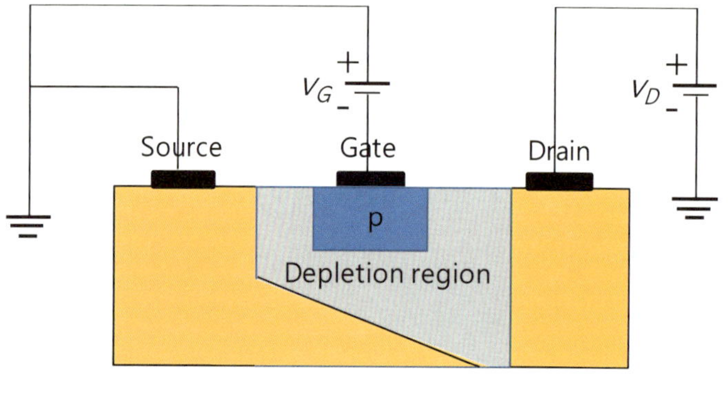

그림 7-5 핀치오프 ($|V_{GD}|>|V_P|$, $I_D = saturated$)

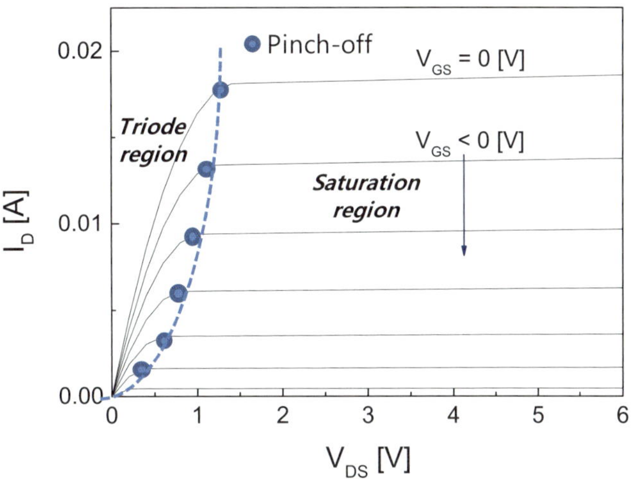

그림 7-6 JFET의 출력 특성 (I_D *vs* V_{DS})

JFET의 출력 특성(그림 7-6) 역시 바이어스에 따라 트라이오드 영역triode region 및 포화영역saturation region으로 구분된다. 책에 따라서는 선형영역linear region 및 포화영역으로 구분하기도 한다. FET의 트라이오드 영역과 포화영역은 각각 바이폴라 트랜지스터의 포화영역 및 활성영역에 해당한다. 두 트랜지스터에서 포화영역의 정의가 다른 점을 주의해야 한다. 본 교재에서는 포화영역에 대한 혼란을 피하기 위해 FET의 동작을 트라이오드 영역과 활성영역으로 구분하여 설명한다. 트라이오드 영역에서는 V_{DS} 에 따라 I_D 가 선형으로 증가하는 저항성을 나타낸다. 그 저항 값은 V_{GS} 의 함수이며 아래 식으로 표현된다.

$$r_d = \frac{r_o}{(1 - \frac{V_{GS}}{V_P})^2} \tag{7-2}$$

r_o 는 $V_{GS} = 0$ 인 경우의 r_d 이다. 트라이오드 영역에서 동작하는 JFET는 V_{GS} 에 의해 소스-드레인 저항 값(r_d)이 제어되는 바리스터varistor라고 볼 수 있다. JFET를 증폭기로 사용하려면 활성영역에서 동작하도록 바이어스해야 한다. 활성영역에서 동작하는 JFET의 V_{GS} 와 I_D 의 관계는 Shockley 방정식으로 표현된다.

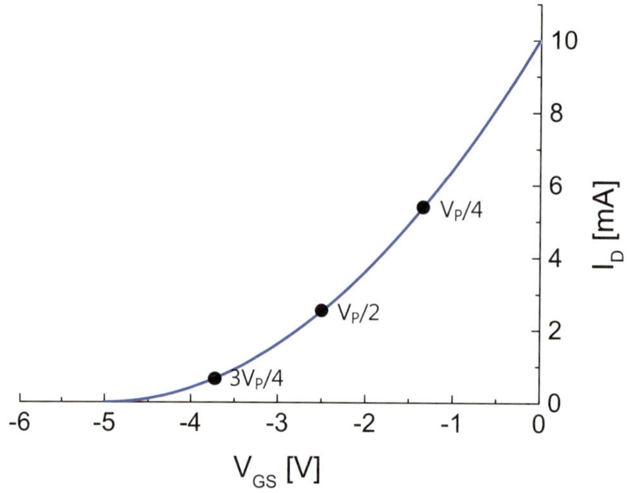

그림 7-7 JFET의 전달특성(I_D *vs* V_{GS})

$$I_D = I_{DSS}(1-\frac{V_{GS}}{V_P})^2 \qquad (7-3)$$

식 (7-3)에서 I_{DSS} 는 게이트에 전압을 인가하지 않았을 때 채널을 통해 흐르는 드레인 전류이다. I_D 와 V_{GS} 의 관계 그래프를 전달특성 곡선이라고 한다. 전달특성 곡선은 식 (7-3)을 이용하여 그릴 수 있다. 전달특성 곡선을 개략적으로 그릴 때에는 $(0, I_{DSS})$, $(0, \frac{V_P}{4})$, $(\frac{V_P}{4}, \frac{9I_{DSS}}{16})$, $(\frac{V_P}{2}, \frac{I_{DSS}}{4})$, $(\frac{3V_P}{4}, \frac{I_{DSS}}{16})$의 4점을 연결하여 그리면 된다.

(2) MOSFET Metal-Oxide-Semiconductor FET

MOSFET는 게이트 전극으로 사용되는 금속metal, 그 아래에 유전체dielectric의 역할을 하는 산화막oxide 그리고 전류가 흐르는 반도체semiconductor 층으로 이루어진다. MOSFET는 채널 구조 및 동작 방식에 따라 공핍형depletion-type과 증가형enhancement-type으로 나누어진다.

가. 공핍형 MOSFET D-MOSFET

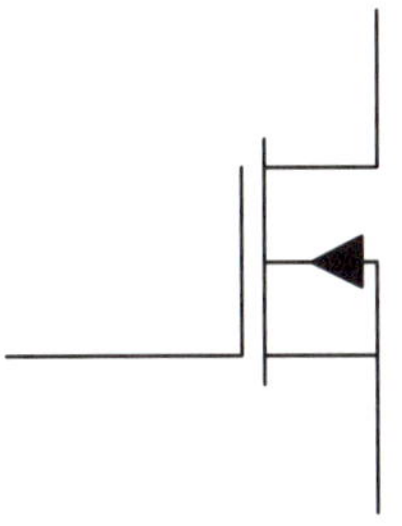

그림 7-8 공핍형 n-채널 MOSFET의 기호

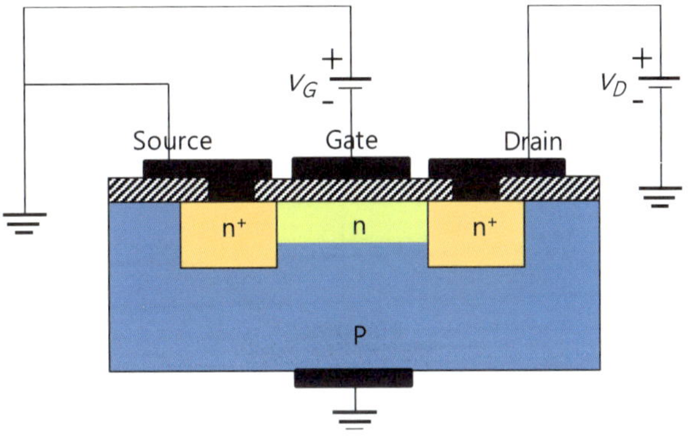

그림 7-9 공핍형 MOSFET ($V_{GS}=0\ [V]$)

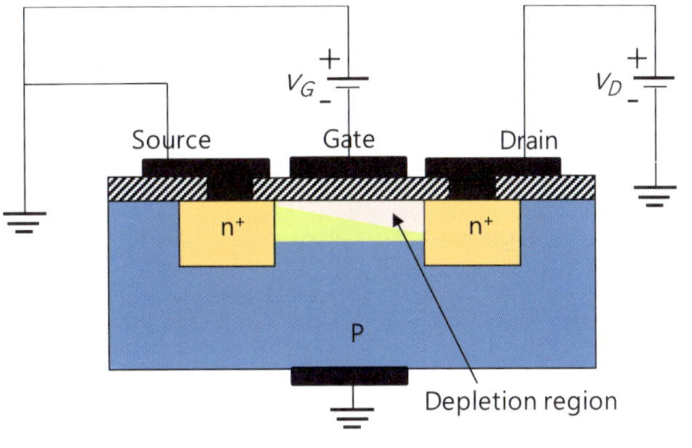

그림 7-10 공핍형 MOSFET ($V_{GS} \prec 0\ [V]$)

그림 7-8에 공핍형 MOSFET의 기호를 나타내었다. 공핍형 MOSFET의 채널은 소스와 드레인과 동일한 type의 불순물로 도핑되어 있다. 따라서 게이트 전압이 인가되지 않은 상태($V_{GS} = 0$ [V])에서는 채널을 통해 드레인에서 소스로 전류가 흐른다(normally-on). 그림 7-10처럼 공핍형 MOSFET의 게이트에 음의 전압($V_{GS} \prec 0$ [V])을 인가하면 유전체인 산화막에 분극polarization이 일어나 유전체와 반도체의 계면으로 음의 전하가 유도되고, 이 음전하는 채널의 전자를 밀어내어 공핍영역을 만든다. 공핍영역이 확장됨에 따라 채널의 폭이 줄어들고 그 결과로 드레인 전류가 감소한다. $|V_{GS}|$ 또는 $|V_{GD}|$가 증가하여 공핍영역이 채널 전체를 차지하게 되면 JFET에서 설명했던 핀치오프가 일어난다. 공핍형 MOSFET의 동작은 JFET의 동작과 유사하다. 따라서 JFET에서 사용했던 Shockley 방정식을 공핍형 MOSFET의 전달특성에도 적용할 수 있다.

나. 증가형 MOSFET E-MOSFET

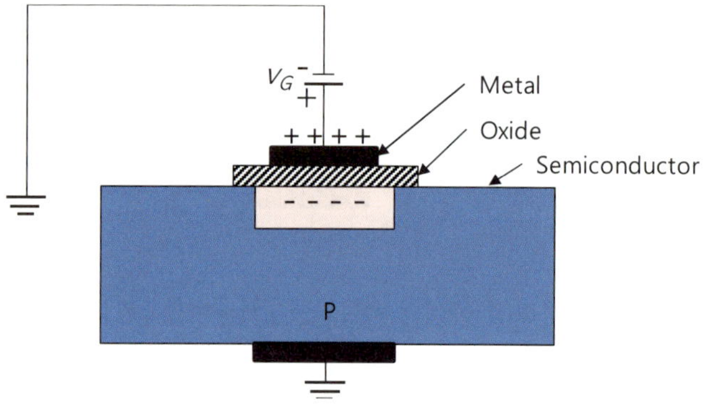

그림 7-11 MOS 구조의 전하 분포($V_{GS} \succ 0$ [V])

그림 7-11은 게이트에 양의 전압이 인가된 MOS 구조이다. MOS 구조는 일종의 커패시터로 볼 수 있다. 금속 전극에 양의 전압이 인가되면, 이 전압에 의해 형성된 전계가 기판인 p-type 반도체에 존재하는 정공을 계면에서 멀리 밀어낸다. 따라서 게이트 절연층 아래에는 음의 전하들이 남겨진 공핍영역이 형성된다.

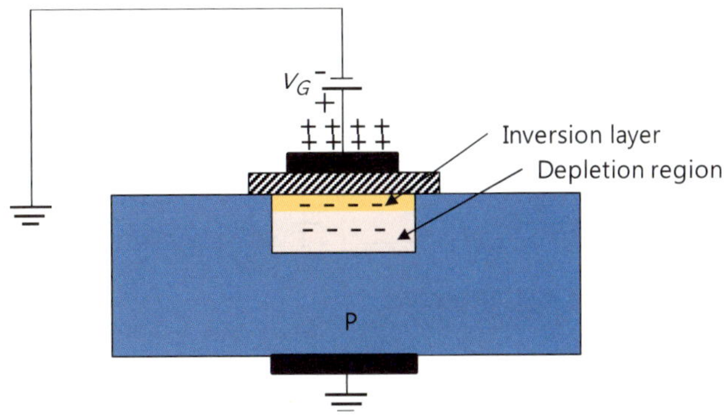

그림 7-12 MOS 구조의 전하 분포 ($V_{GS} \succ V_{Th}$)

그림 7-12는 게이트에 양전압이 인가된 MOS 구조의 전하 분포를 나타낸 것이다. 게이트에 인가된 양전압에 의해 게이트 전극에 양전하가 축적되고, 이 양전하는 공핍영역의 음전하와 상쇄되어 MOS 전체는 전기적인 중성 상태가 유지된다. 게이트 전압 V_G를 증가시키면 공핍영역이 확장되면서 음전하가 증가한다. 그러나 V_G에 의한 전계가 정공을 밀어낼 수 있는 거리에는 한계가 있다. 따라서 V_G를 증가시켜도 공핍영역이 더 이상 넓어지지 않는 지점이 생긴다. 이 지점 이후로 V_G를 증가시키면 전기적인 중성 상태를 유지하기 위하여 전자가 반도체/절연층 계면으로 끌려온다. 이에 따라 p형 반도체인 기판의 계면에 전자가 모이게 된다. P형 영역에 소수 반송자인 전자가 모여 있으므로 이 영역을 반전층inversion layer이라고 한다. MOSFET에서 채널에 반전층이 형성되는 V_{GS}를 문턱전압threshold voltage(V_{Th})이라고 한다. $V_{GS} \geq V_{Th}$가 되면 드레인 전류(I_D)가 흐르기 시작한다. 증가형 MOSFET의 경우, V_{GS}를 높이면 I_D가 증가한다. 트라이오드 영역에서 I_D는 다음 식으로 표현된다.

$$I_D = k[2(V_{GS} - V_{Th})V_{DS} - V_{DS}^2] \qquad (7-4)$$

$$k = \frac{1}{2}\mu C_{ox}(\frac{W}{L}) \qquad (7-5)$$

식 (7-5)에서 μ는 반송자의 이동도mobility($m^2 / V\sec$)이고 C_{ox}, W 및 L은 각각 게이트 유전체의 단위면적당 커패시턴스(F / m^2), 채널 너비 및 채널 길이이다.

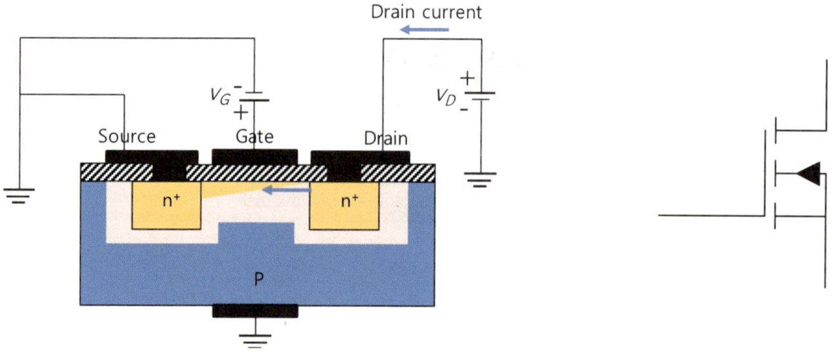

(a) (b)

그림 7-13 (a) 증가형 n-채널 MOSFET의 구조 ($V_{GS} \succ V_{Th}$) 및 (b) 기호

활성영역이 시작되는 핀치오프 부근에서는 $V_{DS} \cong V_{Gs} - V_{Th}$ 가 된다. 따라서 활성영역에서의 드레인 전류는

$$I_D = k(V_{GS} - V_{Th})^2, \ V_{GS} \geq V_{Th} \tag{7-6}$$

가 된다. JFET의 경우와 마찬가지로 E-MOSFET의 전달특성 곡선도 몇 개의 좌표(I_D, V_{bs})를 연결하여 근사적으로 그릴 수 있다.

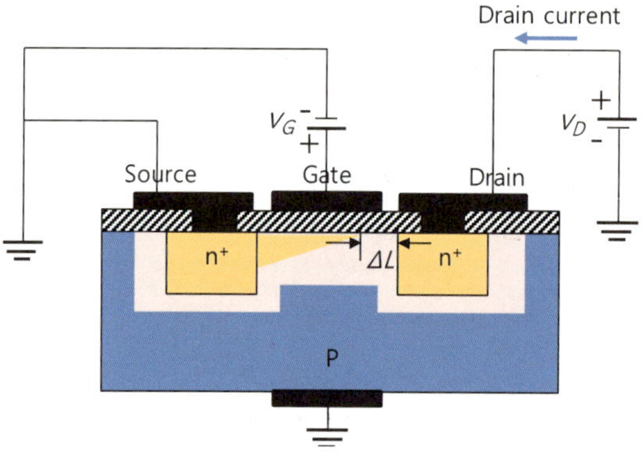

그림 7-14 드레인 전압 증가에 의한 채널 길이 변조 효과

활성영역에서 동작하는 MOSFET의 드레인 전압을 증가시키면 핀치오프 영역이 확장된다. 핀치오프 영역이 확장되면 MOSFET의 실질적인 채널 길이가 감소되어 활성영역에서도 드레인 전류가 증가하는 현상이 발생한다. 이것을 채널 길이 변조 효과channel-length modulation effect라고 한다. 이때 I_D 는

$$I_D = \frac{1}{2}k(V_{GS} - V_{Th})^2(1 + \lambda V_{DS}) \tag{7-7}$$

이 된다. 여기서 λ 는 채널 변조 계수이다. 채널 길이 변조 효과에 의해 아래 식으로 표현되는 활성영역의 교류저항(r_d)이 증가하게 된다.

$$r_d = \frac{\Delta V_{DS}}{\Delta I_D} \tag{7-8}$$

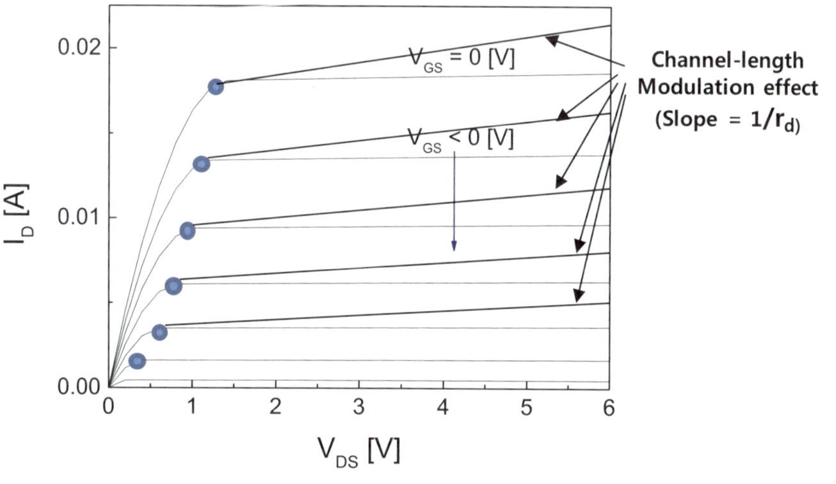

그림 7-15 채널-길이 변조 효과에 의한 드레인 전류 증가

예제 7-1

아래의 특성을 갖는 E-MOSFET의 전달특성 곡선을 그려라.

$k = 1.0 \times 10^{-4}\ [A/V^2],\ V_{Th} = 3\ [V]$

풀이

E-MOSFET의 전달특성 식은 $I_D = k(V_{GS} - V_{Th})^2$, $V_{GS} \geq V_{Th}$ 이다.

$V_{GS} = V_{Th}$, $(V_{Th} + 1)$, $(V_{Th} + 2)$, $(V_{Th} + 3)$, $(V_{Th} + 4)$에 대응하는

드레인 전류를 구하면 $I_D = 0,\ 10^{-4},\ 4\times10^{-4},\ 9\times10^{-4}, 16\times10^{-4}\ [A]$가 된다.

이렇게 구한 4개의 $(I_D,\ V_{GS})$ 좌표를 연결하여 전달특성 곡선을 그린다.

$V_{GS}[A]$	$I_D[A]$
3	0
4	10^{-4}
5	4×10^{-4}
6	9×10^{-4}
7	16×10^{-4}

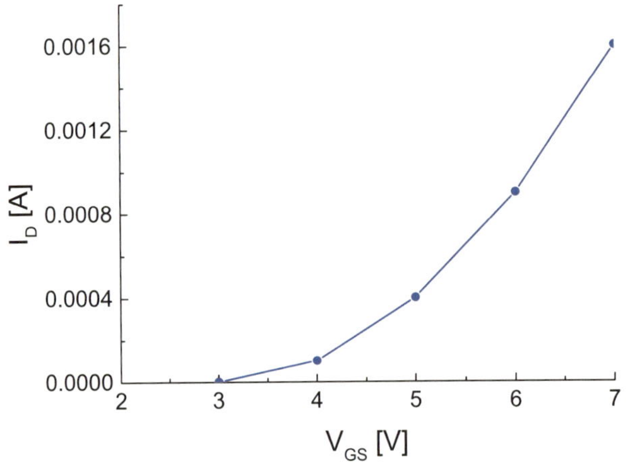

예제 7-2

E-MOSFET의 전달특성 곡선을 이용하여 문턱전압 및 이동도 구하는 방법을 고안하라.

풀이

$I_D = k(V_{GS} - V_{Th})^2$ 의 양변에 루트를 취하면 $\sqrt{I_D} = k(V_{GS} - V_{Th})$ 이다. E- MOSFET의 게이트와 드레인을 연결하여 $V_G = V_D$ 가 되도록 한 다음 전달특성을 측정한다. $V_G = V_D$ 로 두는 것은 E-MOSFET의 전달특성을 활성영역에서 측정하기 위함이다. 측정된 전달특성을 $\sqrt{I_D}$ vs V_{GS} 로 변환했을 때 직선 영역의 x축 절편이 V_{Th} 가 된다. 그리고 직선 영역의 기울기 $(\frac{\Delta\sqrt{I_D}}{V_{GS}})$ 가 k 이므로 이 기울기로부터 전자의 이동도를 구할 수 있다.

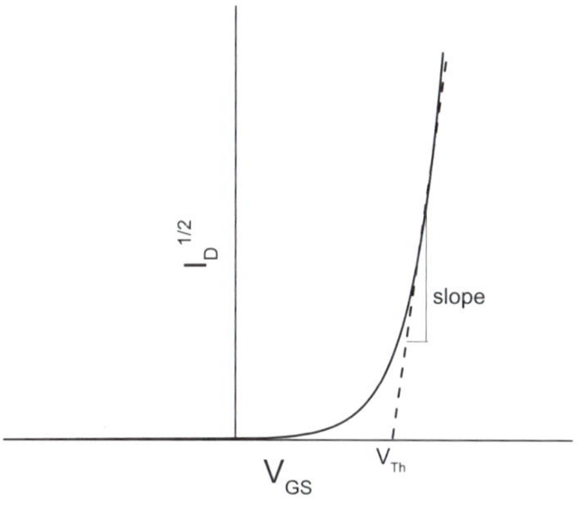

$$k = \frac{1}{2}\mu C_{ox}(\frac{W}{L})$$

여기서 μ 는 이동도, C_{ox} 는 게이트의 단위면적당 커패시턴스, W 및 L 은 각각 채널 너비 및 길이이다.

위 식에서 $\mu = 2k\frac{L}{C_{ox}W}$ 이다.

7-2 바이어스 회로 Bias circuits

(1) JFET

가. 고정 바이어스 회로

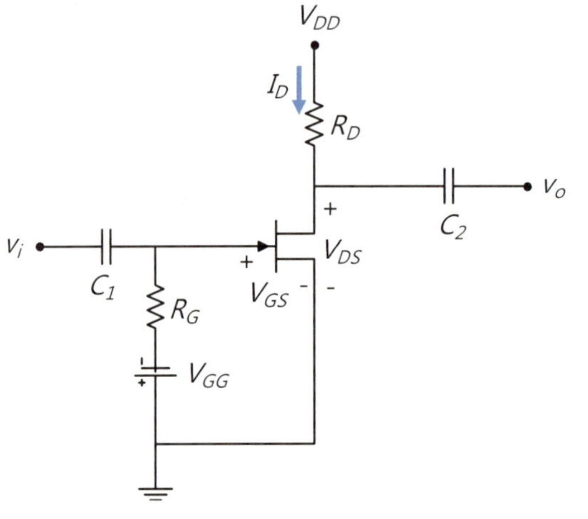

그림 7-16 고정 바이어스 회로

그림 7-16은 게이트에 직접 전압을 인가하는 고정 바이어스 회로이다. JFET의 드레인 전류는 게이트-소스 전압(V_{GS})에 의해 조절된다. 위 회로의 I_{DQ}, V_{GSQ}, V_{DSQ}는 모델 식을 이용하거나 그래프로 구할 수 있다. 먼저 모델 식을 이용하여 구하면,

$$V_{GSQ} = V_G - V_S = -V_{GG} \tag{7-9}$$

$$I_D = I_{DSS}(1 - \frac{V_{GS}}{V_P})^2 \tag{7-10}$$

$$I_{DQ} = I_{DSS}(1 + \frac{V_{GG}}{V_P})^2 \tag{7-11}$$

$$V_{DSQ} = V_{DD} - I_{DQ}R_D \tag{7-12}$$

이다. 다음에는 JFET의 전달특성 곡선과 회로상의 $I_D - V_{GS}$ 그래프를 이용하여 I_{DQ}, V_{GSQ}, V_{DSQ} 를 구한다.

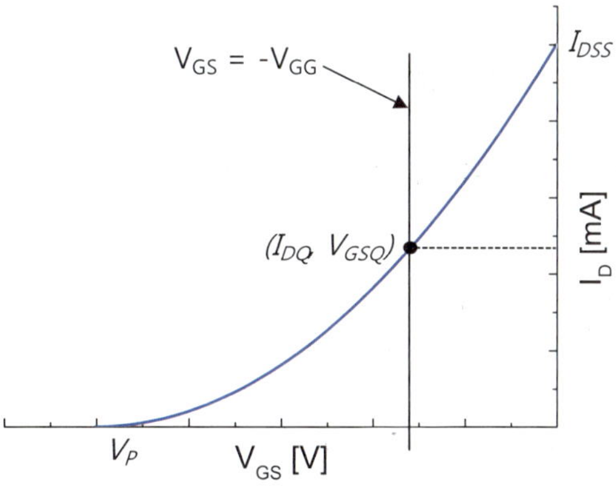

그림 7–17 그래프를 이용해 구한 고정 바이어스 회로의 I_{DQ} 및 V_{GSQ}

그림 7–17은 JFET의 전달특성 곡선이다. 여기에 $V_{GS} = -V_{GG}$ 그래프를 그린 다음 두 그래프가 만나는 점을 구하면 이 점이 I_{DQ} 및 V_{GSQ}가 된다. 모델 식으로 I_{DQ} 를 구하면 정확한 값을 얻을 수 있지만, 그림 7–17처럼 그래프로 나타낼 경우에는 동작점의 위치를 눈으로 확인할 수 있어서 동작점의 조정이 수월하다.

나. 자기 바이어스 회로

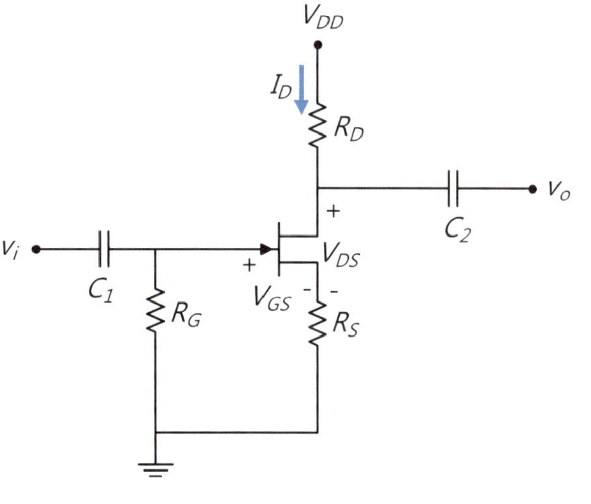

그림 7–18 자기 바이어스 회로

게이트에 전압을 직접 인가하지 않고도 게이트와 소스 사이의 전위차(V_{GS})를 만들 수 있다. 그림 7-18은 소스에 저항(R_S)을 연결하여 JFET를 바이어스한 회로이다. 위 회로의 V_{GSQ}, I_{DQ} 등을 구하면,

$$V_S = I_D R_S \tag{7-13}$$

$$V_{GS} = V_G - V_S = 0 - I_D R_S = -I_D R_S \tag{7-14}$$

$$I_D = I_{DSS}(1 + \frac{I_D R_S}{V_P})^2 \tag{7-15}$$

$$V_{DS} = V_{DD} - I_D(R_D + R_S) \tag{7-16}$$

식 (7-15)는 I_D의 이차방정식이므로 근의 공식을 사용하여 I_{DQ}를 구할 수 있다. 또한 그래프를 사용하여 V_{GSQ} 및 I_{DQ}를 구하기도 한다. 식 (7-14)와 식 (7-15)를 그래프로 그릴 때, 두 그래프가 만나는 점이 V_{GSQ} 및 I_{DQ}이다.

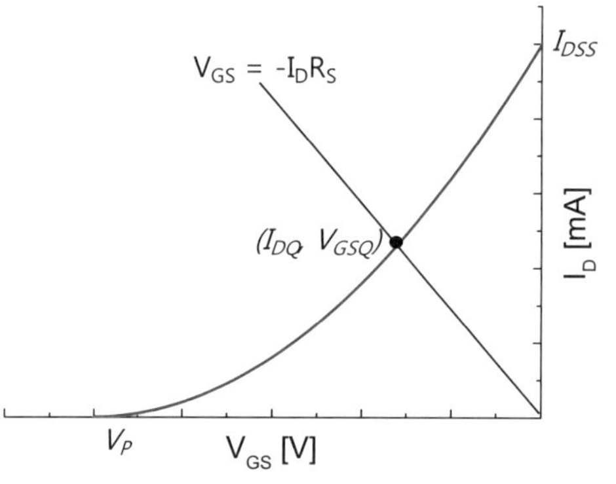

그림 7-19 그래프를 이용해 구한 자기 바이어스 회로의 I_{DQ} 및 V_{GSQ}

그림 7-19에서 알 수 있듯이, R_S를 줄이면 $I_D = -\frac{V_{GS}}{R_S}$ 그래프의 기울기가 증가하여 I_{DQ}가 증가하고 V_{GSQ}는 감소한다. 따라서 R_S를 변화시켜 JFET의 동작점을 조정할 수 있다. I_{DQ}는 I_{DSS}의 1/2 정도가 되도록 바이어스하는 것이 바람직하다.

예제 7-3

아래 자기 바이어스 회로의 $Q(I_{DQ}, V_{GSQ})$를 구하라.

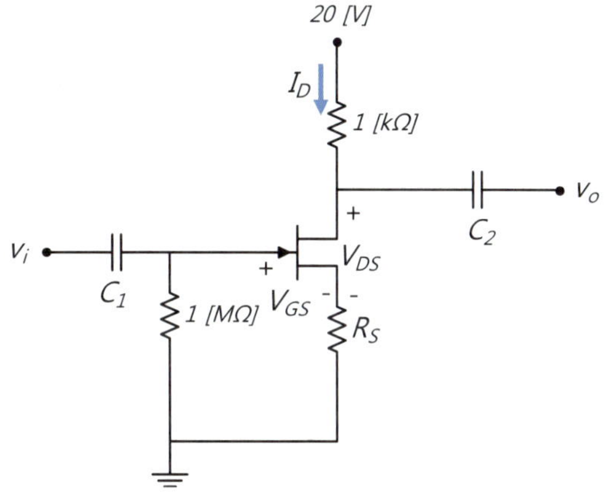

$I_{DSS} = 10\ [mA],\ V_P = -5\ [V]$

① $R_S = 0.5\,[k\Omega]$, ② $R_S = 1.0\,[k\Omega]$, ③ $R_S = 0.25\,[k\Omega]$

풀이

$I_D - V_{GS}$ 그래프를 사용하여 V_{GSQ} 및 I_{DQ}를 구한다.

① $Q_1(3.7\ [mA],\ -1.88\,[V])$

② $Q_1(2.5\,[mA],\ -2.5\,[V])$

③ $Q_1(5.75\ [mA],\ -1.35\,[V])$

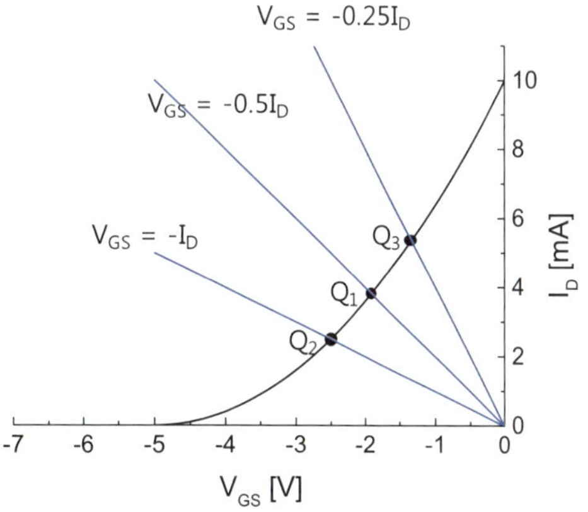

PSpice 7-1

예제 7-3의 V_{GSQ}를 구하라.

① $R_3 = 0.5\,[k\Omega]$, ② $R_3 = 1.0\,[k\Omega]$, ③ $R_3 = 0.25\,[k\Omega]$

풀이

①

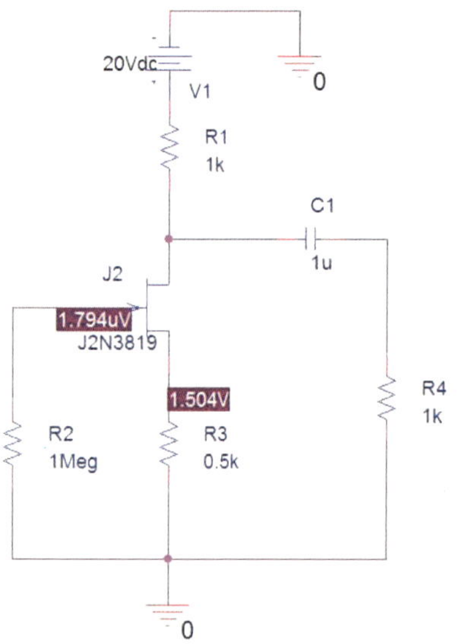

②

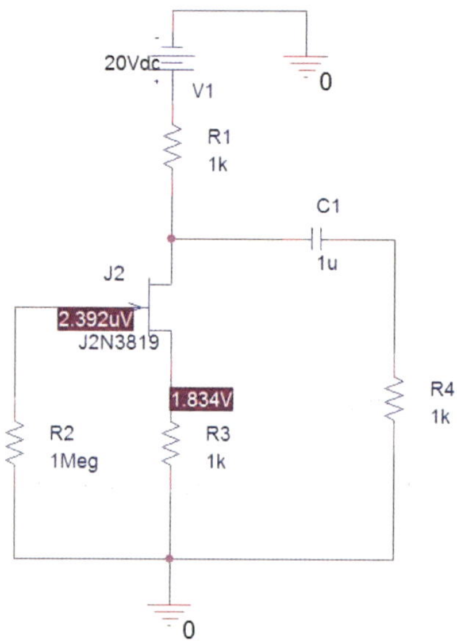

③

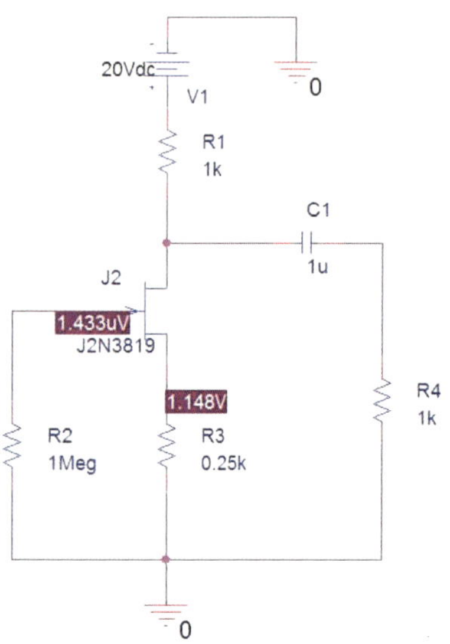

$R_3 = 0.5\,[k\Omega]$ 일 때 $V_{GS} \cong -1.5\,[V]$

$R_3 = 0.5\,[k\Omega]$ 일 때 $V_{GS} \cong -1.8\,[V]$

$R_3 = 0.5\,[k\Omega]$ 일 때 $V_{GS} \cong -1.15\,[V]$

시뮬레이션의 결과와 예제 7-3의 결과 사이에는 약간의 차이가 있다. 이것은 시뮬레이션에서 사용한 JFET(J2N3819)의 특성(I_{DSS} 및 V_P)이 예제 7-3의 JFET와 다르기 때문이다.

다. 전압 분배 바이어스 회로

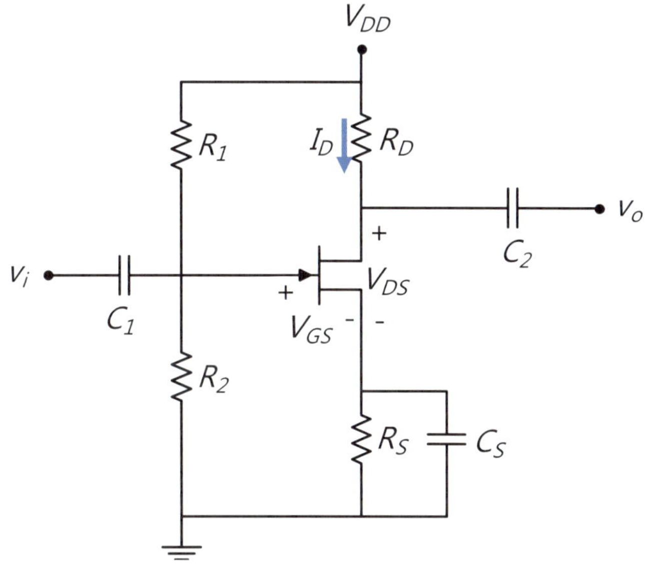

그림 7-20 전압 분배 바이어스 회로

전압 분배 바이어스 회로에서는 V_{DD} 를 분압하여 게이트에 인가한다. 전달특성 곡선을 이용하여 전압 분배 바이어스 회로의 I_{DQ}, V_{GSQ} 등을 구한다.

$$I_D = I_{DSS}(1 - \frac{V_{GS}}{V_P})^2 \tag{7-17}$$

$$V_G = V_{DD}\frac{R_2}{R_1 + R_2} \tag{7-18}$$

$$V_S = I_D R_S \tag{7-19}$$

$$V_{GS} = V_G - V_S = V_{DD}\frac{R_2}{R_1 + R_2} - I_D R_S \tag{7-20}$$

$$I_D = -\frac{V_{GS}}{R_S} + \frac{R_2 V_{DD}}{R_S(R_1 + R_2)} \tag{7-21}$$

$$V_{DS} = V_{DD} - I_D(R_D + R_S) \tag{7-22}$$

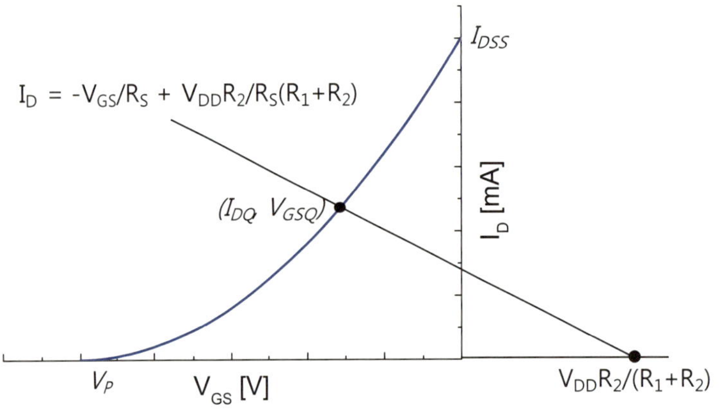

그림 7-21 그래프를 이용해 구한 전압 분배 바이어스 회로의 I_{DQ} 및 V_{GSQ}

그림 7-21에 그래프를 이용하여 구한 동작점을 나타내었다.

예제 7-4

아래 전압 분배 바이어스 회로의 I_{DQ}, V_{GSQ}, V_{DSQ}를 구하라.

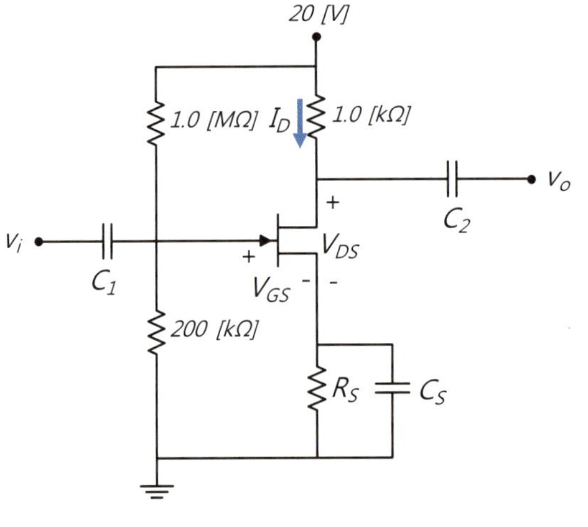

$I_{DSS} = 10\ [mA]$, $V_P = -5\ [V]$

① $R_S = 0.5\,[k\Omega]$, ② $R_S = 1.0\,[k\Omega]$, ③ $R_S = 0.25\,[k\Omega]$

풀이

$I_D - V_{GS}$ 그래프를 사용하여 V_{GSQ} 및 I_{DQ}를 구한다.

① $I_{DQ} = 7.8\ [mA],\ V_{GSQ} = -0.55\ [V]$

$V_{DSQ} = V_{DD} - I_{DQ}(R_D + R_S) = 20 - 7.8(1.0 + 0.5) = 8.3\ [V]$

② $V_{DSQ} = 4.9\ [mA],\ V_{GSQ} = -1.55\ [V]$

$V_{DSQ} = V_{DD} - I_{DQ}(R_D + R_S) = 20 - 4.9(1.0 + 0.5) = 12.65\ [V]$

R_S가 증가하면 I_{DQ}는 감소하고 V_{DSQ}는 증가한다.

③ R_S가 너무 낮으면 $V_{GS} \succ 0$이 되어 전달특성 곡선의 범위를 벗어난다. 이 경우에는 정상적인 JFET의 동작이 일어나지 않는다.

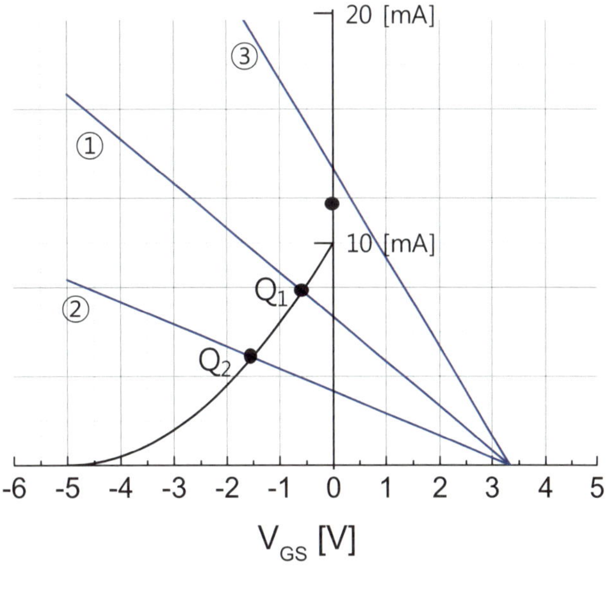

PSpice 7-2

예제 7-4의 V_{GSQ}를 구하라.

① $R_3 = 0.5\,[k\Omega]$, ② $R_3 = 1.0\,[k\Omega]$, ③ $R_3 = 0.25\,[k\Omega]$

풀이

①

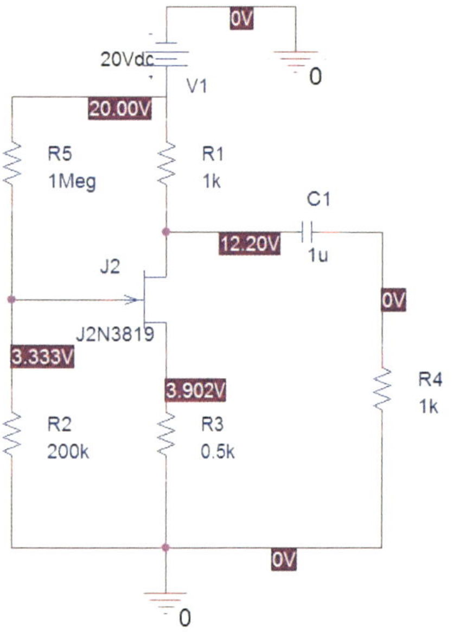

②

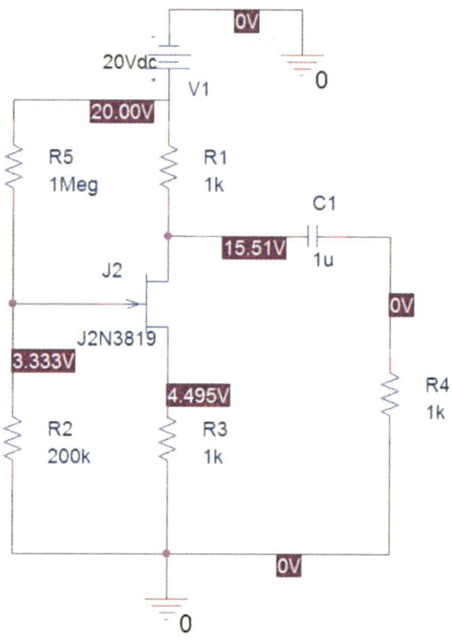

③

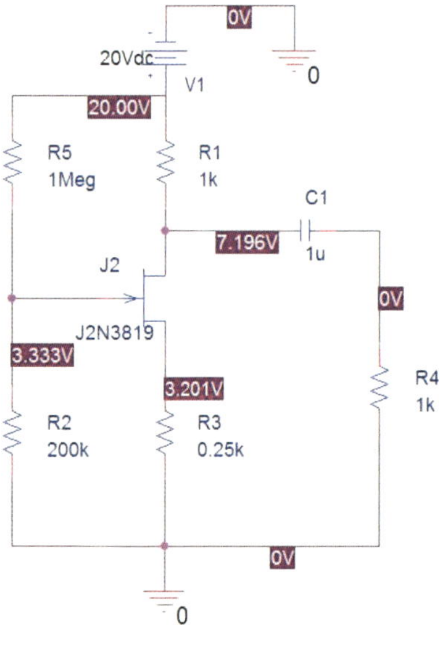

$R_3 = 0.5\,[k\Omega]$일 때 $V_{GS} \cong -0.57\,[V]$

$R_3 = 1.0\,[k\Omega]$일 때 $V_{GS} \cong -1.16\,[V]$

$R_3 = 0.25\,[k\Omega]$일 때 $V_{GS} \cong +0.13\,[V]$

$R_3 = 0.25\,[k\Omega]$일 때는 $V_{GS} \succ 0$으로 게이트와 소스가 순방향 바이어스 상태이므로 JFET로서 정상적인 동작을 하지 않는다.

(2) MOSFET

D-MOSFET의 바이어스 회로 해석 및 설계 방법은 JFET와 유사하기 때문에 본 교재에서는 E-MOSFET에 대해서만 설명한다.

가. 전압 분배 바이어스 회로

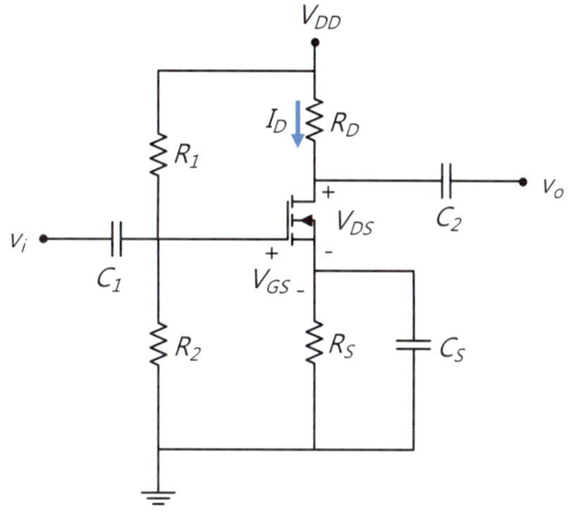

그림 7-22 전압 분배 바이어스 회로

MOSFET는 게이트와 소스 사이에 존재하는 절연체인 산화막 때문에 매우 큰 입력저항을 갖는다. 따라서 바이폴라 트랜지스터의 전압 분배 바이어스 회로 해석에서 사용했던 근사적인 방법이 MOSFET에서는 매우 정확한 해석이 된다.

$$V_G = \frac{V_{DD}R_2}{R_1 + R_2} \tag{7-23}$$

$$V_S = I_D R_S \tag{7-24}$$

$$V_{GS} = V_G - V_S = \frac{V_{DD}R_2}{R_1 + R_2} - I_D R_S \tag{7-25}$$

$$I_D = k(\frac{V_{DD}R_2}{R_1 + R_2} - I_D R_S - V_{Th})^2 \tag{7-26}$$

식 (7-26)의 이차방정식으로부터 I_D를 구할 수 있다.

예제 7-5

아래 전압 분배 바이어스 회로의 $Q(I_{DQ},\ V_{GSQ})$를 구하라.

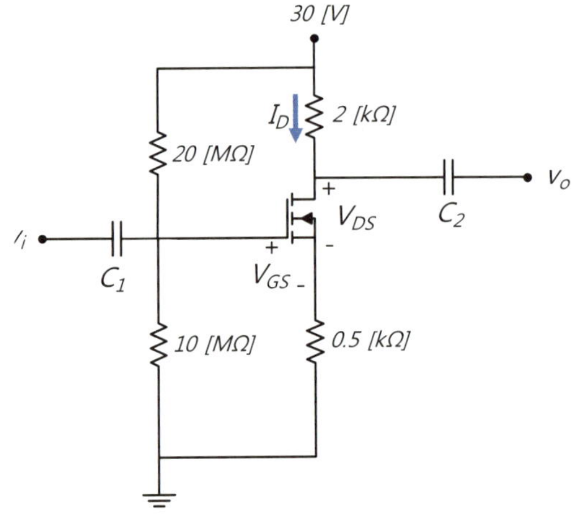

$$I_D\,|_{V_{GS}=8\,[V]} = 5\ [mA],\ V_{Th} = 5\ [V]$$

풀이

$$V_G = 30\ [V] \times \frac{10\ [k\Omega]}{(10+20)\ [k\Omega]} = 10\ [V]$$

$$V_{GS} = 10 - 0.5I_D,\ \mathrm{I}_D = k(V_{GS} - V_{Th})^2$$

$$k = \frac{I_{D(on)}}{(V_{GS(on)} - V_{Th})^2} = \frac{5}{(8-5)^2} = \frac{5}{9}\ [mA/V^2]$$

$$I_{DQ} = 6.0\ [mA],\ V_{GSQ} = 8.2\ [V]$$

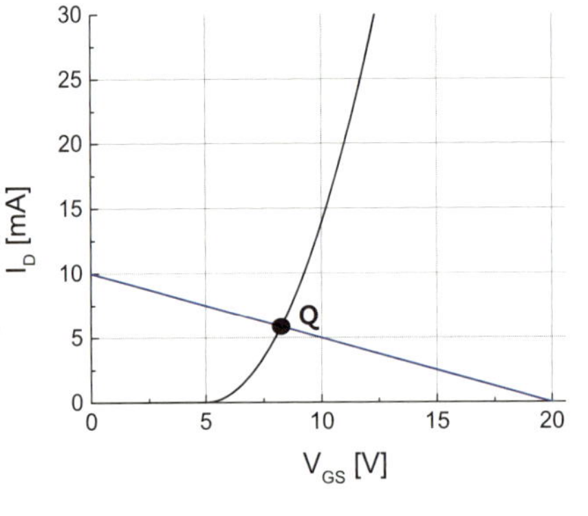

PSpice 7-3

예제 7-5의 $Q(I_{DQ}\ ,\ V_{GSQ})$를 구하라.

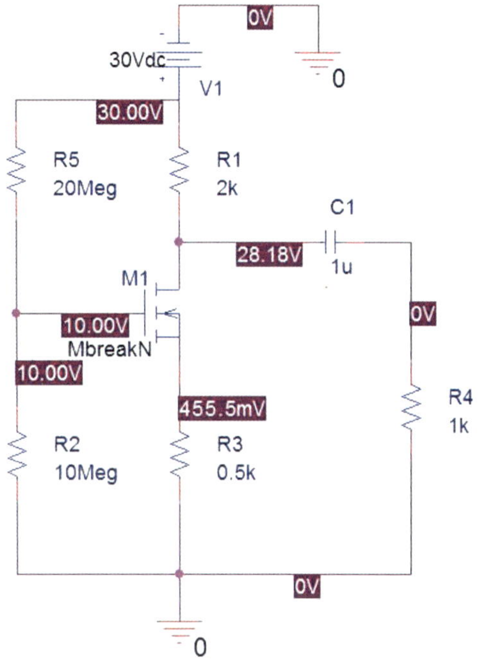

풀이

PSpice에서 얻은 $I_{DQ} = 0.9\ [mA]$, $V_{GSQ} \cong 9.54\ [V]$이다. 이 값들이 예제 7-3의 결과와 차이가 나는 이유는 시뮬레이션에서 사용한 NMOS가 예제 7-3에서 가정한 NMOS와 k, V_{Th} 등이 다르기 때문이다. 실제로 증폭기의 설계에 사용되는 NMOS의 특성은 PSpice의 라이브러리에 저장되어 있기 때문에 필요에 따라 소자를 선택해서 사용하면 된다.

예제 7-6

아래 전압 분배 바이어스 회로의 I_{DQ}, V_{GSQ}, V_{DSQ} 를 구하라.

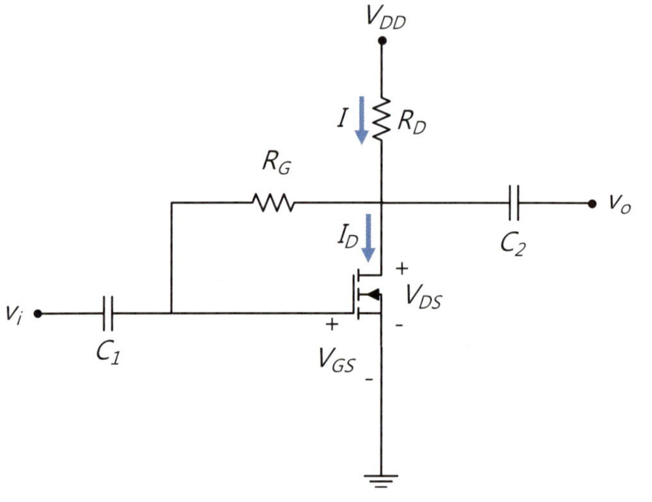

풀이

저항 R_G 에는 전류가 흐르지 않는다.

$$V_G = V_D,\ V_{GS} = V_{DS},\ I \cong I_D$$

$$V_{GS} = V_{DS} = V_{DD} = IR_D = V_{DD} = I_D R_D$$

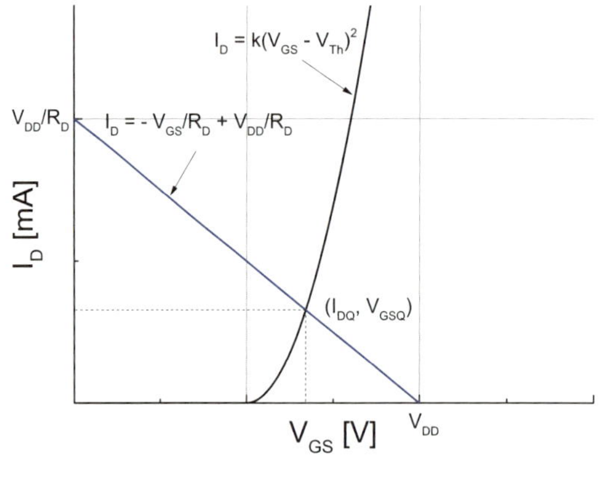

7-3 기타 FET 소자 Various FET devices

(1) CMOS Complementary MOS

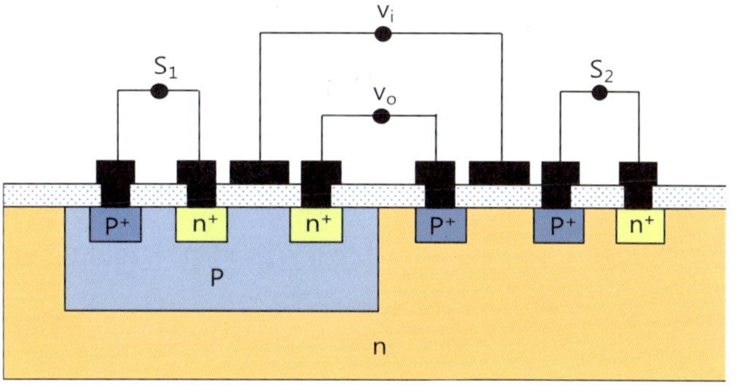

그림 7-23 CMOS의 단면도

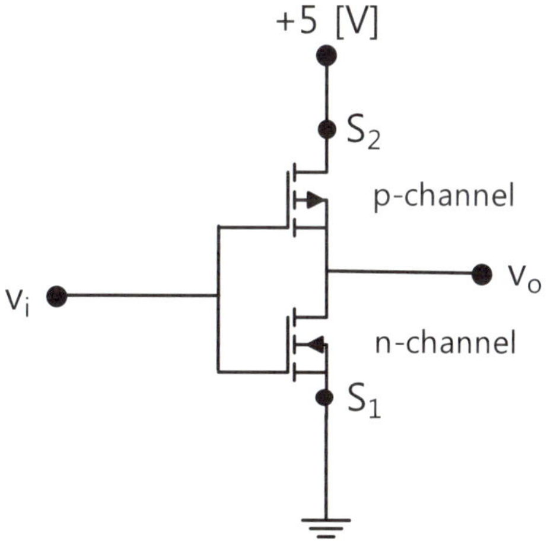

그림 7-24 CMOS 인버터

IC의 집적도가 높아짐에 따라 트랜지스터의 발열을 줄이는 것이 중요한 기술적 문제로 대두되었다. 이에 따라 전력 소모가 적은 트랜지스터 개발의 일환으로 CMOS가 제안되었다. CMOS는 그림 7-24처럼 n-채널 증가형 MOSFET와 p-채널 증가형 MOSFET를 직렬 연결하고 두 트랜지스터의 게이트 및 드레인을 각각 묶어 공동 단자로 사용하는 회로이다. 이렇게 연결하면 입력(게이트) 신호와 출력(드레인) 신호가 반전된다. 모든 트랜지스터의 기본 동작은 인버터invertor이다. 비록 CMOS는 두 개의 MOSFET를 연결한 회로지만 단일 트랜지스터처럼 사용한다.

CMOS의 인버터 동작을 확인해 보자. 입력신호 $v_i = 0\ [V]$가 인가되면, p-채널 MOSFET의 $V_{GS_2} = -5\ [V]$가 되고 n-채널 MOSFET의 $V_{GS_1} = 0\ [V]$가 된다. 따라서 p-채널 MOSFET은 단락이 되고 n-채널 MOSFET는 개방이 된다. 그러면 출력은 $5\ [V]$가 된다. 입력이 $v_i = 5\ [V]$로 바뀌면, $V_{GS_2} = 0\ [V]$가 되고 $V_{GS_1} = 5\ [V]$가 된다. 따라서 p-채널 MOSFET은 개방이 되고 n-채널 MOSFET는 단락이 된다. 이에 따라 출력은 $0\ [V]$로 바뀐다. 어떤 경우에도 두 MOSFET 중 하나는 개방상태가 되기 때문에 CMOS에는 전류가 흐르지 않는다. 그러므로 CMOS는 전력 소모가 매우 낮다는 장점을 가지고 있다. 다만, CMOS에도 입력신호가 low에서 high로 또는 high에서 low로 바뀌는 과도기 과정에서는 소량의 전류가 흐른다. CMOS는 단일 트랜지스터에 비해 소자의 면적이 커진다. 그러나 IC 설계 및 공정 기술의 발전에 의해 CMOS의 면적 증가는 문제가 되지 않는다.

(2) VMOSVertical MOS

MOSFET는 높은 집적도, 높은 입력저항 등의 장점을 갖고 있지만, 고전류 및 고전력 소자로서는 한계가 있다. 이런 MOSFET의 한계를 극복하기 위해서 고안된 소자가 그림 7-25의 VMOSFET(VMOS)이다. 그림 7-25에 나타난 바와 같이 VMOS의 소스-채널-드레인은 수직으로 배열되어 있다. 소스(n^+) 및 채널(p)의 불순물 확산 깊이로 채널 길이를 조절하므로 평면형planar-type MOSFET에 비해 채널의 길이를 용이하게 줄일 수 있다. 또한 V 홈의 사방 벽면이 채널이 되므로 채널의 폭이 증가한다. 이런 구조에 의해 VMOS의 채널은 낮은 전기저항을 갖게 되며 이에 따라 채널에 높은 전류가 흐를 수 있게 된다. 반도체 공정에서는 식각etching 기술을 사용하여 V 홈을 형성한다. 웨이퍼의 표면을 식각한 후에는 V 홈의 벽면을 산화시켜 VMOS의 게이트 절연층을 형성한다. 가공된 웨이퍼의 표면에 비해 식각된 벽면은 거칠고 많은 결함을 포함할 가능성이 높다. 따라서 VMOS 공정에서는 식각된 벽면에 양질의 산화막을 기르는 기술이 매우 중요하다. 실리콘 표면을 U자 모양의 홈으로 식각하고 제조한 MOS를 UMOS라고 한다.

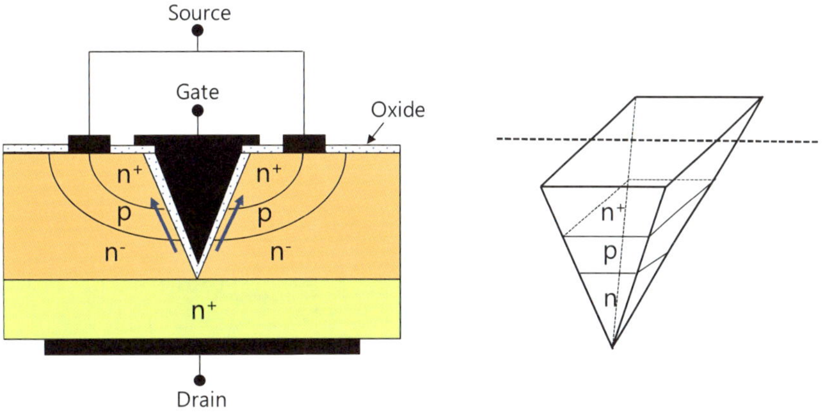

그림 7-25 VMOS FET의 단면도

(3) MESFETMetal-Semiconductor FET

전자 이동도가 Si의 6배가 넘는 GaAs는 고속 트랜지스터의 제조에 적합한 소재이다. 그러나 Si과 달리 GaAs 위에는 양질의 게이트 절연막을 성장시킬 수 없다. 이런 이유로 GaAs MOSFET는 실용화되지 못하였다. MESFET는 GaAs처럼 자연 산화막을 가지고 있지 않은 반도체를 위해 개발된 전계효과 트랜지스터이다. 그림 7-26에 나타난 바와 같이 MESFET의 게이트는 정류성 접촉을 하는 금속과 반도체의 접합으로 이루어져 있다. 따라서 MESFET의 게이트-소스는 쇼트키 다이오드로 볼 수 있다. MESFET는 게이트에 전압이 인가되지 않은 상태에서 드레인 전류가 흐른다. 만약 게이트에 역방향 전압이 인가되면 채널의 공핍영역이 확장되어 드레인 전류가 감소한다. MESFET의 동작은 JFET와 유사하다.

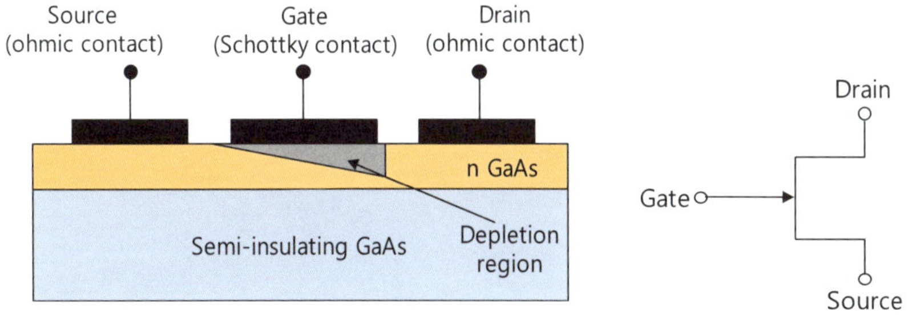

그림 7-26 MESFET의 단면도 및 기호

(4) BiMOS

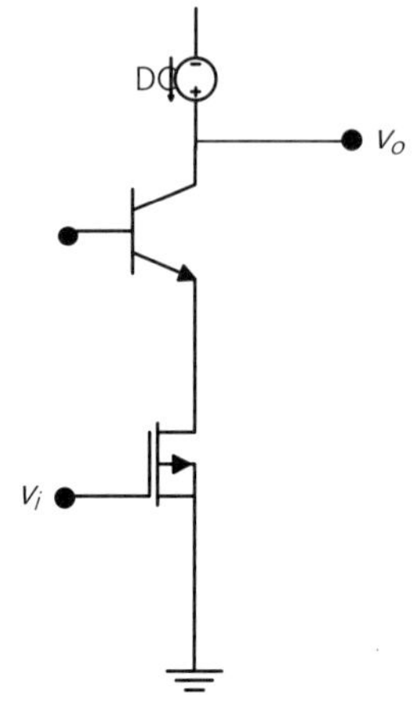

그림 7-27 BiMOS 회로의 예

반도체 기술은 BJT 기술과 MOSFET 기술로 나눌 수 있다. BJT는 고주파 특성이 좋고 전압이득이 높으며 MOSFET는 입력저항이 크고 소자의 크기가 작다는 장점을 가지고 있다. 만약 BJT와 MOSFET를 하나의 IC에 구현할 수 있다면, 두 트랜지스터의 장점을 모두 갖춘 최적의 회로를 구현할 수 있다. 이런 목적으로 개발된 기술이 BiMOS 기술이다.

예제 7-7

아래 BiCMOS 회로의 I_C 및 V_{CE}를 구하라. $I_{DSS}=10\ [mA]$, $V_P=5\ [V]$

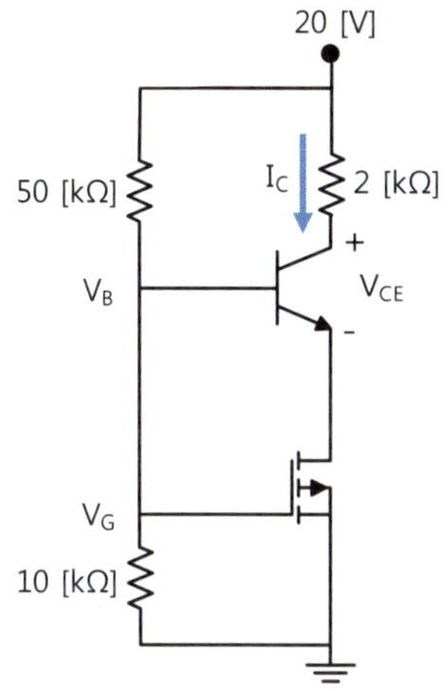

풀이

$$V_B=V_G=20\times\frac{10}{(50+10)}=3.33\ [V],\ V_{GS}=V_G-V_S=3.33\ [V]$$

$$I_D=I_{DSS}(1-\frac{V_{GS}}{V_P})^2=10(1-\frac{3.33}{5})^2=1.12\ [mA]=I_C$$

$$V_C=20-I_CR_C=20-1.12\times2=17.76\ [V],\ V_E=V_B-0.7\ [V]=2.63\ [V]$$

$$V_{CE}=V_C-V_E=15.13\ [V]$$

(5) FinFET

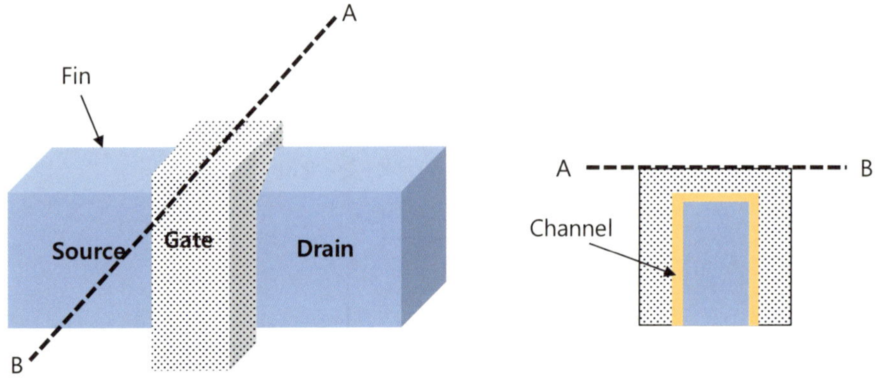

그림 7-28 FinFET의 구조

MOSFET의 크기가 작아지면 정격 전류가 감소할 뿐만 아니라 단채널 효과short-channel effect에 의해 소자의 특성이 나빠진다. 단채널 효과란 드레인 부근의 공핍영역이 채널의 유효 길이를 감소시켜 활성영역에서도 MOSFET의 드레인 전류가 증가하는 현상이다. 이런 소형 MOSFET의 한계를 극복하기 위하여 FinFET이 개발되었다. 반도체 층으로 사용되는 실리콘이 물고기의 지느러미(fin)처럼 돌출되어 있다고 해서 fin이라는 이름을 붙였다. 그림 7-28에서 보듯이 게이트 절연층이 fin의 3차원 면을 감싸고 있다. 따라서 실질적인 채널의 폭이 늘어나 드레인 전류가 크게 증가한다. VMOS가 음각 식각 기술을 사용한다면 FinFET은 양각 기술을 사용한다고 볼 수 있다.

(6) TFT Thin Film Transistor

유리를 기판으로 사용하는 액정 디스플레이liquid crystal display, LCD 산업의 발전과 함께 유리 기판 위에 제조할 수 있는 트랜지스터의 필요성이 대두되었다. 실리콘 단결정을 기판으로 사용하고 공정 온도가 높은 MOSFET를 유리 위에 제조하는 것은 불가능하다. 따라서 유리, 알루미나 등 다양한 재료를 기판으로 사용할 수 있는 박막트랜지스터Thin Film Transistor, TFT가 새로운 가치를 갖게 되었다.

TFT 연구의 초창기에는 CdSe와 같은 II-IV족 화합물을 반도체 재료로 사용하였다. 이것은 II-IV족 화합물 반도체 박막을 진공증착법과 같은 간단한 방법으로 얻을 수 있었기 때문이다. 그러나 초창기의 TFT는 소자의 불안정성에 의해 상용화되지는 못하였다. TFT를 상용화로 이끈 것은

poly-Si 기술의 발전이라고 볼 수 있다. Poly-Si TFT는 600 ℃ 이하에서 비교적 높은 이동도와 안정성을 갖는다. 그림 7-29에 poly-Si TFT의 구조를 나타내었다. TFT는 MOSFET와 달리 여러 가지 구조로 제조되지만, 게이트를 바닥에 두는 구조가 가장 널리 사용되고 있다. 최근에는 LCD의 해상도를 높이는 노력의 일환으로 ZnO와 같은 투명한 박막을 반도체로 사용하는 투명박막트랜지스터Transparent TFT, TTFT에 대한 연구가 진행되기도 하였다.

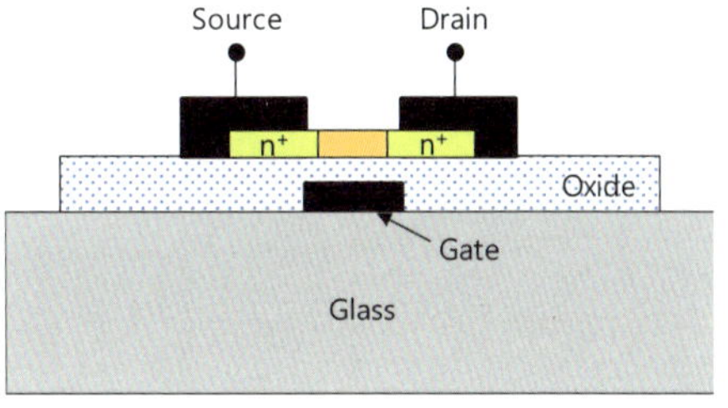

(a)

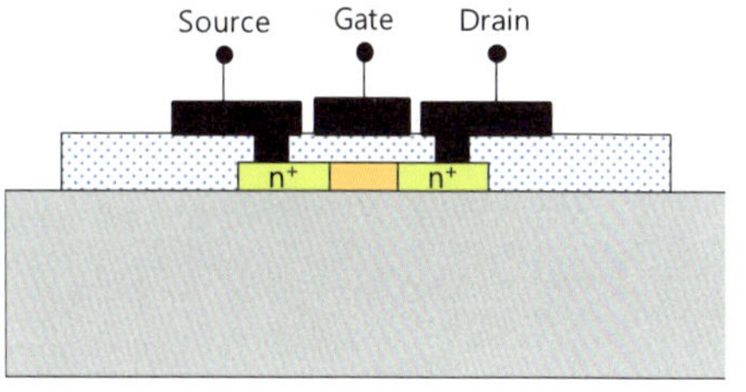

(b)

그림 7-29 TFT의 구조: (a) bottom gate 및 (b) top gate

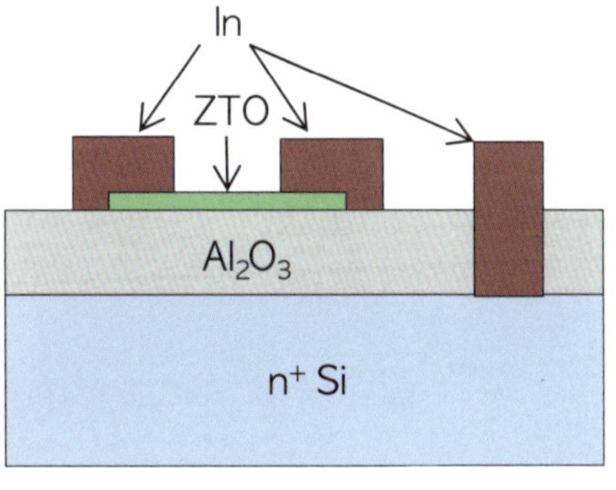

그림 7-30 Zin tin oxide(ZTO) TTFT의 구조

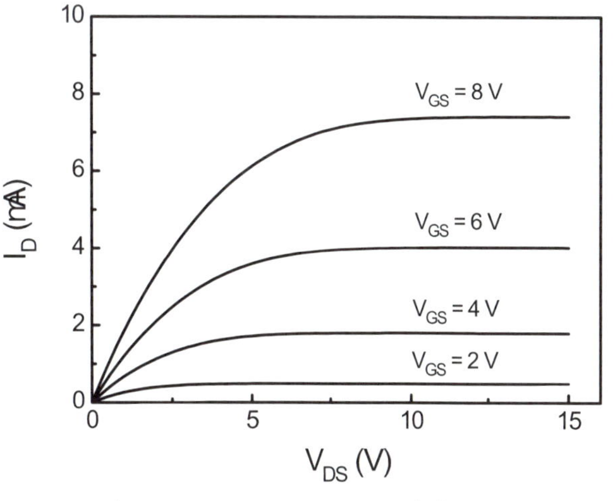

그림 7-31 Zin tin oxide TTFT의 출력 특성

제8장

FET II

8-1 교류 해석 Ac small signal analysis

전계 효과 트랜지스터Field-Effect Transistor, FET는 바이폴라 접합 트랜지스터BJT와 달리 입력전압이 출력전류를 제어하는 소자다. 따라서 FET의 소신호 등가모델에는 BJT 해석에서 사용하던 전류 증폭률(β) 대신 입력전압과 출력전류의 비인 전달 컨덕턴스(g_m)를 사용하여 입력신호와 출력신호의 관계를 표현한다.

(1) JFET

가. 교류 소신호 등가모델

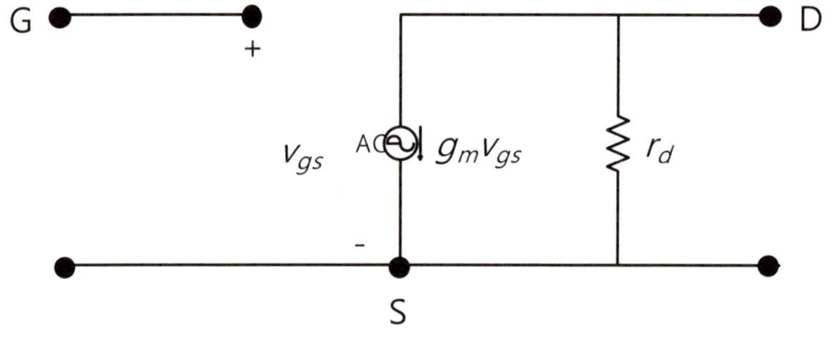

그림 8-1 JFET의 교류 소신호 등가모델

그림 8-1은 활성영역에서 동작하는 JFET의 교류 소신호 등가모델이다. JFET의 게이트-소스는 p-n 접합으로서 역방향 바이어스되어 있다. 그러므로 JFET의 게이트-소스는 전기적 개방상태로 볼 수 있다. 그리고 드레인-소스는 v_{gs}에 의해서 제어되는 종속 전류원($i_d = g_m v_{gs}$)이다. JFET의 출력저항(r_d)은 수십 $[k\Omega]$으로 매우 크지만 BJT의 출력저항(r_o)에 비해서는 작다.

$$g_m = \frac{\Delta I_D}{\Delta V_{GS}} \tag{8-1}$$

$$r_d = \frac{\Delta V_{DS}}{\Delta I_D} \tag{8-2}$$

예제 8-1

① Shockley 방정식으로부터 g_m을 구하라.

② g_m과 V_{GS}의 관계를 그래프로 나타내어라.

풀이

① $g_m = \frac{dI_D}{dV_{GS}}$, $I_D = I_{DSS}(1-\frac{V_{GS}}{V_P})^2$

$$dI_D = 2I_{DSS}(1-\frac{V_{GS}}{V_P})(-\frac{1}{V_P})dV_{GS}$$

$$\therefore g_m = \frac{dI_D}{dV_{GS}} = -\frac{2I_{DSS}}{V_P}(1-\frac{V_{GS}}{V_P}) = g_{m0}(1-\frac{V_{GS}}{V_P})$$

②

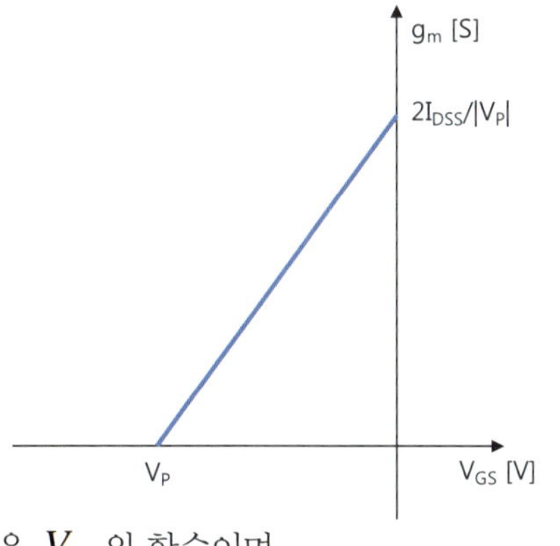

그래프에서 알 수 있듯이 g_m은 V_{GS}의 함수이며,

V_{GS}가 증가할수록 g_m은 감소한다.

$g_m = g_{m0}\sqrt{\frac{I_D}{I_{DSS}}}$ 으로도 표현할 수 있다.

나. 고정 바이어스 회로

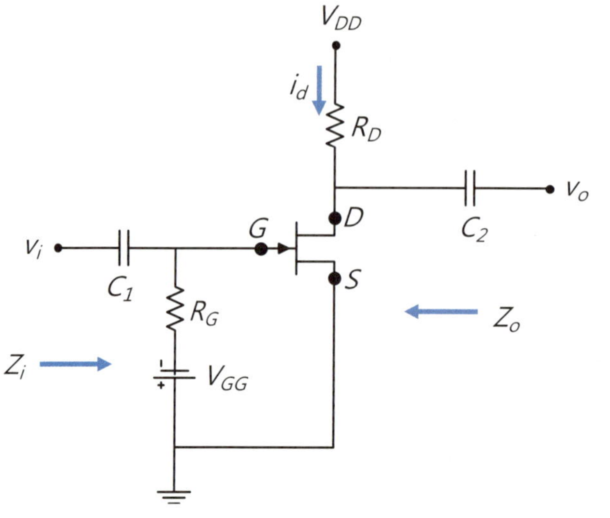

그림 8-2 고정 바이어스 회로

이상적인 FET의 입력전류는 0이기 때문에 FET에서 전류이득 A_i은 의미가 없다. 그러므로 FET의 교류 해석에서는 Z_i, A_v 및 Z_o만 구한다. 그림 8-2는 게이트와 드레인에 직접 직류전압을 인가하는 고정 바이어스 회로이다. 교류 해석을 위해서 먼저 교류 등가회로를 그린다. 교류 등가회로를 그릴 때, 직류 전압원과 결합 커패시터 및 바이패스 커패시터는 단락시킨다. 앞에서도 설명했지만, 직류 전압은 교류 동작에 영향을 미치지 않으며, 전압원의 내부저항은 0이기 때문이다. 그리고 증폭기의 교류 입력신호에 의한 결합 및 바이패스 커패시터의 리액턴스($X_c = \dfrac{1}{2\pi fc}$)는 0에 가깝기 때문이다. JFET의 g_m을 알려면 V_{GSQ}를 구해야 한다.

$$V_{GSQ} = V_G - V_S = -V_{GG} \tag{8-3}$$

$$g_m = \frac{2I_{DSS}}{V_P}(1 - |\frac{V_{GG}}{V_P}|) \tag{8-4}$$

식 (8-4)에 V_{GG}를 대입하면 g_m을 구할 수 있다.

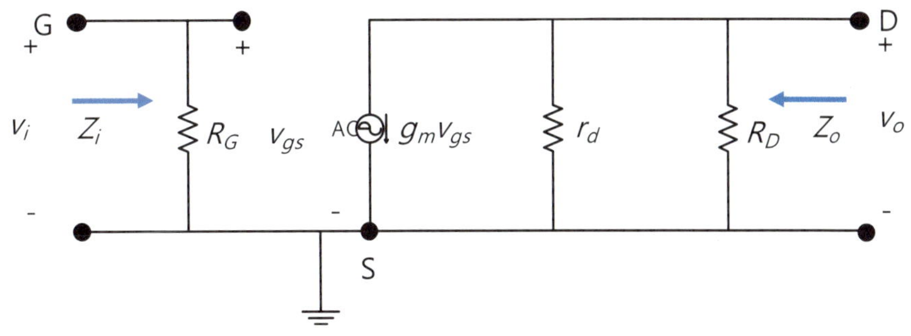

그림 8-3 고정 바이어스 교류 등가회로

그림 8-3의 교류 등가회로에서 Z_i, A_v 및 Z_o를 구한다.

$$Z_i = \frac{v_i}{i_i} = R_G \tag{8-5}$$

$$v_i = v_{gs} \tag{8-6}$$

$$A_v = \frac{v_o}{v_i} = -\frac{g_m v_{gs}(r_d // R_D)}{v_{gs}} = -g_m(r_d // R_D) \tag{8-7}$$

$$Z_o = \frac{v_o}{i_o}\Big|_{v_i=0} = r_d // R_D \tag{8-8}$$

$$g_m v_{gs}\Big|_{v_i=0} = 0 \tag{8-9}$$

출력 임피던스를 구할 때는 $v_i = 0$의 조건을 기억해야 한다. 식 (8-9)에서 $v_i = 0$이면, $i_d = g_m v_{gs} = 0$이 된다. 전류원의 전류가 0이면 전류원을 전기적 개방상태로 보면 된다. 이상적인 전류원의 내부저항은 ∞이기 때문이다. 따라서 Z_o는 r_d와 R_D의 병렬이 된다.

예제 8-2

아래 고정 바이어스 회로에서

① 동작점(I_{DQ} , V_{GSQ})을 구하라. ② g_m 을 계산하라. ③ Z_i 를 계산하라.

④ A_v 를 구하라. ⑤ Z_o 를 계산하라.

$I_{DSS} = 10\ [mA],\ V_P = -10\ [V],\ r_d = 30\ [k\Omega]$

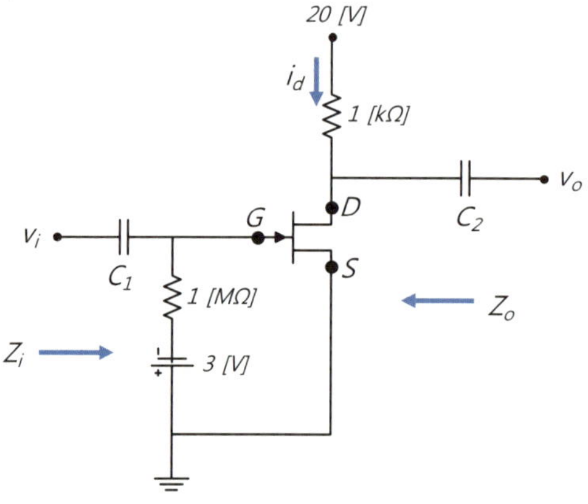

풀이

① $V_{GSQ} = V_G - V_S = -3\ [V]$, $I_D = I_{DSS}(1 - \frac{V_{GS}}{V_P})^2 = 10(1 - \frac{-3}{-10})^2 = 4.9\ [mA]$

② $g_m = \frac{2I_{DSS}}{|V_P|}(1 - \frac{V_{GSQ}}{V_P}) = 1.4\ [mS]$

③ $Z_i = 1\ [M\Omega]$

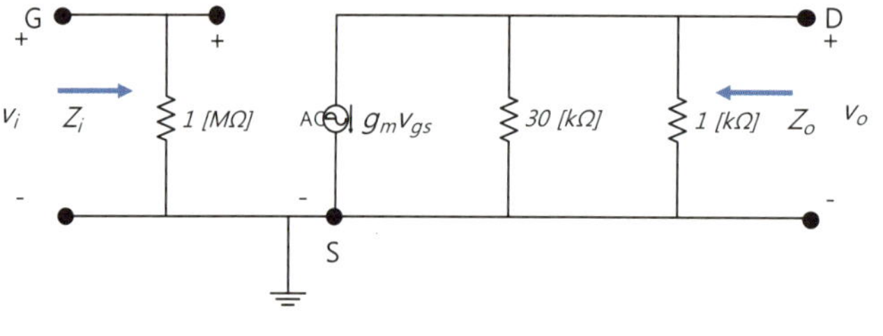

④ $A_v = \frac{v_o}{v_i} = -\frac{g_m v_{gs}(30//1)}{v_{gs}} \cong -1.35$

⑤ $Z_o = \frac{v_o}{v_i}|_{v_i=0} = (30//1)\ [k\Omega] \cong 0.97\ [k\Omega]$

다. 자기 바이어스 회로

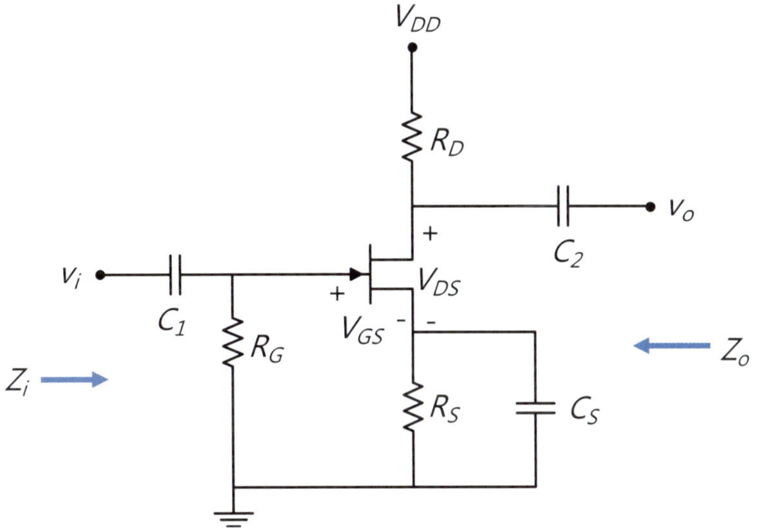

그림 8-4 자기 바이어스 회로

고정 바이어스 회로는 두 개의 별도 전원을 필요로 하지만, 자기 바이어스 회로는 소스 저항(R_S)에 인가되는 전압으로 게이트-소스 전압($V_{GS} = -I_D R_S$)을 조절한다. 자기 바이어스 회로의 경우, JFET의 온도 변화에 의해 드레인 전류가 증가 또는 감소하면 소스의 전위($V_S = I_D R_S$)가 증가 또는 감소하여 드레인 전류를 제자리로 돌려놓는다. 따라서 자기 바이어스 회로는 고정 바이어스 회로에 비해 온도 안정성이 높다.

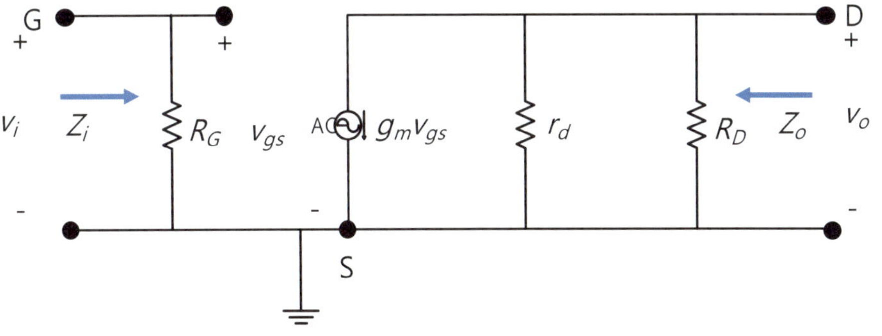

그림 8-5 자기 바이어스 교류 등가회로

자기 바이어스 회로의 이미터 저항은 동작점의 온도 안정성을 향상시키지만 전압이득을 감소시킨다. 이미터 저항에 의해 전압이득이 감소되는 것을 방지하기 위하여 증폭회로에는 이미터 저항과 병렬로 바이패스 커패시터를 연결한다. 바이패스 커패시터를 전기적 단락으로 간주하면, 자기 바이어스 회로의 교류 등가회로는 고정 바이어스의 교류 등가회로와 같아진다. 따라서

$$Z_i = \frac{v_i}{i_i} = R_G \tag{8-10}$$

$$v_i = v_{gs} \tag{8-11}$$

$$A_v = \frac{v_o}{v_i} = -\frac{g_m v_{gs}(r_d // R_D)}{v_{gs}} = -g_m(r_d // R_D) \tag{8-12}$$

$$Z_o = \frac{v_o}{i_o}\Big|_{v_i=0} = r_d // R_D \tag{8-13}$$

$$g_m v_{gs}\Big|_{v_i=0} = 0 \tag{8-14}$$

이다. 다음에는 증폭기에 미치는 이미터 저항의 영향을 알아본다. 그림 8-6은 바이패스 커패시터의 리액턴스(X_{CS})를 추가하여 교류 등가회로를 그린 것이다.

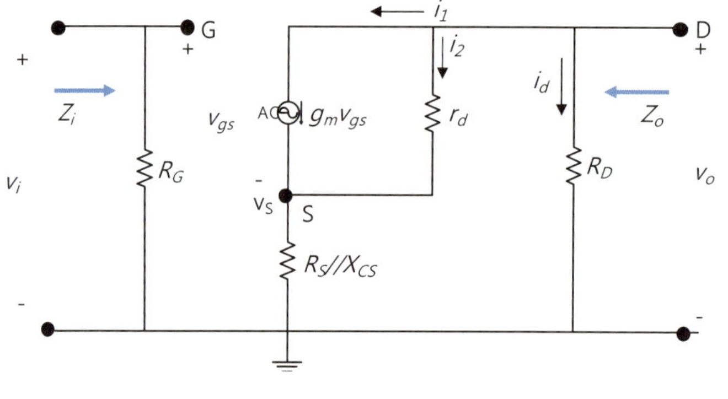

그림 8-6 바이패스 커패시터를 고려한 자기 바이어스 교류 등가회로

그림 8-6에서 $Z_S = R_S // X_{CS}$ 라고 두고 A_v, Z_i 및 Z_o 를 구한다.

$$v_i = v_{gs} + v_S \tag{8-15}$$

$$v_S = -i_d Z_S \tag{8-16}$$

$$v_o = i_d R_D \tag{8-17}$$

$$i_d = -i_1 - i_2 = -g_m - \frac{(v_o - v_S)}{r_d} = -g_m v_{gs} - \frac{v_o - (v_i - v_{gs})}{r_d} = \frac{v_o}{R_D} \tag{8-18}$$

$$v_{gs} = v_i + i_d Z_S = v_i + \frac{v_o Z_S}{R_D} \tag{8-19}$$

$$\frac{v_o}{R_D} = -g_m(v_i + \frac{v_o Z_S}{R_D}) - \frac{v_o - v_i + (v_i - \frac{v_o Z_S}{R_D})}{r_d} \tag{8-20}$$

$$A_v = -\frac{g_m R_D}{1 + g_m Z_S + \frac{R_D + Z_S}{r_d}} \tag{8-21}$$

만약 $g_m Z_S \gg 1$라면 $A_v \ll -g_m R_D$가 되므로 식 (8–21)의 A_v는 고정 바이어스 회로의 전압이득에 비해 크게 낮아진다. Z_i는 아래와 같다.

$$Z_i = \frac{v_i}{i_i} = R_G \tag{8-22}$$

그림 8–7에서 Z_o를 구한다.

$$i_o = i_d + i_1 + i_2 = \frac{v_o}{R_D} - g_m v_{gs} + \frac{v_o - v_s}{r_d} \tag{8-23}$$

$$i_s = i_o - i_d \tag{8-24}$$

$$v_s = R_S i_s = R_S(i_o - \frac{v_o}{R_D}) \tag{8-25}$$

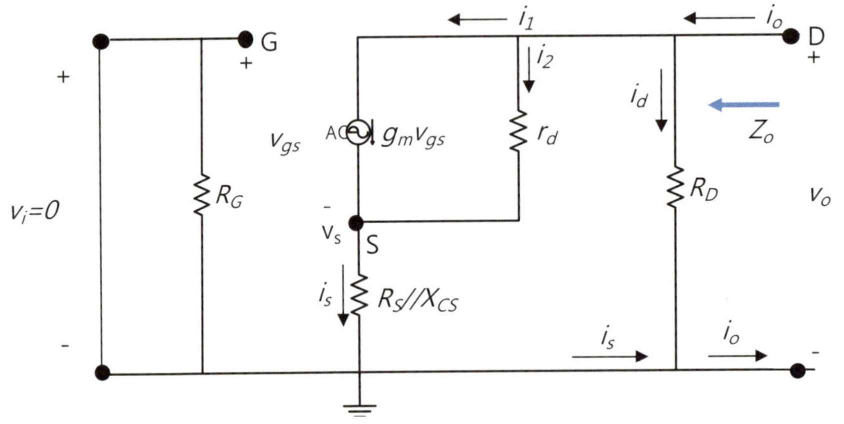

그림 8-7 Z_o 를 구하기 위한 등가회로

식 (8-23)에 식 (8-25)를 대입하면,

$$i_o = \frac{v_o}{R_D} + \frac{v_o}{r_d} - (g_m + \frac{1}{r_d})R_S(i_o - \frac{v_o}{R_D}) \tag{8-26}$$

$$i_o(1 + g_m R_S + \frac{R_S}{r_d}) = v_o(\frac{1}{R_D} + \frac{g_m R_S}{R_D} + \frac{1}{r_d} + \frac{R_S}{r_d R_D}) \tag{8-27}$$

$$Z_o = R_D(\frac{r_d + g_m R_S + R_S}{r_d + g_m r_d R_S + R_D + R_S}) \tag{8-28}$$

만약 $r_d \gg R_D$ 의 조건이 만족된다면,

$$Z_o \cong R_D \tag{8-29}$$

가 된다.

예제 8-3

아래 자기 바이어스 회로에서 ① 동작점(I_{DQ} ,V_{GSQ})을 구하라. ② g_m 을 계산하라. ③ Z_i 를 구하라. ④ A_v 를 구하라. 바이패스 커패시터를 연결하면 A_v 는 얼마가 되는가? ⑤ Z_o 를 구하라. 바이패스 커패시터를 연결하면 Z_o 는 얼마가 되는가? $I_{DSS} = 10\ [mA]$, $V_P = -10\ [V]$, $r_d = 30\ [k\Omega]$ 이다.

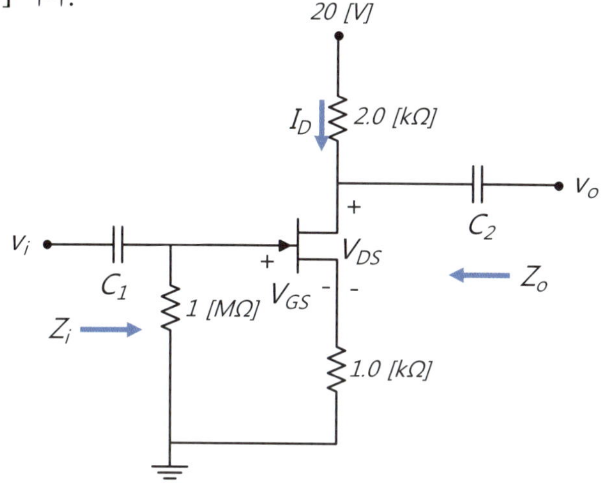

풀이

① $I_D = 10(1 - \frac{V_{GS}}{10})^2$, $V_{GS} = -I_D R_S$,

$I_D = 10(1 - \frac{I_D}{10})^2$, $0.1 I_D^2 - 3I_D + 10 = 0 \quad \therefore I_D = 26.2\ [mA],\ 3.82\ [mA]$

여기서 $26.2\ [mA]$는 I_{DSS} 보다 크기 때문에 답이 될 수 없다. 따라서 $I_{DQ} = 3.82\ [mA]$, $V_{GSQ} = -(1k) \times I_D = -3.82\ [V]$

② $g_m = \frac{2I_{DSS}}{|V_P|}(1 - \frac{V_{GSQ}}{V_P}) = \frac{2 \times 10}{10}(1 - \frac{3.82}{10}) = 1.24\ [mS]$

③ $Z_i = 1\ [M\Omega]$

④ $A_v = -\frac{g_m R_D}{1 + g_m R_S + (R_D + R_S)/r_d} = -1.06$ 바이패스 커패시터를 연결하는 경우

$A_v = -\frac{g_m R_D}{1 + R_D / r_d} = -2.33$ ⑤ $Z_o = R_D(\frac{r_d + g_m r_d R_S + R_S}{r_d + g_m r_d R_S + R_D + R_S}) = 1.94\ [\Omega]$

바이패스 커패시터를 연결하는 경우 $Z_o = r_d // R_D = 1.88\ [\Omega]$

PSpice 8-1

JFET 증폭기의 시뮬레이션 결과를 통해 JFET의 g_m을 구하라.

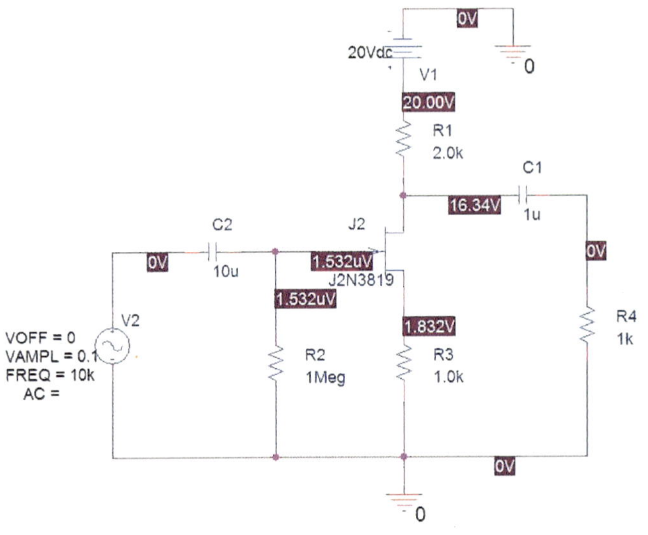

풀이

입력신호 →

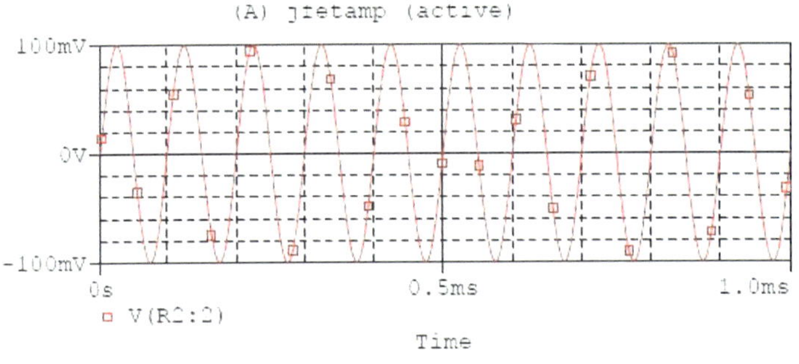

출력신호 →

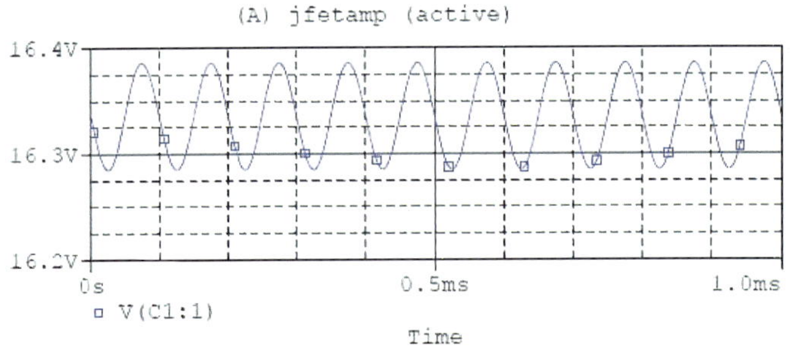

$$A_v = -\frac{g_m R_D}{1+g_m R_S} = -\frac{50\ [mV]}{100\ [mV]} = -0.5 \qquad \therefore g_m = \frac{1}{3}\ [mS]$$

라. 전압 분배 바이어스 회로

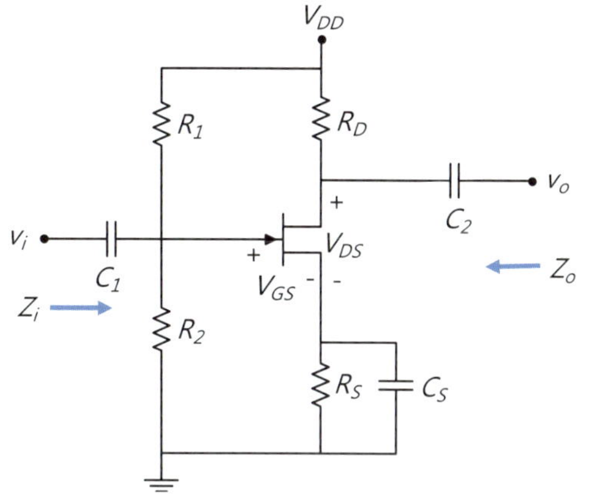

그림 8-8 전압 분배 바이어스 회로

그림 8-8은 JFET에 적용한 전압 분배 바이어스 회로이다. 교류 해석을 위하여 우선 교류 등가회로를 그린다.

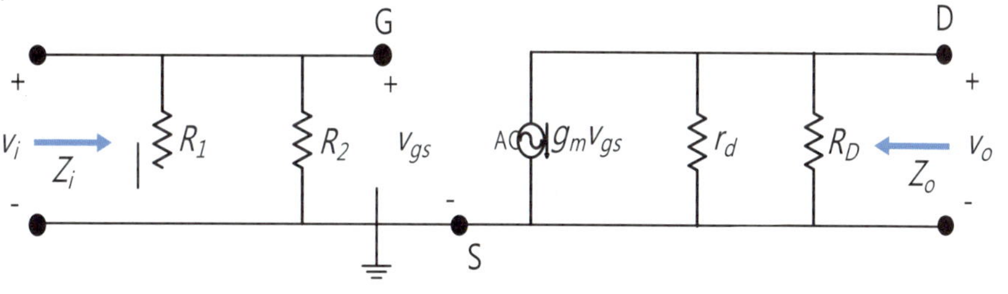

그림 8-9 전압 분배 바이어스 교류 등가회로

그림 8-9의 교류 등가회로로부터 Z_i, A_v 및 Z_o를 구한다.

$$Z_i = R_1 // R_2 \tag{8-30}$$

$$A_v = \frac{v_o}{v_i} = \frac{-g_m v_{gs}(r_d // R_D)}{v_{gs}} = -g_m(r_d // R_D) \cong -g_m R_D \tag{8-31}$$

$$Z_o = r_d // R_D \cong R_D \tag{8-32}$$

마. 소스 팔로워 회로

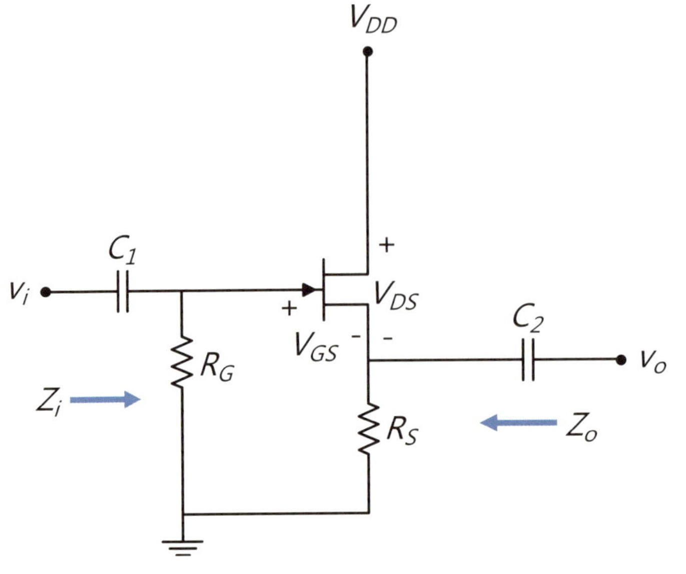

그림 8-10 소스 팔로워 회로

그림 8-10은 공통 드레인이라고도 불리는 소스 팔로워 회로이다. 소스 팔로워에서는 출력단이 소스에 연결되어 있다. 따라서 소스 팔로워 회로의 출력전압은 소스 전압을 따라간다. 그림 8-11의 교류 등가회로로부터 소스 팔로워의 Z_i, A_v 등을 구한다.

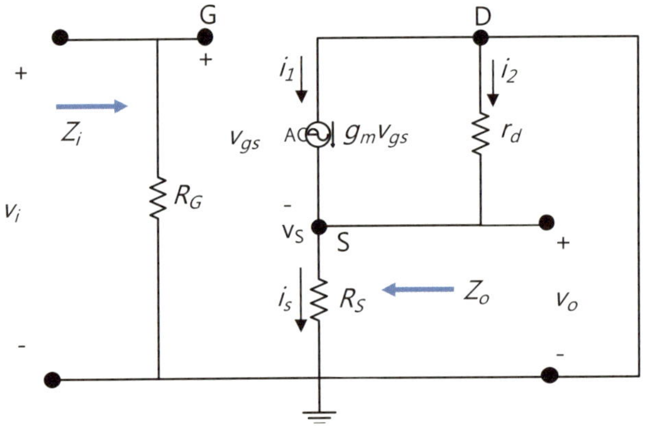

그림 8-11 소스 팔로워 교류 등가회로

$$Z_i = R_G \tag{8-33}$$

$$A_v = \frac{v_o}{v_i} = \frac{v_s}{v_{gs} + v_s} \tag{8-34}$$

$$i_s = i_1 + i_2 = g_m v_{gs} - \frac{v_s}{r_d} = \frac{v_s}{R_s} \tag{8-35}$$

$$g_m v_{gs} = v_s(\frac{1}{R_S} + \frac{1}{r_d}) \tag{8-36}$$

$$v_s = g_m v_{gs}(\frac{1}{R_S} + \frac{1}{r_d}) = g_m v_{gs}(R_S // r_d) \tag{8-37}$$

식 (8-37)을 식 (8-34)에 대입하면

$$A_v = \frac{g_m v_{gs}(R_S // r_d)}{v_{gs} + g_m v_{gs}(R_S // r_d)} = \frac{g_m (R_S // r_d)}{1 + g_m (R_S // r_d)} \tag{8-38}$$

이 된다. 만약 $R_S \ll r_d$ 라면

$$A_v \cong \frac{g_m R_S}{1 + g_m R_S} \tag{8-39}$$

이다. 소스 팔로워 회로의 전압이득은 항상 양의 값을 가지며 1보다 작다.

소스 팔로워의 출력 임피던스는

$$Z_o = \frac{v_o}{i_o}\Big|_{v_i=0} \tag{8-40}$$

으로 정의된다. 소스 팔로워의 경우, $v_i = 0$ 으로 둬도 v_o 에 의해 종속 전류원 $i_d = g_m v_{gs}$ 가 0이 되지 않는다. 따라서 소스 팔로워의 출력 임피던스를 구하기 위해서는 그림 8-12의 회로를 사용해야 한다. 그림 8-12에서

$$i_o = -i_1 - i_2 + i_s \tag{8-41}$$

$$i_1 = g_m v_{gs} \tag{8-42}$$

$$v_{gs} = -v_s = -v_o \tag{8-43}$$

$$i_2 = -\frac{v_o}{r_d} \tag{8-44}$$

$$i_s = \frac{v_o}{R_S} \tag{8-45}$$

$$i_o = g_m v_o + \frac{v_o}{r_d} + \frac{v_o}{R_S} = v_o(g_m + \frac{1}{r_d} + \frac{1}{R_S}) \tag{8-46}$$

이므로

$$Z_o = \frac{v_o}{i_o}|_{v_i=0} = \frac{1}{g_m + \frac{1}{r_d} + \frac{1}{R_S}} = \frac{1}{g_m} // r_d // R_S \tag{8-47}$$

가 된다.

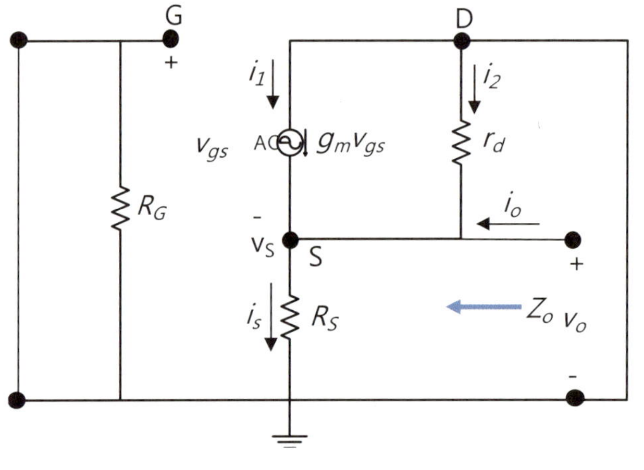

그림 8-12 소스 팔로워 회로의 Z_o

예제 8-4

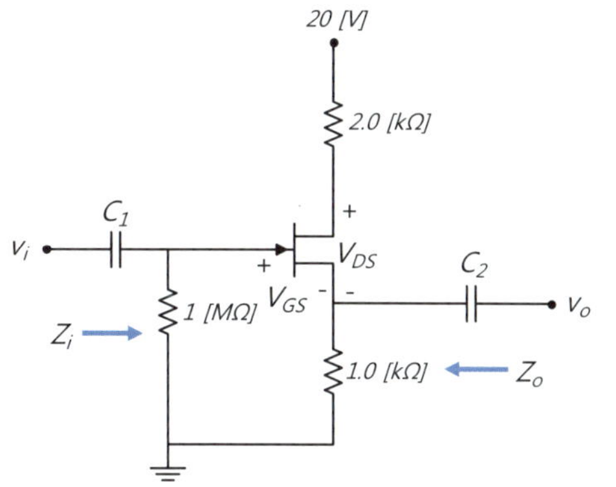

위 회로에서 $I_{DSS} = 10\ [mA]$, $V_P = -10\ [V]$, $r_d = 30\ [k\Omega]$ 그리고 $I_{DQ} = 3.82\ [mA]$ 및 $V_{GSQ} = -3.82\ [V]$이다.

① g_m을 구하라. ② Z_i를 구하라. ③ A_v를 구하라. ④ $r_d = \infty$ 일 때의 A_v는 얼마인가?
⑤ Z_o를 구하라. ⑥ $r_d = \infty$ 일 때의 Z_o는 얼마인가?

풀이

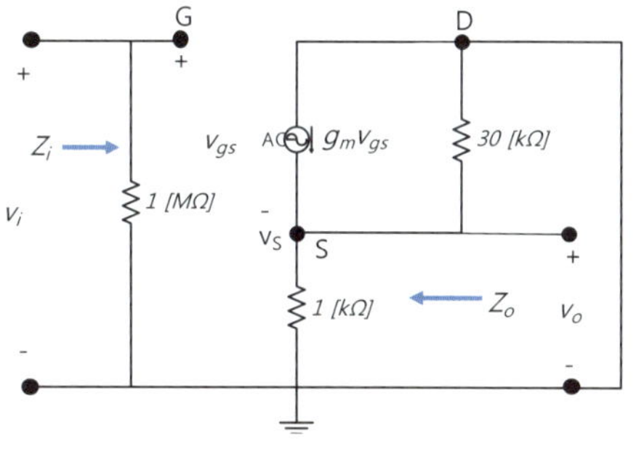

① $g_m = \dfrac{2I_{DSS}}{|V_P|}(1 - \dfrac{V_{GSQ}}{V_P}) = \dfrac{2 \times 10}{10}(1 - \dfrac{3.82}{10}) = 1.24\ [mS]$

② $Z_i = 1\ [M\Omega]$

③ $A_v = \dfrac{g_m(R_S // r_d)}{1 + g_m(R_S // r_d)} - \dfrac{1.24 \times 0.97}{1 + 1.24 \times 0.97} = 0.55$

④ $r_d = \infty$ 라면 $A_v \cong \dfrac{g_m R_S}{1 + g_m R_S} = \dfrac{1.24 \times 1}{1 + 1.24 \times 1} = 0.55$

⑤ $Z_o = \dfrac{1}{g_m} // r_d // R_S = 0.44\ [\Omega]$

⑥ $r_d = \infty$ 라면 $Z_o = \dfrac{1}{g_m} = 0.45\ [\Omega]$

바. 공통 게이트 회로

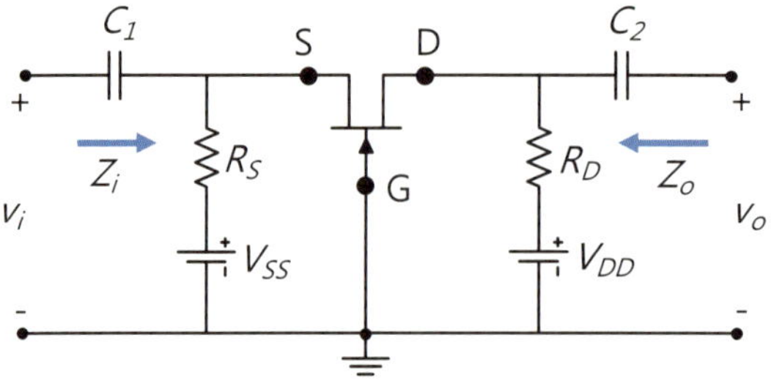

그림 8-13 공통 게이트 회로

공통 게이트 회로에서 입력단자는 소스-게이트이며 출력단자는 드레인-게이트이다. 그림 8-14에서 볼 수 있듯이 공통 게이트 회로의 입력단과 출력단은 서로 연결되어 있다. 따라서 JFET 회로임에도 불구하고 입력저항이 낮다.

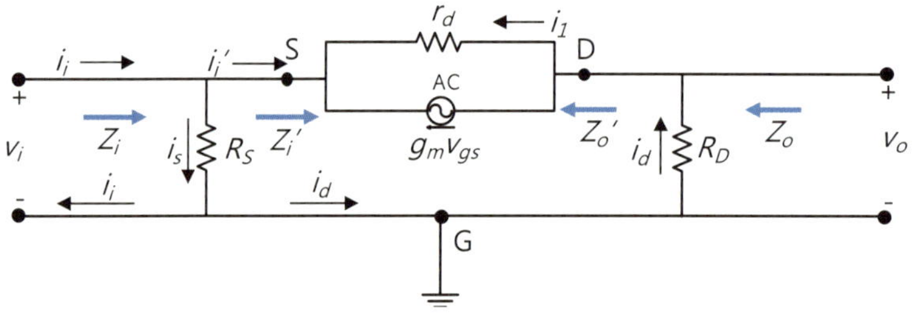

그림 8-14 공통 게이트 회로 교류 등가회로

먼저 그림 8-14를 통해 Z_i를 구한다.

$$i_i' = -i_d \tag{8-48}$$

$$v_o = -i_d R_D = i_i' R_D \tag{8-49}$$

$$v_{gs} = -v_i \tag{8-50}$$

$$i_i' = -i_1 - g_m v_{gs} = \frac{v_i - v_o}{r_d} - g_m v_{gs} = \frac{v_i}{r_d} - \frac{i_i' R_D}{r_d} = g_m v_i \tag{8-51}$$

$$v_i(\frac{1}{r_d}+g_m)=i'(1+\frac{R_D}{r_d}) \tag{8-52}$$

$$Z_i' = \frac{v_i}{i_i'} = \frac{(1+\frac{R_D}{r_d})}{(g_m+\frac{1}{r_d})} = \frac{r_d+R_D}{1+g_m r_d} \tag{8-53}$$

$$Z_i = Z_i' // R_S \tag{8-54}$$

다음에는 드레인 노드에 KCL을 적용하여 A_v 를 구한다.

$$i_d = i_1 + g_m v_{gs} = \frac{v_o - v_i}{r_d} - g_m v_i = -\frac{v_o}{R_D} \tag{8-55}$$

$$v_o(\frac{1}{r_d}+\frac{1}{R_D}) = v_i(\frac{1}{r_d}+g_m) \tag{8-56}$$

$$A_v = \frac{v_o}{v_i} = \frac{r_d // R_D}{r_d // \frac{1}{g_m}} \tag{8-57}$$

공통 게이트 회로의 전압이득은 양수인데, 이것은 입력신호와 출력신호가 서로 동상이라는 것을 뜻한다. 만약 $r_d \gg R_D$ 이라면, A_v 는 아래와 같아진다.

$$A_v \cong g_m R_D \tag{8-58}$$

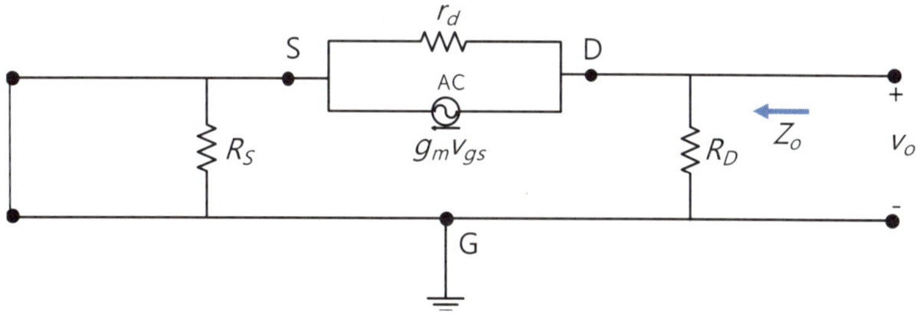

그림 8-15 공통 게이트 회로의 Z_o

출력 임피던스의 정의를 통해 Z_o 를 구하면 아래와 같다.

$$Z_o = \frac{v_o}{v_i}|_{v_i=0} = r_d \,//\, R_D \qquad (8-59)$$

공통 게이트 회로에서 입력을 단락($v_i = 0$)시키면 $v_{gs} = 0$ 이 되기 때문에 출력 임피던스 Z_o 는 r_d 와 R_D 의 병렬저항이 된다.

예제 8-5

아래 회로에서 동작점은 $(I_{DQ} = 3.82\ [mA],\ V_{GSQ} = 1.91\ [V])$ 이다.
$(I_{DSS} = 10\ [mA],\ V_P = -5\ [V],\ r_d = 40\ [k\Omega])$

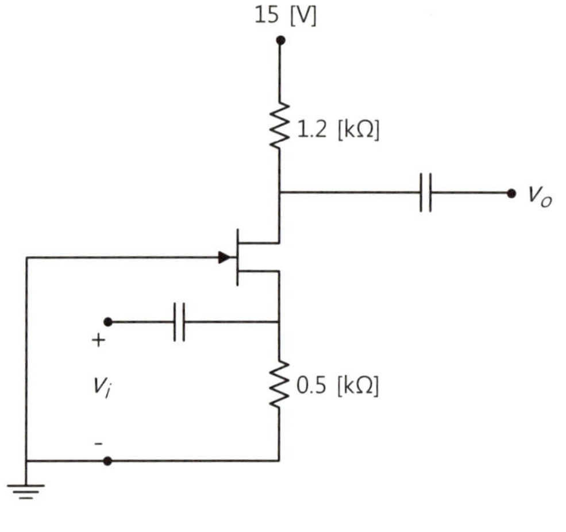

① g_m 을 구하라.

② Z_i 를 구하라. $r_d = \infty$ 일 때의 Z_i 는 얼마인가?

③ A_v 를 구하라. $r_d = \infty$ 일 때의 A_v 는 얼마인가?

④ Z_o 를 구하라. $r_d = \infty$ 일 때의 Z_o 는 얼마인가?

풀이

① $g_m = \frac{2I_{DSS}}{|V_P|}(1-\frac{V_{GSQ}}{V_P}) = \frac{2\times 10}{10}(1-\frac{1.91}{10}) = 2.47\ [mS]$

② $Z_i = (\frac{r_d + R_D}{1+g_{mr}r_d})//R_S = 0.23\ [k\Omega]$

$r_d = \infty$ 이면 $Z_i \frac{1}{g_m}//R_S = 0.22\ [k\Omega]$

③ $A_v = \frac{r_d // R_D}{r_d // \frac{1}{g_m}} = 2.91$

$r_d = \infty$ 이면 $A_v = g_m R_D = 2.96$

④ $Z_o = r_d // R_D = 1.165\ [k\Omega]$

$r_d = \infty$ 이면 $Z_o = R_D = 1.2\ [k\Omega]$

(2) MOSFET

가. 교류 소신호 등가모델

MOSFET의 교류 등가모델은 JFET와 동일하다. 특히 D-MOSFET의 경우에는 I_D와 V_{GS}의 관계를 나타내는 전달특성$[I_D - I_{DSS}(1-\frac{V_{GS}}{V_P})^2]$도 JFET와 같다. 따라서 D-MOSFET의 교류 해석은 JFET의 방식을 그대로 따르면 된다. 본 교재에서는 E-MOSFET의 교류 해석 방법만 기술한다.

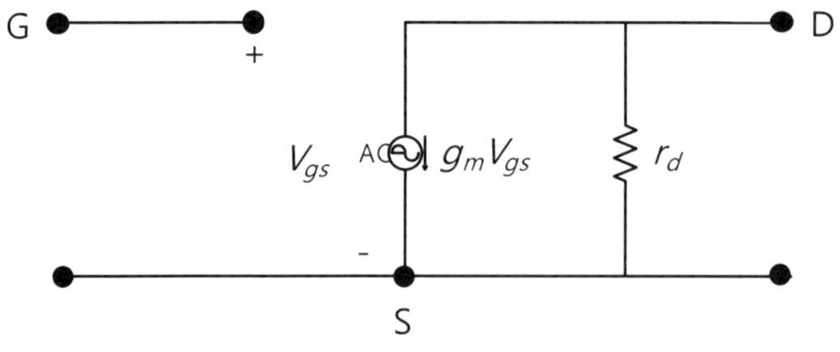

그림 8-16 MOSFET의 교류 등가모델

E-MOSFET는 JFET 및 D-MOSFET와 g_m의 표현식이 달라진다. E-MOSFET의 전달특성은 $I_D = k(V_{GS} - V_{Th})^2$으로 표현되므로 g_m은 다음과 같다.

$$g_m = \frac{\Delta I_D}{\Delta V_{GS}} = 2k(V_{GS} - V_{Th}) = 2\sqrt{kI_D} \tag{8-60}$$

식 (8-60)에서 k는 채널의 길이 및 너비, 반송자의 이동도 등과 관련되는 상수이고, V_{Th}는 문턱 전압이다. V_{Th}는 절연층의 유전율 및 두께, 채널의 불순물 농도, 반도체의 계면특성 등의 영향을 받는다. E-MOSFET에서 g_m은 V_{GS}에 선형 비례하여 증가한다. 그 외 E-MOSFET의 교류 해석 방법은 JFET와 동일하다.

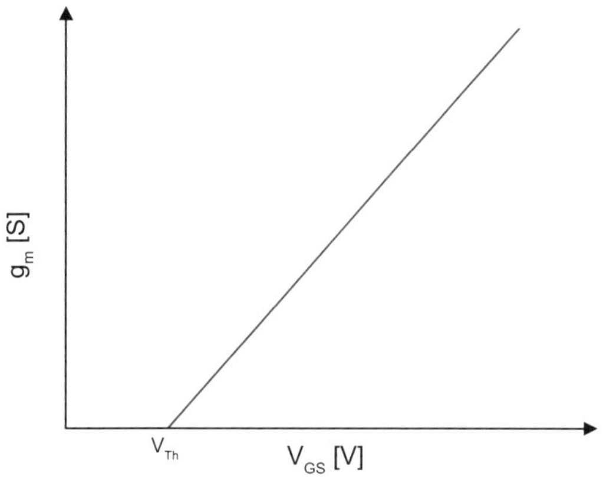

그림 8-17 V_{GS}에 따른 g_m의 변화

나. 전압 분배 바이어스

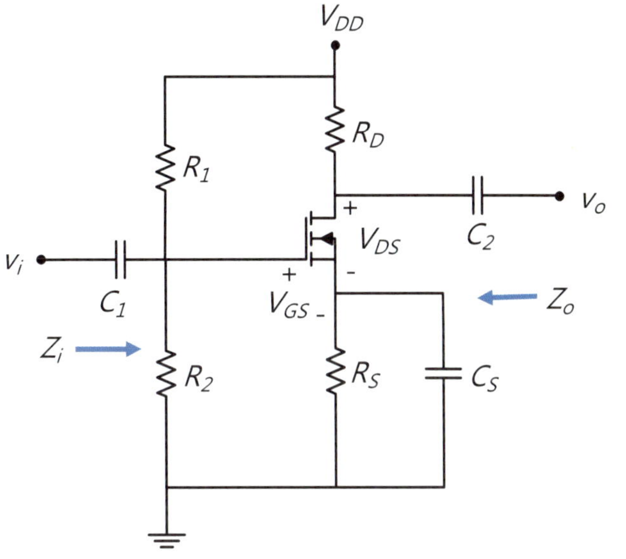

그림 8-18 E-MOSFET 전압 분배 바이어스 회로

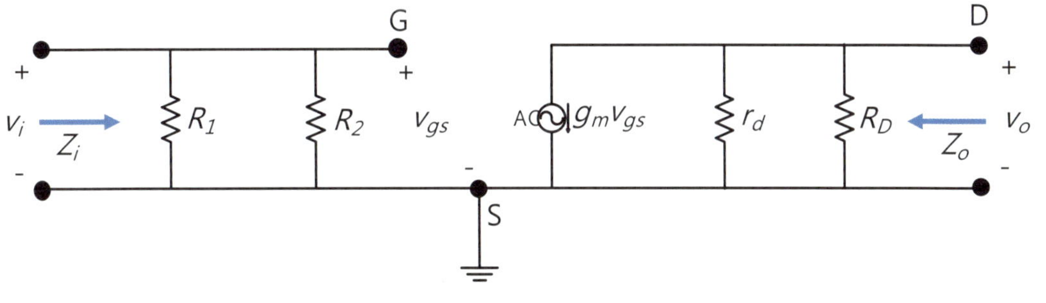

그림 8-19 E-MOSFET 전압 분배 바이어스 교류 등가회로

E-MOSFET 전압 분배 바이어스 회로의 교류 등가회로는 JFET의 경우와 동일하다. 따라서 Z_i, A_v 및 Z_o 는 아래와 같다.

$$Z_i = R_1 // R_2 \tag{8-61}$$

$$A_v = \frac{v_o}{v_i} = \frac{-g_m v_{gs}(r_d // R_D)}{v_{gs}} = -g_m(r_d // R_D) \cong -g_m R_D \qquad (8-62)$$

$$Z_o = r_d // R_D \cong R_D \qquad (8-63)$$

다. 드레인 피드백 바이어스

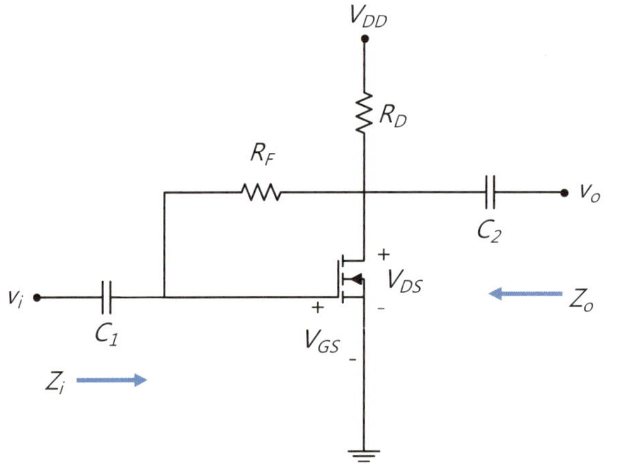

그림 8-20 드레인 피드백 바이어스 회로

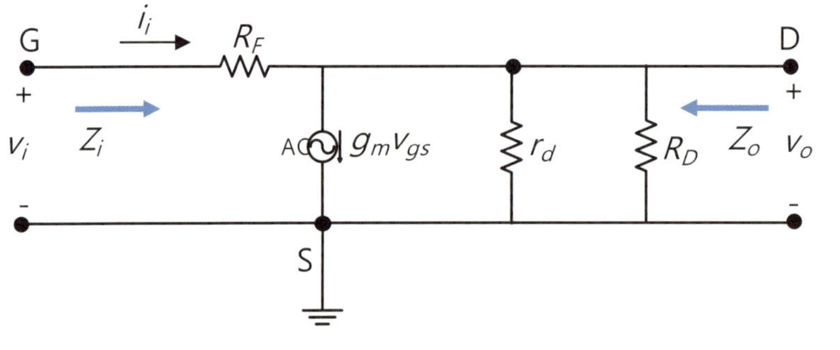

그림 8-21 드레인 피드백 바이어스 교류 등가회로

그림 8-20은 드레인 피드백 바이어스 회로이고, 그림 8-21은 그림 8-20의 교류등가회로이다. 피드백 저항인 R_F 가 입력과 출력 양단에 영향을 주기 때문에 회로를 해석할 때 주의를 요한다. 먼저 Z_i 는 아래와 같이 구한다.

$$i_i = \frac{v_i - v_o}{R_F} = g_m v_{gs} + \frac{v_o}{r_d // R_D} = g_m v_i + \frac{v_o}{r_d // R_D} \tag{8-64}$$

$$v_o = i_i(r_d // R_D) - g_m(r_d // R_D)v_i \tag{8-65}$$

$$i_i = \frac{v_i}{R_F} = \frac{1}{R_F}[(r_d // R_D)i_i + \frac{g_m(r_d // R_D)}{R_F}]v_i \tag{8-66}$$

$$Z_i = \frac{v_i}{i_i} = \frac{1 + \frac{r_d // R_D}{R_F}}{\frac{1}{R_F}[1 + g_m(r_d // R_D)]} = \frac{R_F + r_d // R_D}{1 + g_m(r_d // R_D)} \tag{8-67}$$

만약 $R_F \gg r_d // R_D$ 이고 $r_d \gg R_D$ 이면,

$$Z_i \cong \frac{R_F}{1 + g_m R_D} \tag{8-68}$$

가 된다. 전압이득 A_v 는 아래와 같다.

$$i_i = g_m v_i + \frac{v_o}{r_d // R_D} = \frac{v_i - v_o}{R_F} \tag{8-69}$$

$$v_i(g_m - \frac{1}{R_F}) = -v_o(\frac{1}{R_F} + \frac{1}{r_d // R_D}) \tag{8-70}$$

$$A_v = \frac{v_o}{v_i} = \frac{\frac{1}{R_F} + g_m}{\frac{1}{R_F} + \frac{1}{r_d // R_D}} = -(\frac{1}{R_F} + g_m)(R_F // r_d // R_D) \tag{8-71}$$

만약 $R_F \gg r_d // R_D$ 이고 $r_d \gg R_D$ 이면,

$$A_v \cong -g_m R_D \tag{8-72}$$

이다.

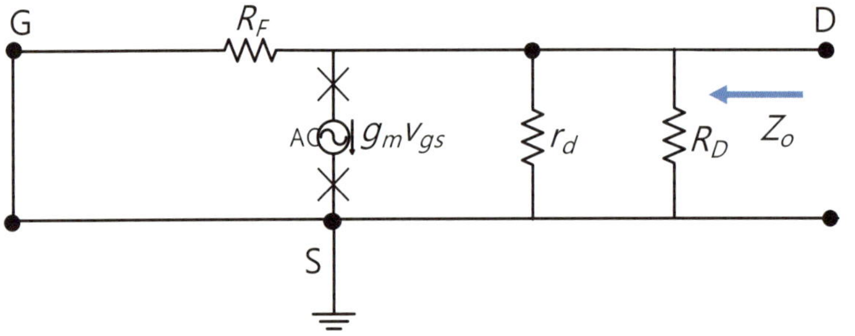

그림 8-22 드레인 피드백 바이어스 회로 Z_o

Z_o 를 구하려면 입력단을 단락시켜야 한다. 입력단을 단락시키면 $v_{gs} = 0$ 이 되어 전류원이 개방상태가 된다. 따라서 Z_o 는 R_F, r_d 및 R_D 의 병렬저항이 된다.

$$Z_o = \frac{v_o}{v_i}\bigg|_{v_i=0} = R_F // r_d // R_D \tag{8-73}$$

예제 8-6

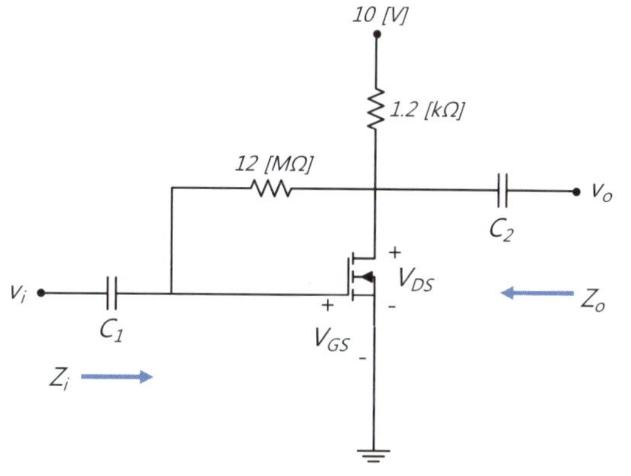

위 회로에서 $k=0.3\,[mA/V^2]$, $V_{Th}=3\,[V]$, $r_d=40[k\Omega]$ 그리고 $I_{DQ}=3.14\,[mA]$ 및 $V_{GSQ}=6.23\,[V]$이다.

① g_m을 구하라.

② Z_i를 구하라. r_d와 R_F를 무시할 때 Z_i는 얼마인가?

③ A_v를 구하라. r_d와 R_F를 무시할 때 A_v는 얼마인가?

④ Z_o를 구하라. r_d와 R_F를 무시할 때 Z_o는 얼마인가?

풀이

① $g_m = 2k(V_{GS}-V_{Th}) = 1.94\,[mS]$

② $Z_i = \dfrac{R_F + r_d // R_D}{1+g_m(r_d // R_D)} = 3.68\,[M\Omega]$, $Z_i \cong \dfrac{R_F}{1+g_m R_D} = 3.68\,[M\Omega]$

③ $A_v = -(\dfrac{1}{R_F}+g_m)(R_F // r_d // R_D) = -2.26$, $A_v \cong -g_m R_D = -2.33$

④ $Z_o = R_F // r_d // R_D = 1.16\,[k\Omega]$, $Z_o = 1.2\,[k\Omega]$

제9장

전력증폭기

6장에서는 BJT로 구성한 소신호 증폭회로를 공부하였다. 9장에서는 출력이 1 [$\boldsymbol{W}$]가 넘는 BJT 대신호 증폭회로를 해석하고 그 동작을 이해한다. 전력증폭기라고 불리는 대신호 증폭기는 출력신호의 선형성에 따라 A급, B급, AB급, C급, D급 등으로 구분한다. 본 교재에서는 A급, B급, AB급 및 C급 증폭기에 대해서 설명한다.

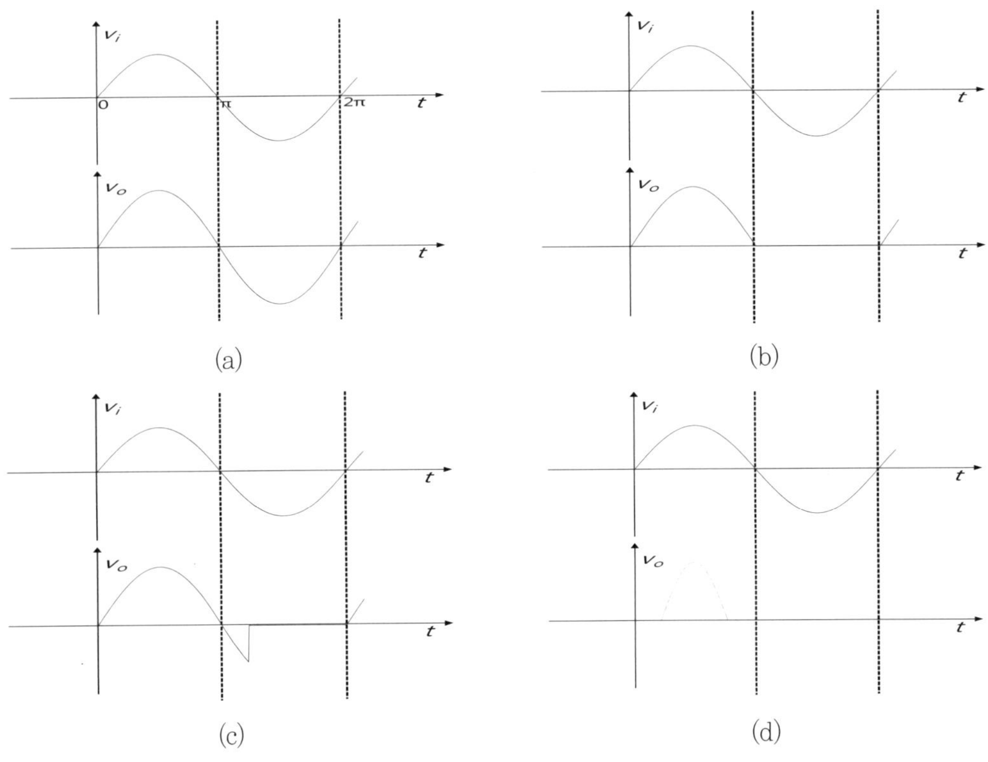

그림 9-1 전력증폭기: (a) A급, (b) B급, (c) AB급 및 (d) C급

그림 9-1은 A급, B급, AB급 및 C급 증폭기의 출력파형을 나타낸 것이다. A급 증폭기의 경우, 입력신호가 360° 전 구간에서 선형적으로 증폭된다. B급 증폭기의 선형 증폭 구간은 180°, AB급 증폭기는 180° ~ 360° 그리고 C급 증폭기는 180° 이하이다. 증폭기의 선형 증폭 구간이 작을수록 증폭기의 효율은 높아진다.

9-1 A급 증폭기

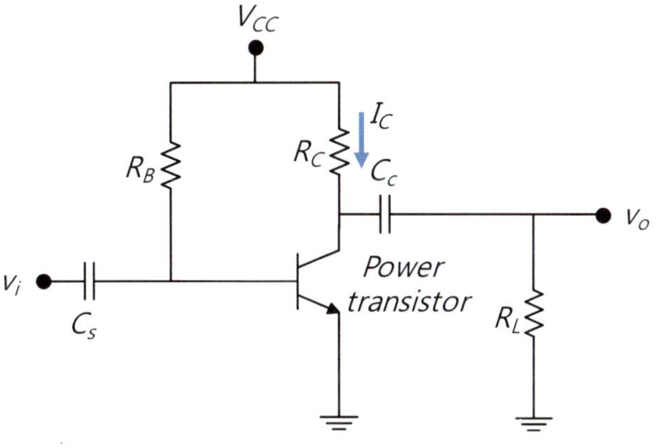

그림 9-2 A급 전력증폭기

A급 증폭기의 예를 그림 9-2에 나타내었다. A급 증폭기는 입력신호의 전 주기에 거쳐 $v_o = A_v v_i$를 따르는 선형적인 신호를 출력해야 하므로 트랜지스터에 바이어스 전류(I_C)가 항상 흘러야 한다. 따라서 트랜지스터의 전력 소모가 입력신호의 전 주기에서 일어나는 A급 증폭기는 그 효율이 낮다. 증폭기를 설계할 때 동작점(Q)의 설정이 매우 중요하다. 이것은 트랜지스터의 Q가 어디인가에 따라서 출력신호의 스윙 폭이 달라지기 때문이다. A급 증폭기에서 왜곡이 없는 최대 출력신호를 얻으려면 Q가 부하선의 중앙에 위치하도록 바이어스해야 한다. 만약 Q가 한쪽으로 치우치면 트랜지스터가 포화 또는 차단영역으로 진입하여 출력신호의 왜곡이 발생한다.

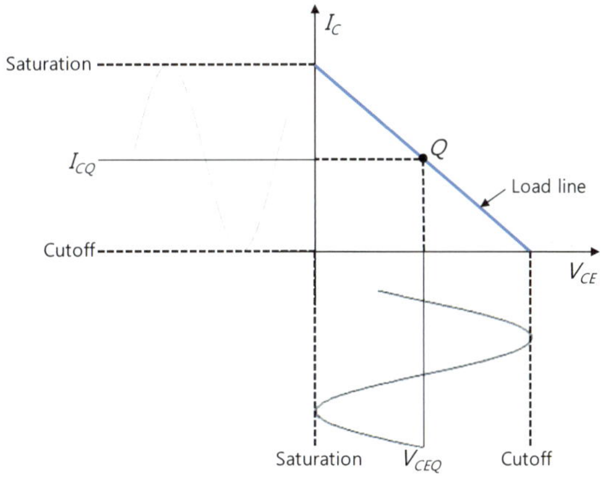

그림 9-3 A급 전력증폭기의 최대 출력

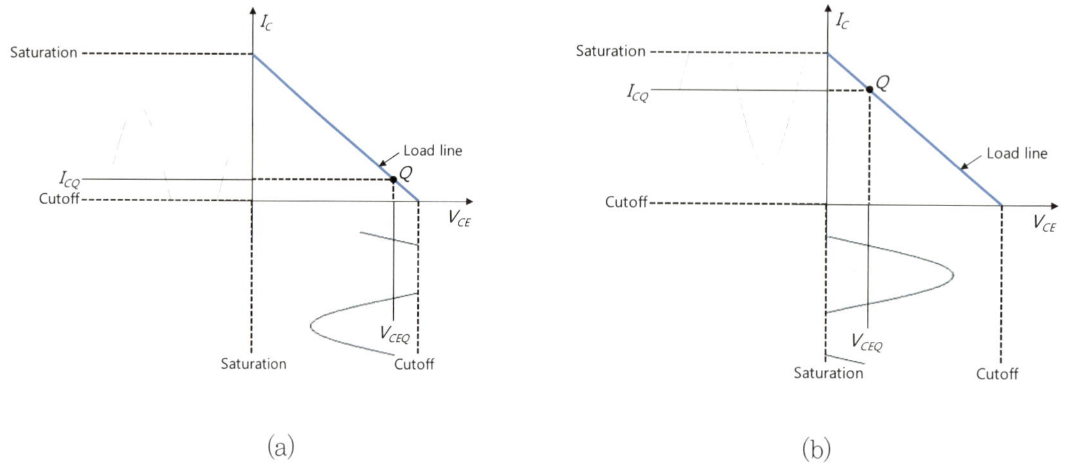

그림 9-4 BJT의 (a) 차단영역 및 (b) 포화영역에 의한 출력신호 왜곡

그림 9-4에서 알 수 있듯이, A급 전력증폭기에서 왜곡이 없는 출력의 최대 크기는 (a) $I_{CQ} - I_{cutoff}$ 및 $V_{cutoff} - V_{CEQ}$ 그리고 (b) $I_{sat} - I_{CQ}$ 및 $V_{CEQ} - V_{sat}$ 이다.

전력증폭기에서는 전력이득(A_p)이 중요한 특성 중 하나이다.

$$A_p = \frac{P_L}{P_i} \tag{9-1}$$

여기서 P_L 은 부하의 출력전력 그리고 P_{input} 은 입력전력을 나타낸다. A_p 를 입력 및 출력전압으로 표현하면 다음과 같다.

$$P_L = \frac{v_L^2}{R_L} \tag{9-2}$$

$$P_i = \frac{v_i^2}{R_i} \tag{9-3}$$

$$A_p = \frac{v_L^2 R_i}{v_i^2 R_L} = A_v^2 \frac{R_i}{R_L} \tag{9-4}$$

직류전원에서 A급 증폭기로 공급되는 전력은

$$P_D = V_{CC} I_{CQ} \tag{9-5}$$

이고 전달되는 최대 출력은

$$P_{0\max} = v_{0\max} i_{0\max} = \frac{V_{CEQ}}{\sqrt{2}} \times \frac{I_{CQ}}{\sqrt{2}} = 0.5 V_{CEQ} I_{CQ} \tag{9-6}$$

이다. 식 (9–6)의 $\frac{V_{CEQ}}{\sqrt{2}}$ 와 $\frac{I_{CQ}}{\sqrt{2}}$ 는 교류 신호인 출력의 실효치이다. 따라서 A급 증폭기의 최대 효율 efficiency은

$$\%\eta_{\max} = \frac{P_{0\max}}{P_D} \times 100[\%] = \frac{0.5 V_{CEQ} I_{CQ}}{2 V_{CEQ} I_{CQ}} = 0.25[\%] \tag{9-7}$$

가 된다. 동작점이 부하선의 중앙에 위치할 때 A급 증폭기는 최대 출력을 나타낸다.

이때 $V_{CEQ} = \frac{V_{CC}}{2}$ 이다.

예제 9-1

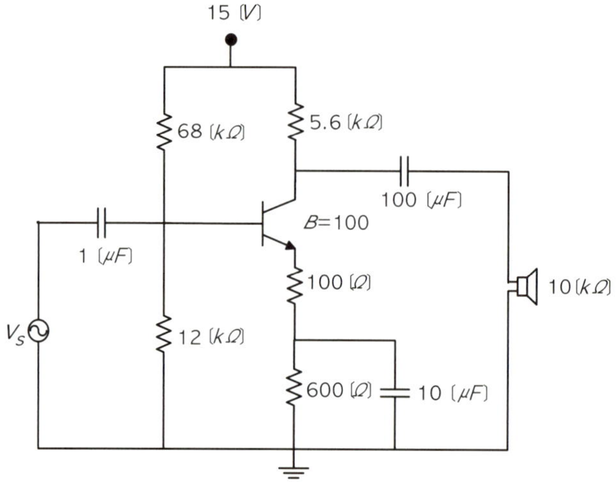

위 전력증폭기의 전압이득 및 전력이득을 구하라. $v_s = 20\sin(2\times10^3\pi t)\ [mV]$. $\beta = 200$

풀이

$$V_B = 15\times\frac{12}{(12+68)}\ [V] = 2.25\ [V],\quad I_E = \frac{2.25\ [V]}{(0.1+0.6)\ [k\Omega]} = 3.21\ [mA]$$

$$r_e = \frac{26\ [mV]}{3.21\ [mA]} = 8.1\ [\Omega],\qquad \therefore A_v = -\frac{R_C}{R_{E1}+r_e} = -\frac{5.6\ [k\Omega]}{(0.1+0.081)\ [k\Omega]} = -30.9$$

$$R_{in} = 68//12//\beta(0.1+0.081)\ [k\Omega] = 7.96\ [k\Omega]$$

$$\therefore A_P = A_v^2\frac{R_{in}}{R_L} = (30.9)^2\frac{7.96}{10} = 760$$ 이 된다.

예제 9-2

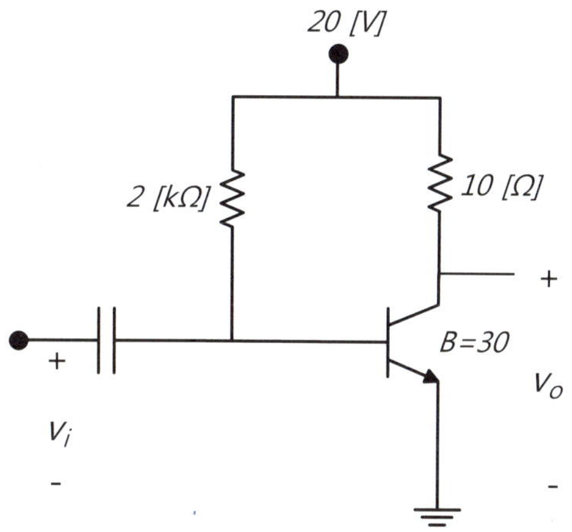

위 전력증폭기의 효율을 구하라. 입력전류의 피크(peak)값은 5 [mA]이다.

풀이

$I_{BQ} = \dfrac{20-0.7}{2} = 9.65\ [mA]$, $I_{CQ} = \beta I_{BQ} = 0.29\ [A]$

$V_{CEQ} = V_{CC} - I_{CQ}R_C = 17.1\ [V]$, $P_D = V_{CC}I_{CQ} = 5.8\ [W]$

출력전류를 실효값으로 나타내면

$i_c = \beta i_i = \dfrac{30 \times 0.005}{\sqrt{2}}\ [A]$, 따라서 $P_0 = i_c^2 R_C = 0.11\ [W]$

$\therefore \%\eta = \dfrac{P_o}{P_D} \times 100 = 1.90[\%]$

PSpice 9-1

예제 9-1의 증폭기에서 입력전압의 크기에 따른 출력파형을 비교하라.

① $v_i = \sin(2\pi \times 10^4 t)\ [mV]$

② $v_i = 10\sin(2\pi \times 10^4 t)\ [mV]$

③ $v_i = 50\sin(2\pi \times 10^4 t)\ [mV]$

풀이

①

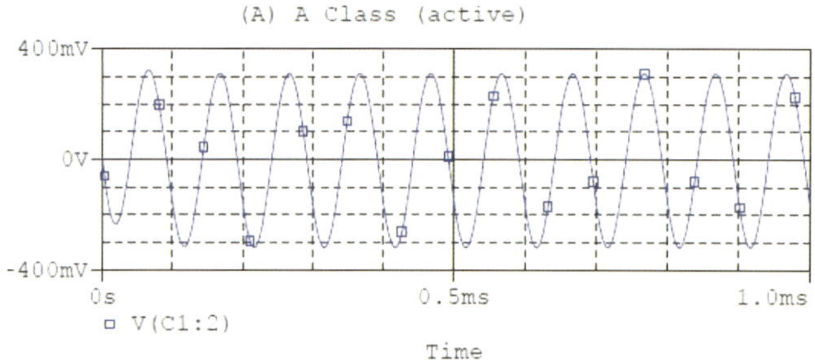

②

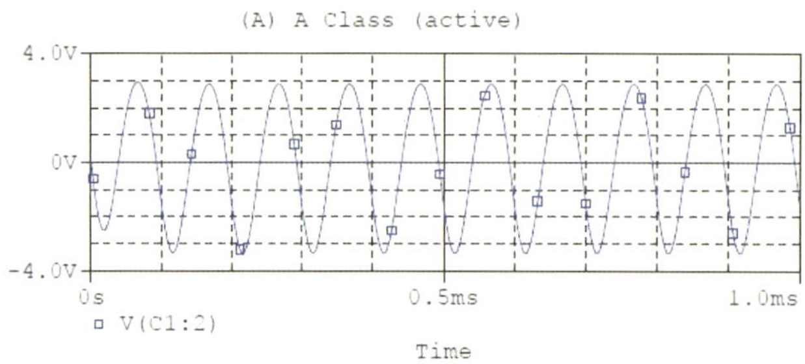

③

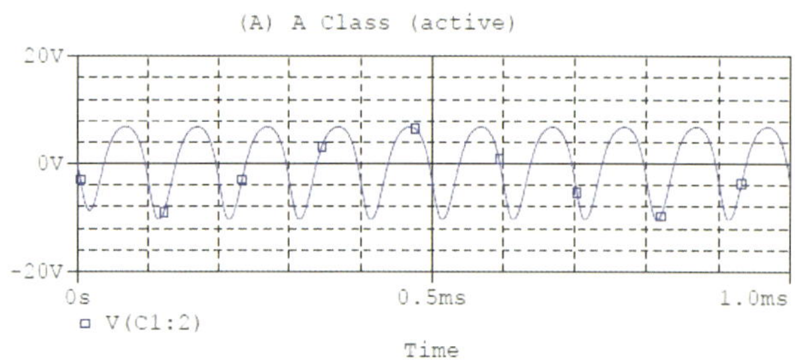

9-2 B급 및 AB급 증폭기

(1) 변압기 결합 푸시풀 증폭기

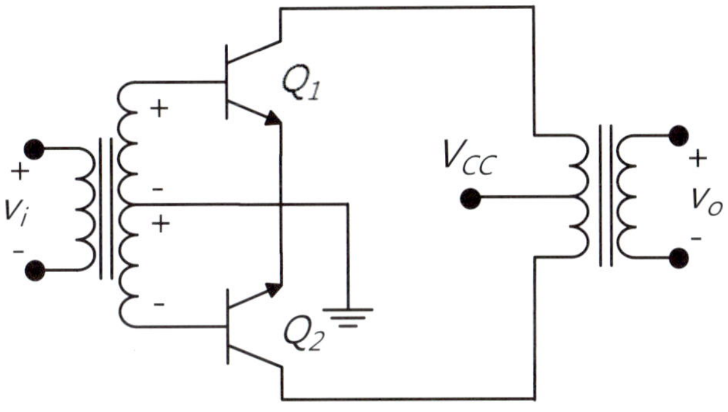

그림 9-5 변압기 결합 푸시풀 증폭기

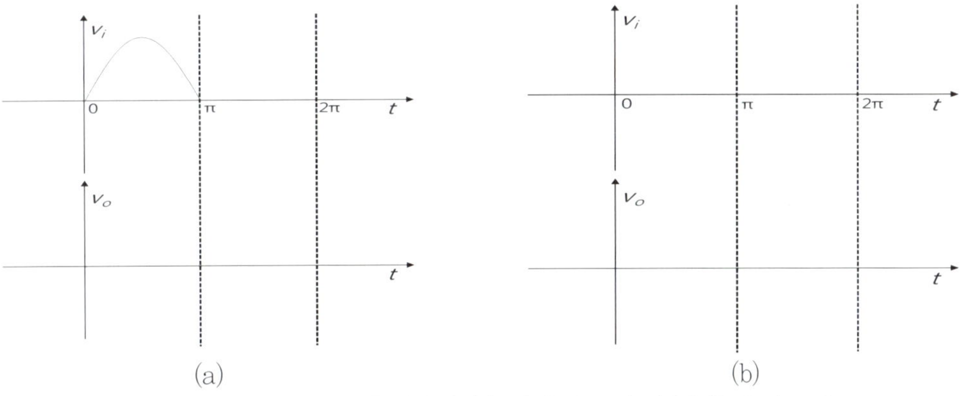

그림 9-6 입력전압 및 출력전압: (a) 양의 반주기 및 (b) 음의 반주기

B급 증폭기는 입력신호의 반주기 동안에만 동작하고 나머지 반주기 동안에는 차단상태가 된다. B급 증폭기는 A급 증폭기에 비해 효율이 높고 큰 출력을 얻을 수 있으나, 증폭신호를 전주기에 거쳐 얻기 위해서 회로 구성이 다소 복잡해진다는 단점이 있다. B급 증폭기는 전체 주기의 증폭을 위하여 푸시풀push-pull 동작을 사용한다. 두 개의 트랜지스터가 밀고 당기는 식으로 입력신호의 각 반주기 동안 증폭 동작을 한다는 의미로 푸시풀 증폭기라고 한다.

그림 9-5는 변압기를 사용하여 구성한 푸시풀 증폭기다. 중간탭 변압기를 사용하여 서로 위상이 다른 입력신호를 동시에 Q_1과 Q_2에 인가한다. 양의 반주기 동안에는 Q_1이 동작하고 음의 반주기 동안에는 Q_2가 증폭활동을 한다.

(2) 상보형 푸시풀 증폭기

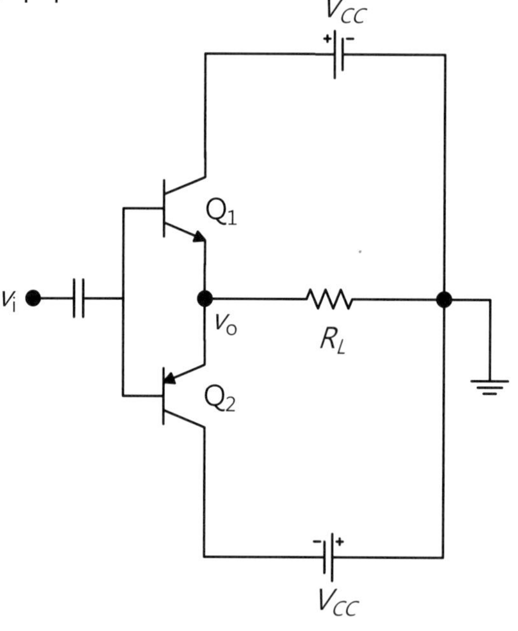

그림 9-7 상보형 푸시풀 증폭기

npn 트랜지스터와 pnp 트랜지스터를 직렬로 연결하여 구성한 증폭기를 상보형 푸시풀 증폭기라고 한다. 이것은 n-채널 E-MOSFET와 p-채널 E-MOSFET를 직렬 연결한 CMOS와 유사하다. 그림 9-7은 두 개의 이미터 팔로워를 사용한 상보형 푸시풀 증폭기이다. 양의 입력신호는 Q_1을 도통시켜 R_L에 양의 신호를 출력하고 음의 입력신호는 Q_2를 도통시켜 R_L에 음의 신호를 출력한다. 푸시풀 증폭기는 Q_1과 Q_2의 교대 동작에 의해 입력신호의 전주기가 증폭된다. 두 개의 트랜지스터가 반주기씩 교대로 동작하기 때문에 푸시풀 증폭기의 각 트랜지스터가 소비하는 전력은 A급 증폭기의 트랜지스터에 비해 반 정도로 감소한다. 이것이 푸시풀 증폭기의 효율이 A급 증폭기에 비해 높은 이유이다.

BJT의 경우, $V_{BE} \geq 0.7\ [V]$가 되어야 전류가 흐른다. 그림 9-7처럼 베이스에 직류전압이 인가되지 않은 상태에서 전류가 흐르려면 입력신호의 크기가 $0.7\ [V]$ 이상 되어야 한다. 따라서 $-0.7\ [V] \leq$

$v_i \leq 0.7\ [V]$에서는 Q_1 및 Q_2 모두 차단상태가 되어 출력이 0이 되는 교차 왜곡crossover distortion이 나타난다. 교차 왜곡을 제거하려면, 입력신호가 인가되지 않을 때에도 두 트랜지스터가 작동하도록 바이어스해야 한다.

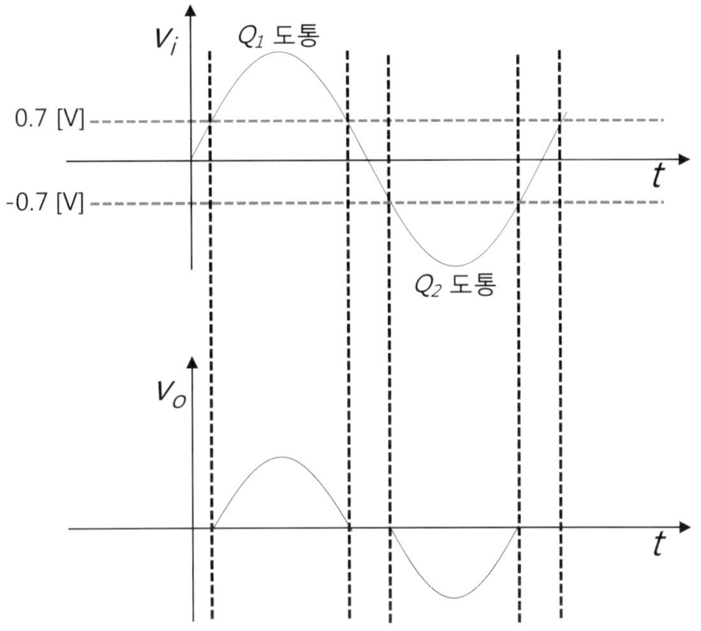

그림 9-8 상보형 푸시풀 증폭기의 교차 왜곡

예제 9-2

아래 B급 증폭기의 효율은 얼마인가? 그리고 각 트랜지스터에서 소모되는 전력은 얼마인가?

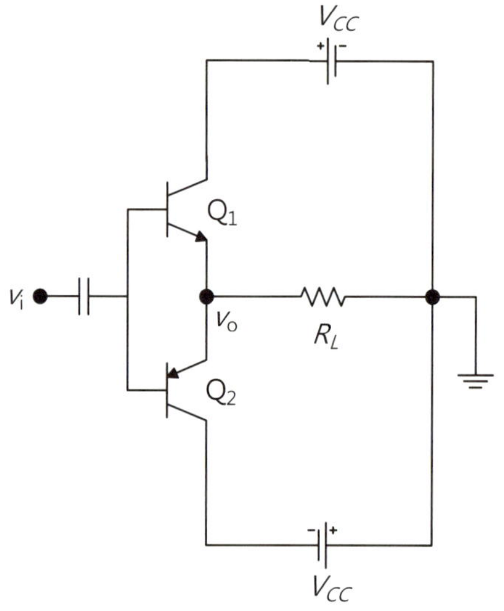

$V_{CC} = 20\ [V]$
$R_L = 5\ [\Omega]$
$v_i = 10\sin(\omega t)\ [V]$

풀이

이미터 팔로워의 $A_v \cong 1$ 이므로 $v_{L(peak)} = 10\ [V]$가 되고,

부하의 출력전력 $P_0 = \dfrac{v_{L(peak)}^2}{2R_L} = 10\ [W]$이다.

부하의 피크전류 $I_{L(peak)} = \dfrac{V_{L(peak)}}{R_L} = 2\ [A]$이므로 전원에서 공급되는 전류는

$I_{dc} = \dfrac{2I_{L(peak)}}{\pi} = 1.27\ [A]$이다. 따라서 전원의 공급전력 $P_i(dc) = V_{CC}I_{dc} = 25.48\ [W]$가

된다. $\quad \therefore \%\eta = \dfrac{P_o}{P_i} \times 100[\%] = 39.2[\%]$

각 트랜지스터에 소모되는 전력은 아래와 같이 구할 수 있다.

$P_i = P_o + 2P_Q$ 여기서 P_Q는 하나의 트랜지스터에 소모되는 전력이다.

$\therefore P_Q = \dfrac{P_i - P_o}{2} = 7.74\ [W]$

(3) AB급 푸시풀 증폭기

B급 푸시풀 증폭기는 $v_i \geq V_{BE}$인 경우에만 출력을 생산한다. B급 푸시풀 증폭기를 AB급 증폭기로 동작하게 하려면 입력신호가 없을 때에도 일정한 바이어스 전류를 흐르게 하여 교차 왜곡을 제거해야 한다. 그림 9-9는 전류 미러를 이용하여 교차 왜곡을 제거한 푸시풀 증폭기이다.

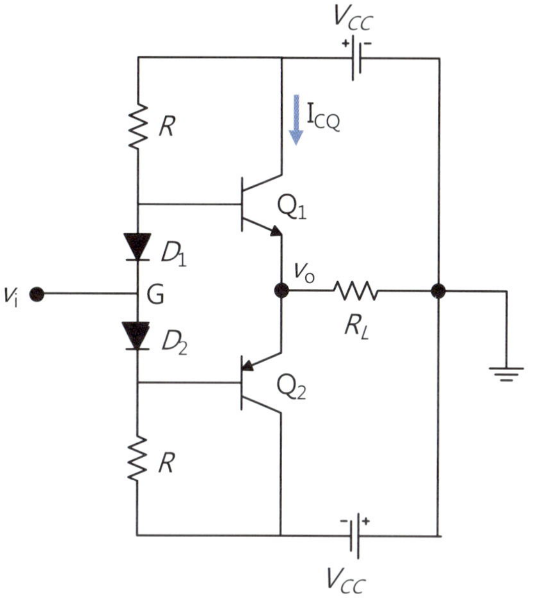

그림 9-9 상보형 푸시풀 증폭기의 교차 왜곡 제거

만약 D_1과 D_2의 특성이 동일하다면, G점의 전위는 $0\ [V]$가 된다. 따라서 D_1에 흐르는 전류는

$$I_R \cong I_{D1} = \frac{V_{CC} - 0.7}{R}\ [A] \tag{9-8}$$

D_1 그리고 Q_1의 베이스-이미터가 동일한 특성을 갖고 있다면, 그림 9-9는 일종의 전류 미러가 되어 $I_{CQ} = I_{D1}$이 된다. 이것은 I_{CQ}가 v_i의 크기에 상관없이 V_{CC}에 의해 항상 흐른다는 것을 뜻한다. 즉, Q_1과 Q_2는 $v_i = 0$인 상태에서도 바이어스 전류가 흐르는 단락상태가 된다. 따라서 그림 9-9에서는 $|v_i| \leq 0.7\ [V]$의 신호까지도 출력으로 전달되어 교차왜곡이 없어진다. 반도체 소자는 온

도에 극히 민감하다. 따라서 전류 미러를 구성하는 다이오드와 트랜지스터는 항상 같은 온도를 유지해야 한다.

예제 9-3

그림 9-9 푸시풀 증폭기의 ① 직류 입력전력 ② 최대 출력 ③ 최대 효율을 구하라.

풀이

① $P_{DC} = I_{CC}V_{CC}$

각 트랜지스터에는 반주기 동안 전류가 흐르므로

$I_{CC} = \frac{I_{C(peak)}}{\pi} = \frac{I_{C(sat)}}{\pi}$, 트랜지스터에 흐르는 피크전류는 포화 전류 $I_{C(sat)}$ 이다.

② $P_{o(\max)} = (\max)i_o v_o$

i_o 의 피크값은 $I_{C(sat)}$ 이고 v_o 의 피크값은 $\frac{V_{CC}}{2}$ 이다.

교류전류 및 전압은 실효치(rms)로 표시해야 하므로

$$i_o = \frac{I_{C(sat)}}{\sqrt{2}},\quad v_o = \frac{V_{CC}}{2\sqrt{2}}$$

$$\therefore P_{o(\max)} = \frac{I_{C(sat)}V_{CC}}{4}$$

③ $\eta = \frac{P_{o(\max)}}{P_{DC}} \times 100[\%] = \frac{I_{C(sat)}V_{CC}}{4\frac{I_{C(sat)}V_{CC}}{\pi}} \cong 79[\%]$

9-3 C급 증폭기

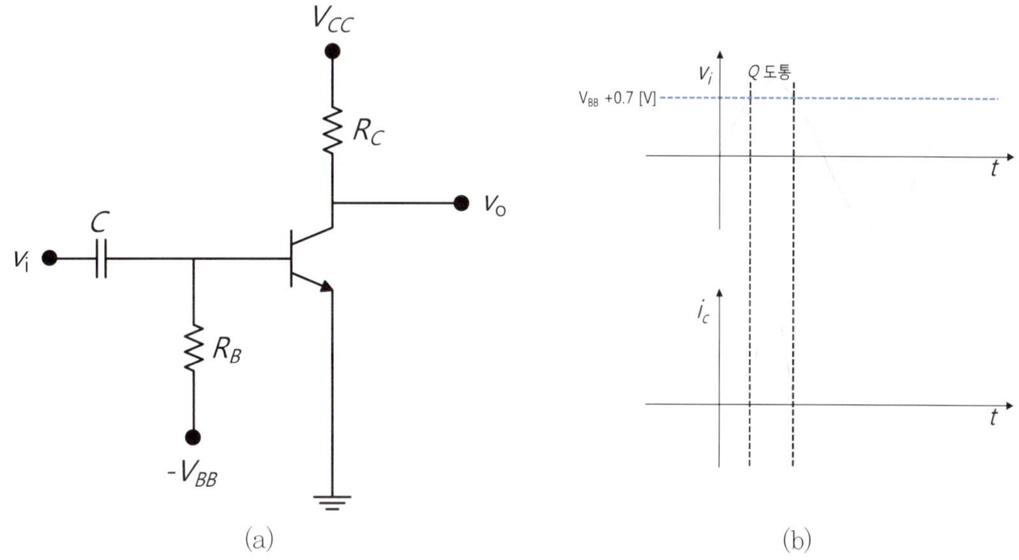

그림 9-10 (a) C급 증폭기 회로 및 (b) 출력전류 파형

C급 증폭기는 도통 각이 180° 미만이 되도록 바이어스되어 있다. C급 증폭기는 A급이나 B급 증폭기에 비해 높은 효율을 나타내지만 출력신호가 입력신호에 선형 비례하여 증폭되지 않는다. 따라서 C급 증폭기는 선형 증폭이 중요하지 않는 고주파회로에 주로 사용된다. 그림 9-10에 C급 증폭기의 한 예를 나타내었다. npn 트랜지스터의 베이스에 $-V_{BB}$가 인가되어 있다. 따라서 베이스-이미터 접합은 역방향 바이어스를 유지하고 있으며, 트랜지스터가 도통하여 콜렉터 전류가 흐르려면 $v_i \geq V_{BB} + 0.7\ [V]$가 되어야 한다. C급 증폭기의 트랜지스터는 입력신호의 일부 구간에서만 도통되므로 전력손실이 적다. 그림 9-11에 C급 증폭기의 입력 및 출력파형을 나타내었다. 출력신호를 펄스로 가정하고 트랜지스터의 전력손실을 구한다. 트랜지스터의 도통 구간(t_{on})에서 펄스 전류는 $I_{C(sat)}$이고 펄스 전압은 $V_{CE(sat)}$이다. 따라서 전체 주기(T)에서의 평균 전력손실은

$$P_D = \frac{t_{on}}{T} I_{C(sat)} V_{CE(sat)} \tag{9-9}$$

이다.

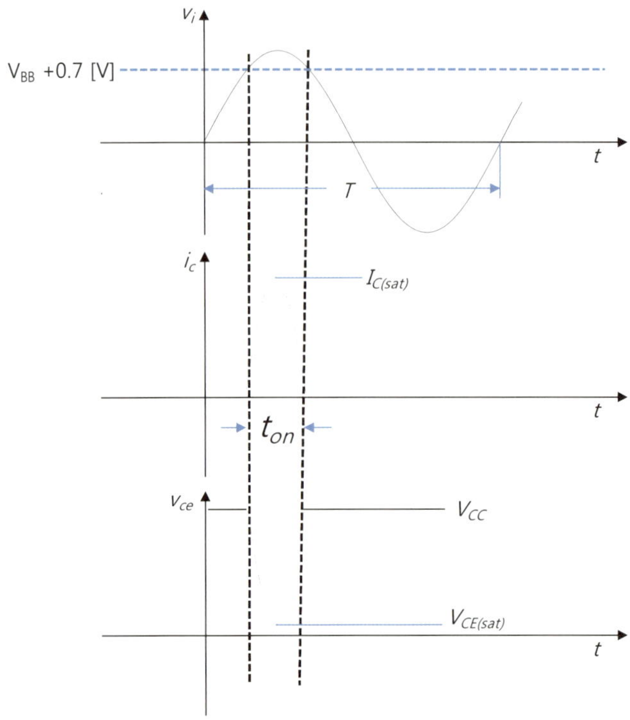

그림 9-11 C급 증폭기의 입력 및 출력파형

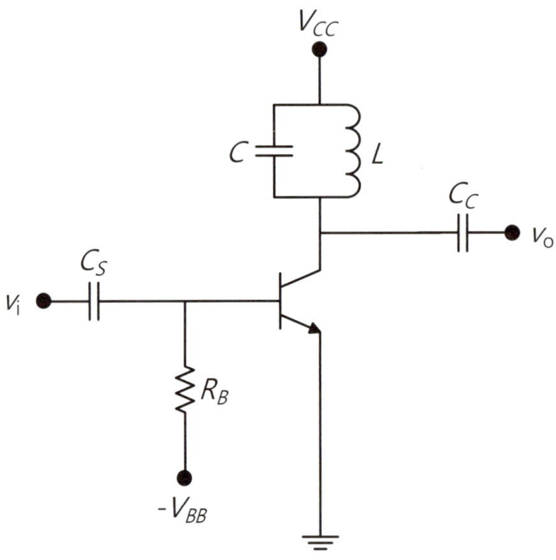

그림 9-12 공진회로를 갖는 C급 증폭기

C급 증폭기는 주로 그림 9-12와 같이 병렬공진회로를 출력단에 연결하여 사용한다탱크회로. 그림 9-12에서 t_{on} 동안 커패시터 C가 펄스 전류에 의해 $v_c = +V_{CC}$ 까지 충전된다. 그리고 트랜지스터가 차단되는 동안에는 커패시터가 $V_C = 0\ [V]$ 로 방전된다. 이때 방전되는 전류에 의해 인덕터 L은 C와 반대 극성으로 충전되고 충전된 L은 커패시터를 다시 $v_C = -V_{CC}$ 로 충전한다. 따라서 증폭기에는 커패시터의 반복되는 충전•방전에 의해 $f = \dfrac{1}{2\pi\sqrt{LC}}$ 의 정현파가 출력된다. 탱크회로의 최대 피크-피크 전압은 $2V_{CC}$ 이므로 증폭기의 최대 출력은 $P_{o(\max)} = \dfrac{V_{CC}^2}{2R_C}$ 이다. 그리고 증폭기의 총 공급전력은 $P_{total} = P_o + P_D$ 이므로 탱크회로의 최대 효율은

$$\eta_{\max} = \frac{P_{o(\max)}}{P_{o(\max)} + P_D} \qquad (9\text{-}10)$$

가 된다.

예제 9-4

아래와 같은 C급 증폭기의 최대 효율을 구하라.

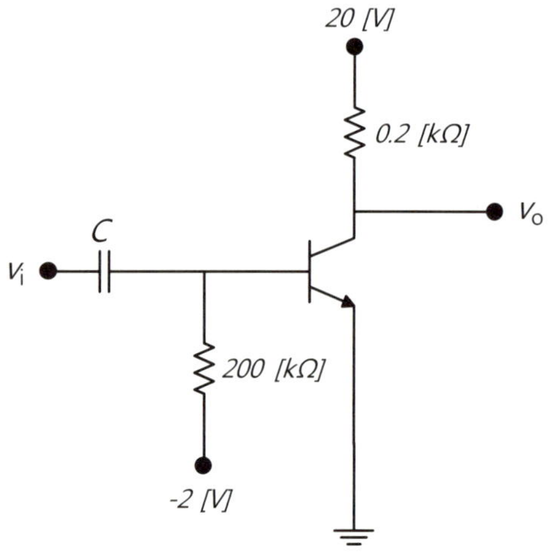

$t_{on} = 2\ [\mu s]$, $T = 10\ [\mu s]$

풀이

트랜지스터가 포화상태에 들어가면 $V_{CE(sat)} \cong 0.1\ [V]$이고

$$I_{C(sat)} = \frac{(20-0.1)\ [V]}{0.2\ [k\Omega]} = 99.5\ [mA]$$ 이다.

따라서 증폭기의 평균 전력손실은

$$P_D = \frac{t_{on}}{T} I_{C(sat)} V_{CE(sat)} = \frac{2}{10} \times 99.5 \times 0.1\ [mW] = 1.99\ [mW]$$ 이다.

여기서 증폭기의 최대 출력은 $P_{o(\max)} = \dfrac{V_{CC}^2}{2R_C} = 1.0\ [W]$이므로

증폭기의 최대 효율은 $\%\eta_{\max} = \dfrac{P_{o(\max)}}{P_{o(\max)} + P_D} \times 100 = 99.8[\%]$가 된다.

제10장

주파수 응답

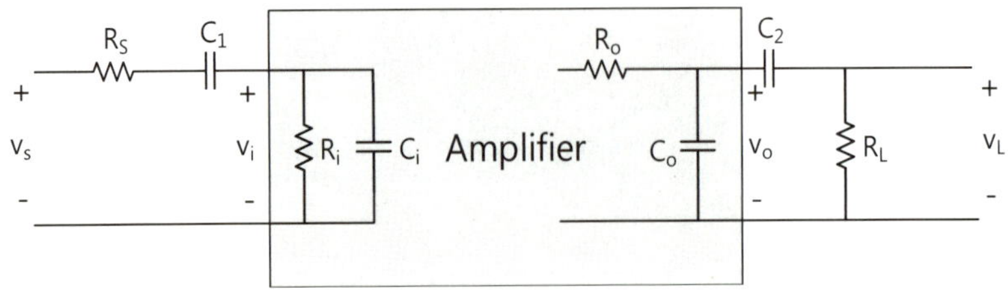

그림 10-1 증폭기의 입력 및 출력단

그림 10-1에서 볼 수 있듯이 입력장치microphone, 마이크에서 생성된 전기신호 v_s 는 결합 커패시터(C_1), 입력장치의 내부저항(R_S) 및 입력 임피던스에 나누어져 인가된다. 입력신호의 주파수가 낮아지면 C_1 의 전압이 증가하고 따라서 증폭기의 실질적인 입력 값인 v_i 는 감소한다. 그리고 입력신호의 주파수가 높은 경우에는 C_i 의 리액턴스가 감소하여 이것 역시 증폭기의 실질적인 입력 값인 v_i 를 감소시킨다. 마찬가지 이유로 출력장치loudspeaker, 스피커에 전달되는 부하전압 v_L 도 증폭기의 출력전압 v_o 가 아니라 출력신호의 주파수에 비례 또는 반비례하여 감소된 v_o 가 전달된다. 이 장에서는 입력신호의 주파수에 따른 증폭기의 출력 특성을 저주파대와 고주파대로 나누어 설명한다.

10-1 데시벨 및 보드 선도

(1) 데시벨

데시벨dB은 두 물리량의 크기를 비교하기 위하여 그 비ratio를 상용로그common logarithm로 나타낸 값이다. 증폭기에서 전력이득($A_{p(dB)}$) 및 전압이득($A_{v(dB)}$)은 아래와 같이 표현된다.

$$A_{p(dB)} = 10\log_{10}(\frac{P_2}{P_1})\ [dB] \tag{10-1}$$

$$A_{v(dB)} = 20\log_{10}(\frac{V_2}{V_1})\ [dB] \tag{10-2}$$

식 (10–1)과 식 (10–2)에서 비례상수가 다른 이유는 $\frac{P_2}{P_1} \propto (\frac{V_2}{V_1})^2$ 이기 때문이다. 데시벨은 소통의 편리를 위해 계산된 값의 크기를 줄여서 사용하는 일종의 단위로 생각할 수 있다. 최근에 아파트의 층간 소음이 사회 문제가 되면서 소음의 기준으로 데시벨이 언론에서 가끔 언급되고 있다. 데시벨은 음파의 크기를 비교하는 데도 사용된다. 음파의 세기는 압력으로 표현되며, 음파에서 사용하는 데시벨은 다음과 같다.

$$S(dB) = 20\log_{10}(\frac{P}{20\ [\mu Pa]})\ [dB] \qquad (10\text{–}3)$$

식 (10–3)에서 P는 음파의 압력(μPa)이고 $20\ [\mu Pa]$은 인간이 들을 수 있는 최소의 음압이다. 사람들의 일상적인 대화의 레벨이 $60 \sim 70\ [dB]$이고 제트 엔진 소리가 약 $160\ [dB]$ 정도라고 한다.

예제 10–1

① $\frac{P_o}{P_i} = 60\ [dB]$일 때, $\frac{V_o}{V_i}$는 얼마인가? 입력 및 출력저항은 같다고 가정하라.

② $\frac{V_o}{V_i} = 40\ [dB]$인 증폭기의 $V_i = 10\ [mV]$이다. V_o는 얼마인가?

풀이

① $60\ [dB] = 10\log_{10}(\frac{P_o}{P_i}) = 20\log(\frac{V_o}{V_i}),\ \frac{V_o}{V_i} = 10^3 = 1000$

② $40\ [dB] = 20\log_{10}(\frac{V_o}{V_i}),\ \frac{V_o}{V_i} = 100 \qquad \therefore V_o = V_i \times 100 = 1\ [V]$

예제 10-2

증폭기에 저항 5 [Ω]의 스피커를 연결하였다.

① $\frac{P_o}{P_i} = 20\ [dB]$일 때, 20 [$W$]의 출력을 얻으려면 얼마의 입력전력이 필요한가?

② $\frac{V_o}{V_i} = 40\ [dB]$일 때, 30 [$W$]의 출력에 대한 입력전압은 얼마인가?

풀이

① $20\ [dB] = 10\log_{10}(\frac{20}{P_i}),\ \frac{20}{P_i} = 100,\ \therefore P_i = 0.2\ [W]$

② $P_o = \frac{V_o^2}{R_o},\ V_o = \sqrt{P_o R_o} = \sqrt{30 \times 5} = \sqrt{150}\ [V]$

$$40\ [dB] = 20\log_{10}(\frac{V_o}{V_i}) = 20\log_{10}(\frac{\sqrt{150}}{V_i}),\ \frac{\sqrt{150}}{V_i} = 100$$

$$\therefore V_i = \frac{\sqrt{150}}{100}\ [V] = 122.5\ [mV]$$

예제 10-3

전압이득이 각각 20 [dB], 50 [dB] 및 30 [dB]인 증폭기 3대를 종속 접속하였다. 증폭기 3대를 거친 최종 전압이득[$A_{v(dB)} = 20\log(\frac{v_o}{v_i})$]은 얼마인가?

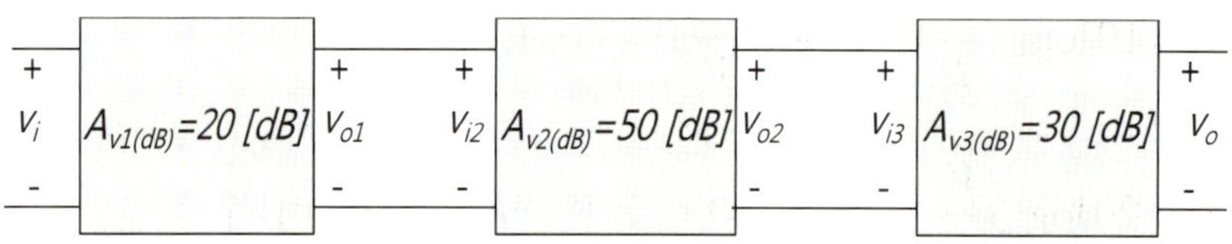

풀이

$$A_v = \frac{v_o}{v_i} = \frac{v_{o1}}{v_i} \times \frac{v_{o2}}{v_{o1}} \times \frac{v_o}{v_{o2}} = \frac{v_{o1}}{v_i} \times \frac{v_{o2}}{v_{i2}} \times \frac{v_o}{v_{i3}} = A_{v1} \times A_{v2} \times A_{v3}$$

$$= A_{v1(dB)} + A_{v2(dB)} + A_{v3(dB)} = 20\ [dB] + 50\ [dB] + 30\ [dB] = 100\ [dB]$$

(2) 보드 선도

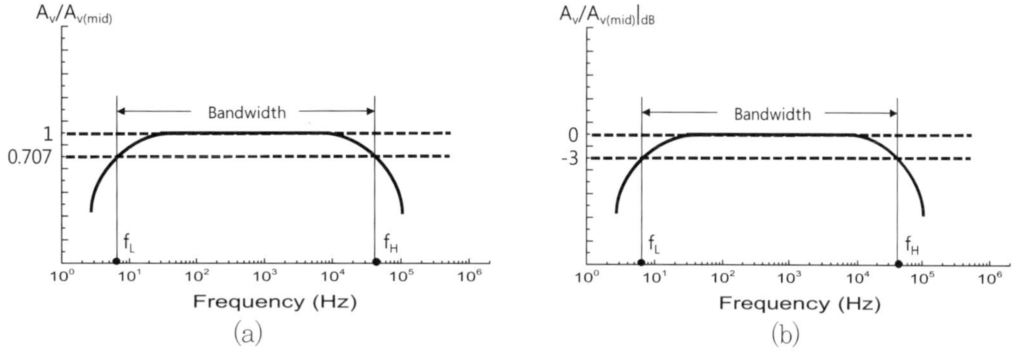

그림 10-2 증폭기의 주파수에 따른: (a) $\frac{A_v}{A_{v(mid)}}$ 및 (b) $\frac{A_v}{A_{v(mid)}}\Big|_{dB}$

전압이득, 입력 임피던스 및 출력 임피던스 등 증폭기의 특성은 신호의 주파수에 따라 달라진다. 주파수와 전압이득의 관계를 나타내기 위해서 x축 및 y축에 각각 로그 및 선형 스케일을 적용하는 세미로그$_{\text{semilog}}$ 그래프가 많이 사용된다.

증폭기에 인가되는 입력신호의 주파수 범위가 매우 넓기 때문에 로그 스케일을 사용해야만 전체 주파수를 x축상에 표현할 수 있다. 로그 그래프에서는 스케일의 간격이 선형이 아니라는 점을 주의해야 한다. 이것은 $\log_{10}2-\log_{10}1$ 의 값과 $\log_{10}3-\log_{10}2$ 의 값이 다르기 때문이다. 그림 10-3에서 보듯이 $\log_{10}1$ 에서 $\log_{10}2$ 의 간격이 $\log_{10}10-\log_{10}1$ 의 약 30[%]를 차지한다.

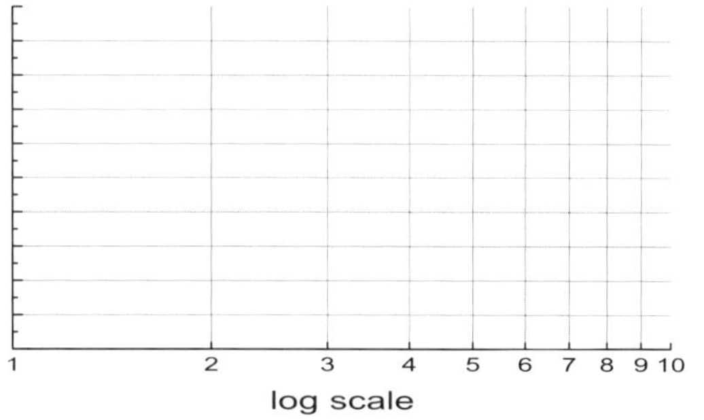

그림 10-3 로그 눈금

전압이득을 나타내는 y축은 A_v, $A_{v(dB)}$ 또는 $\frac{A_v}{A_{v(mid)}}|_{dB}$로 표기한다. 여기서 $A_{v(mid)}$는 특성감쇄가 없는 대역폭bandwidth에서의 전압이득이다. 그림 10-2에 나타나 있듯이 대역폭 구간에서는 전압이득이 최대가 되고 대역폭을 벗어나면 전압이득이 감소한다. 통계에서는 편의를 위해 y축 값을 특정 값으로 나누어 표현하기도 하는데 이것을 규준화normalization라고 한다. 증폭기의 전압이득은 A_v를 $A_{v(mid)}$로 나누어 규준화한 값으로 나타내기도 한다.

증폭기에는 차단주파수가 존재한다. 차단주파수는 출력이 대역폭 출력($P_{o(mid)}$)의 절반으로 감소하는 주파수를 뜻한다. 따라서 차단주파수에서 전력은

$$P_{o(cutoff)} = \frac{P_{o(mid)}}{2} = \frac{[A_{v(mid)}v_i]^2}{2R_o} = \frac{1}{2R_o}[\frac{A_{v(mid)}v_i}{\sqrt{2}}]^2 \quad (10-4)$$

이다. 차단주파수에서는 대역폭에 비해 전압이득이 $\frac{1}{\sqrt{2}}$ 감소한다. 차단주파수를 다시 정의하면, 출력전력이 대역폭의 $\frac{1}{2}$로 감소하는 주파수 또는 전압이득이 대역폭의 $\frac{1}{\sqrt{2}}$로 감소하는 주파수이다. 전압이득에서 $\frac{1}{\sqrt{2}}$ 감소란 $3\ [dB]$ 감소를 의미한다. 증폭기의 차단주파수를 정의할 때 오히려 $-3\ [dB]$를 더 많이 사용한다. 증폭기에는 저주파(f_L) 및 고주파(f_H) 차단주파수가 존재하고 두 주파수의 차이를 대역폭이라고 한다.

$$Bandwidth(BW) = f_H - f_L \cong f_H \quad (10-5)$$

앞의 6-2에서 보았듯이 공통 이미터 증폭기의 출력은 입력신호가 반전되어 나타난다. 즉, 출력전압의 위상phase이 입력보다 180° 앞선다lead. 그러나 입력신호의 주파수가 대역폭을 벗어나면 입력전압과 출력전압의 위상차에 변화가 생긴다. 저주파 영역에서는 출력전압이 입력전압보다 180° 이상 앞서지만, 고주파 영역에서는 위상차가 180° 이하로 줄어든다. 자세한 내용은 다음 절에서 설명한다.

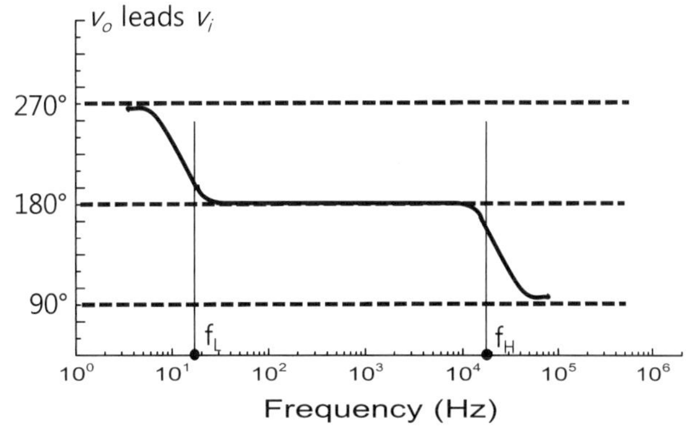

그림 10-4 주파수에 따른 입력전압과 출력전압의 위상차 변화

증폭기의 주파수에 따른 전압이득의 변화를 수월하게 나타내기 위하여 구간별 직선을 연결하는 보드 선도Bode plot를 사용한다. 보드 선도를 그리는 방법은 아래와 같다.

① 세미로그 그래프에 차단주파수 f_L 및 f_H 를 표시한다.

② 대역폭(f_L ~ f_H)의 전압이득은 $A_{v(mid)}$ 로 간주한다.

③ 차단주파수 이후의 전압이득은 $\pm 6\ [dB/octave]$ 또는 $\pm 20\ [dB/decade]$ 의 기울기로 감소시킨다.

위에서 $octave$ 는 주파수 2배, 그리고 $decade$ 는 주파수 10배를 의미한다. 다음에는 RC 결합 회로를 통해 보드 선도를 설명한다.

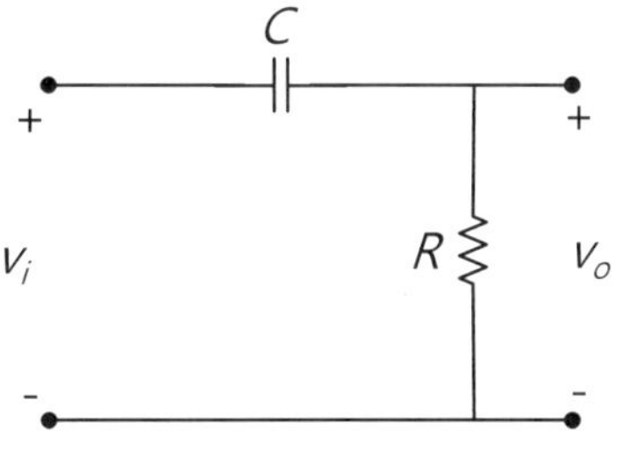

그림 10-5 저주파 차단 RC 결합회로

그림 10-5에서 v_i 의 주파수가 높으면 커패시터의 리액턴스가 낮아져서 대부분의 v_i 가 커패시터를 통과하여 v_o 로 전달된다. 그러나 v_i 의 주파수가 낮아지면 커패시터의 리액턴스가 증가하여 v_i

의 대부분이 커패시터에 걸리고 출력으로 전달되지 않는다. 따라서 출력단에 저항 R이 연결되어 있는 RC 결합회로는 저주파 차단 필터 또는 고주파 통과 필터high-pass filter라고 불린다. 그림 10-5의 RC 결합회로에서 $\overline{v_o}$ 는

$$\overline{v_o} = \overline{v_i}\left(\frac{R}{R - \frac{j}{\omega C}}\right) \tag{10-6}$$

$$v_o = v_i \frac{R}{\sqrt{R^2 + \left(\frac{1}{\omega C}\right)^2}} \tag{10-7}$$

이다. 만약 $R = \frac{1}{\omega C}$ 이라면,

$$v_o = v_i \frac{R}{\sqrt{R^2 + R^2}} = \frac{v_i}{\sqrt{2}} \tag{10-8}$$

$$A_v = \frac{v_o}{v_i} = \frac{1}{\sqrt{2}} = 0.707 = -3\ [dB] \tag{10-9}$$

이다. 따라서 $R = \frac{1}{\omega C}$ 을 만족하는 입력신호의 주파수가 저주파 차단주파수(f_L) 이다. 식 $R = \frac{1}{2\pi f_L C}$ 에서 저주파 차단주파수를 구하면 $f_L = \frac{1}{2\pi RC}$ 이 된다. 입력과 출력신호의 위상차를 확인하기 위하여 복소수 전압이득 $\overline{A_v}$ 를 f_L 을 사용하여 구한다.

$$\overline{A_v} = \frac{\overline{v_o}}{\overline{v_i}} = \frac{R}{R - \frac{j}{\omega C}} = \frac{1}{1 - \frac{j}{\omega RC}} = \frac{1}{1 - j\frac{f_L}{f}} \tag{10-10}$$

$$\overline{A_v} = \frac{1}{\sqrt{1+(\frac{f_L}{f})^2}} \angle \tan^{-1}(\frac{f_L}{f}) \tag{10-11}$$

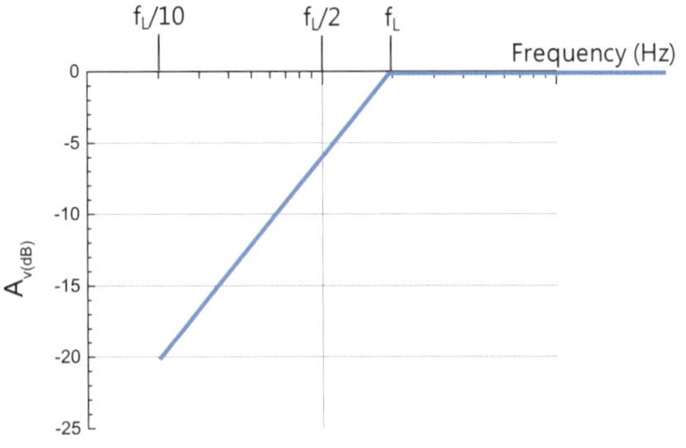

그림 10-6 저주파 영역의 보드 선도

전압이득의 크기와 위상을 데시벨로 변환한 다음 세미로그 그래프에 그려 본다.

$$A_{v(dB)} = 20\log_{10}\frac{1}{\sqrt{1+(\frac{f_L}{f})^2}} = -10\log_{10}[1+(\frac{f_L}{f})^2] \tag{10-12}$$

$f \ll f_L$ 영역에서는

$$A_{v(dB)} \cong -10\log_{10}(\frac{f_L}{f})^2 \cong -20\log_{10}\frac{f_L}{f} \tag{10-13}$$

식 (10–13)에서 $A_{v(dB)}$를 구하면, $f = f_L$에서 $0\ [dB]$, $f = \frac{f_L}{2}$에서 $-6\ [dB]$ 그리고 $f = \frac{f_L}{10}$에서 $-20\ [dB]$이다. 즉, 식 (10–13)은 기울기가 $6\ [dB/octave]$ 또는 $20\ [dB/decade]$인 직선 그래프이다. 이렇게 주파수에 따른 전압이득의 변화를 근사적으로 나타낸 것을 보드 선도라고 한다.

입력신호와 출력신호의 위상차는 $f = f_L$ 일 때는 $\theta = \tan^{-1}(\frac{f_L}{f_L}) = 45°$ 이고 $f \ll f_L$ 영역에서는 $\theta = \tan^{-1}(\frac{f_L}{f}) \cong 90°$ 가 된다. 그리고 $f \gg f_L$ 영역에서는 $\theta \cong 0°$ 에 접근한다. 반전 증폭기에서 나타나는 입력신호와 출력신호의 위상차 180 °를 고려하면, 증폭기의 주파수에 따른 위상 응답은 그림 10-4와 같아진다.

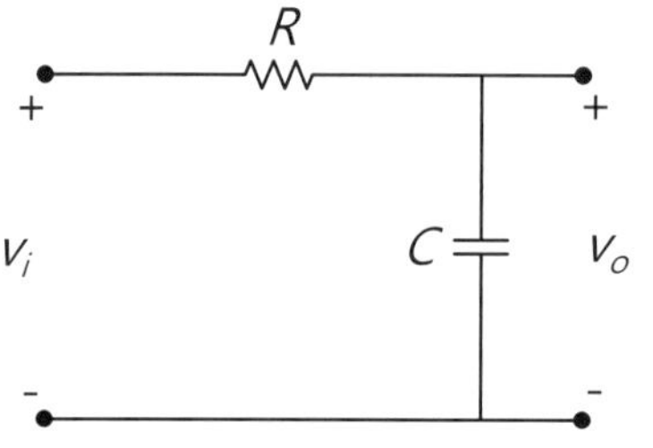

그림 10-7 고주파 차단 RC 결합회로

그림 10-7은 고주파 차단 필터 또는 저주파 통과 필터low-pass filter이다. 저주파 신호에는 커패시터의 리액턴스가 커서 입력전압이 출력전압으로 나타나지만, 고주파 신호에 대해서는 커패시터의 리액턴스가 낮아져 입력전압이 출력단으로 전달되지 않는다. 그림 10-7의 RC 결합회로에서 $\overline{v_o}$ 는

$$\overline{v_o} = \overline{v_i}(\frac{-\frac{j}{\omega C}}{R - \frac{j}{\omega C}}) \tag{10-14}$$

$$A_v = \frac{v_o}{v_i} = \frac{\frac{1}{\omega C}}{\sqrt{R^2 + (\frac{1}{\omega C})^2}} \tag{10-15}$$

이다. 만약 $R = \frac{1}{\omega C}$ 이라면, $A_v = \frac{v_o}{v_i} = \frac{1}{\sqrt{2}} = 0.707 = -3\ [dB]$ 가 되어 $f_H = \frac{1}{2\pi RC}$ 의 고주파 차단주파수가 얻어진다. 복소수 전압이득 $\overline{A_v}$ 를 f_H 를 사용하여 구하면,

$$\overline{A_v} = \frac{\overline{v_o}}{\overline{v_i}} = \frac{-j\frac{1}{\omega C}}{R - \frac{j}{\omega C}} = \frac{1}{1 + j\omega RC} = \frac{1}{1 + j(\frac{f}{f_H})} \tag{10-16}$$

$$\overline{A_v} = \frac{1}{\sqrt{1+(\frac{f}{f_H})^2}} \angle \tan^{-1}(-\frac{f}{f_H}) \tag{10-17}$$

다음에는 전압이득의 주파수 응답을 근사적으로 그려 본다.

$$A_{c(dB)} = 20\log_{10}\frac{1}{\sqrt{1+(\frac{f}{f_H})^2}} = -10\log_{10}(1+\frac{f}{f_H})^2 \tag{10-18}$$

$f \gg f_H$ 영역에서는

$$A_{v(dB)} \cong -10\log_{10}(\frac{f}{f_H})^2 \cong -20\log_{10}\frac{f}{f_H} \tag{10-19}$$

$A_{v(dB)}$는 $f = f_H$에서 $0\ [dB]$, $f = 2f_H$에서 $-6\ [dB]$ 그리고 $f = 10f_H$에서 $-20\ [dB]$이다. 저주파 차단회로와 유사하게 고주파 차단회로의 주파수 응답 역시 $f \gg f_H$ 영역에서는 기울기 $-6\ [dB/octave]$ 또는 $-20\ [dB/decade]$로 감소하는 직선 그래프의 특성을 보인다. 그림 10-8에 고주파 영역의 주파수 응답을 보드 선도로 나타내었다.

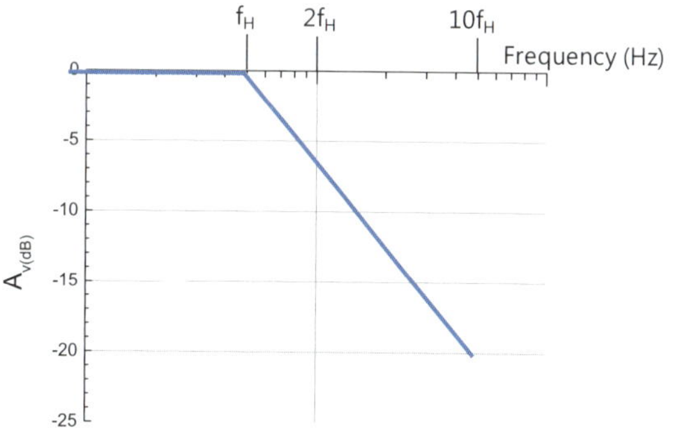

그림 10-8 고주파 영역의 보드 선도

입력신호와 출력신호의 위상차는 $f = f_H$ 일 때는 $\theta = \tan^{-1}(-\frac{f_H}{f_H}) = -45°$ 이고 $f \ll f_H$ 영역에서는 $\theta = \tan^{-1}(-\frac{f_H}{f_H}) \cong 0°$ 가 된다. 그리고 $f \gg f_H$ 영역에서는 $\theta \cong -90°$ 으로 접근한다. 반전 증폭기에서 나타나는 입력신호와 출력신호의 위상차 인 180°를 더하면, 고주파 영역에서 증폭기의 위상 응답은 그림 10-4와 같다.

10-2 저주파 응답

(1) BJT

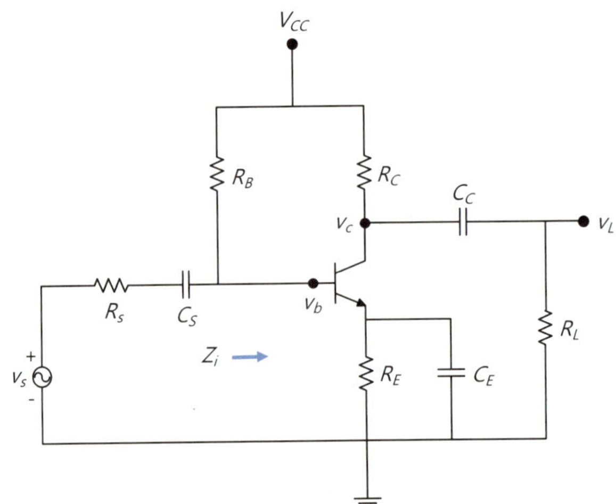

그림 10-9 이미터 바이어스 회로

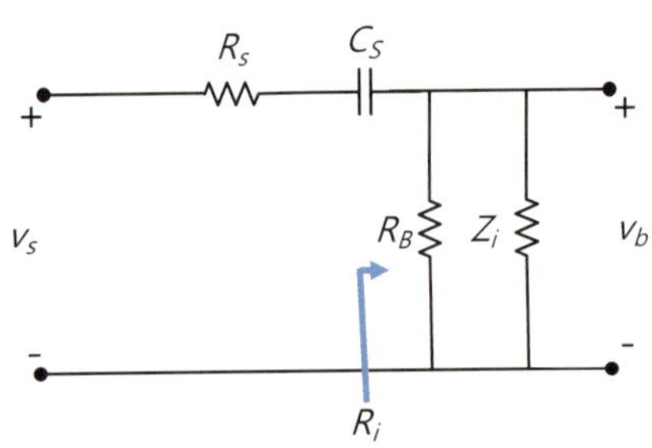

그림 10-10 입력단의 등가회로

이미터 바이어스 회로의 저주파 특성을 악화시키는 요인으로는 결합 커패시터(C_S, C_C) 및 바이패스 커패시터(C_E)가 있다. 먼저 C_S에 의한 저주파 차단주파수를 구해 보자.

그림 10-9에서 증폭기의 입력단은 트랜지스터의 베이스이다. 그런데 베이스에는 입력장치에서 생산된 v_s가 그대로 전달되지 않고 C_S, R_s 및 R_i에 의해 분배되어 걸린다. 여기서 $R_i = R_B // Z_i$이다. 따라서 저주파 영역에서는 C_S의 리액턴스가 커져서 v_s의 일부를 잠식하게 된다. 그림 10-10으로부터 v_b를 구하면,

$$\overline{v_b} = \overline{v_s}\frac{Z_i}{R_s + Z_i - jX_{CS}} \tag{10-20}$$

$$v_b = v_s\frac{Z_i}{\sqrt{(R_s + Z_i)^2 - X_{CS}^2}} \tag{10-21}$$

$$v_b \mid_{X_{CS}=0} = v_s\frac{Z_i}{(R_s + Z_i)} \tag{10-22}$$

이다. 식 (10-21)에서 $X_{CS} = \dfrac{1}{2\pi fC_S} = (R_s + Z_i)$가 되면 $v_b = \dfrac{v_b \mid_{X_{CS}=0}}{\sqrt{2}}$로 감소하고 이때의 주파수가 저주파 차단주파수이다. 그러므로 C_S에 의한 저주파 차단주파수는

$$f_{LS} = \frac{1}{2\pi(Z_i + R_s)C_S} \tag{10-23}$$

$$Z_i = \beta r_e \tag{10-24}$$

이다.

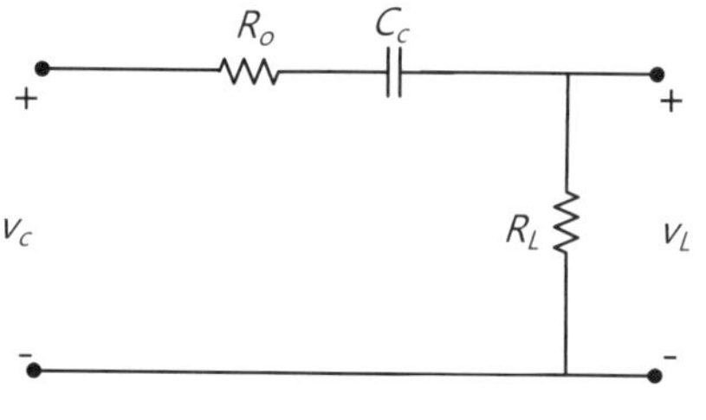

그림 10-11 출력단의 등가회로

다음에는 C_C 에 의한 저주파 차단주파수를 구해 보자. 트랜지스터에 의해 증폭된 컬렉터 전압 v_c 는 C_C 를 거쳐서 부하로 전달된다. 따라서 저주파 신호의 일부는 C_C 에 의해 차단되어 부하로 전달되지 않는다. 그림 10-11에서 $\frac{v_L}{v_c}$ 을 구하면,

$$\overline{A_v} = \frac{\overline{v_L}}{\overline{v_c}} = \overline{v_c}\frac{R_L}{(R_o + R_L) - jX_C} \tag{10-25}$$

$$A_v = \frac{R_L}{\sqrt{(R_o + R_L)^2 - X_C^2}} \tag{10-26}$$

이다. 식 (10-23)에서 $X_C = 0$ 이면 $A_v = \frac{R_L}{(R_o + R_L)}$ 이고, $X_C = (R_o + R_L)$ 의 조건에서는 $A_v = \frac{1}{\sqrt{2}}[\frac{R_L}{(R_o + R_L)}]$ 이 된다. 따라서 $\frac{1}{2\pi f C_C} = (R_o + R_L)$ 로부터 C_C 에 의한 저주파 차단주파수를 구할 수 있으며 그 결과는

$$f_{LC} = \frac{1}{2\pi(R_o + R_L)C_C} \tag{10-27}$$

이다. 여기서 $R_o = R_C // r_o$ 이다. 마지막으로 바이패스 커패시터 C_E 에 의한 저주파 차단주파수를 구한다. C_E 에서 들여다본 테브난 등가저항은 아래와 같이 구할 수 있다.

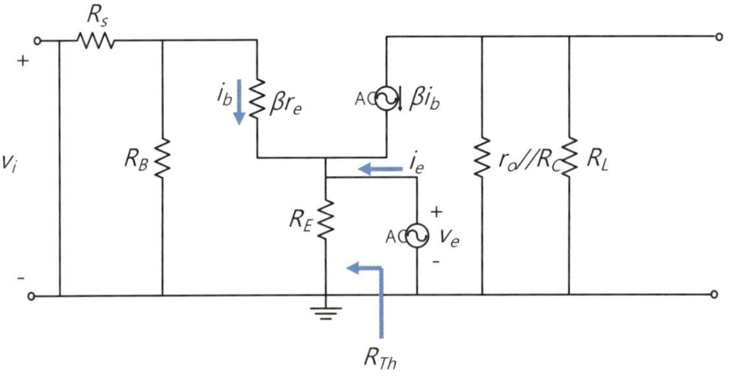

그림 10-12 C_E 양단의 테브난 저항 계산

$$i_e = -(1+\beta)i_b + \frac{v_e}{R_E} \cong -\beta i_b + \frac{v_e}{R_E} \tag{10-28}$$

$$i_b = -\frac{v_e}{\beta r_e + R_S // R_B} \tag{10-29}$$

$$R_{Th} = \frac{v_e}{i_e} = \left(\frac{1}{r_e + \frac{R_S // R_B}{\beta}} + \frac{1}{R_E}\right)^{-1} = R_E // \left(r_e + \frac{R_S // R_B}{\beta}\right) \tag{10-30}$$

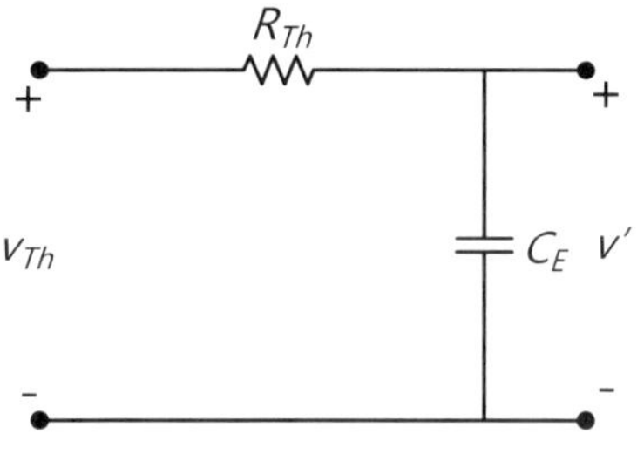

그림 10-13 C_E 양단에서 그린 테브난 등가회로

그림 10-13은 저주파 통과회로이나 여기서는 앞의 경우와는 다르게 해석해야 한다. 이미터 저항에 의한 이미터 바이어스 회로의 전압이득 감소를 방지하려면 C_E 양단의 전압 $v' \cong 0$ 이 되어야 한다. 그러나 신호의 주파수가 낮아지면 C_E 에 인가되는 전압이 증가하면서 증폭기의 전압이득이 감소한다. 따라서 전압이득이 $\frac{1}{\sqrt{2}}$ 로 감소하는 저주파 차단주파수가 C_E 에 의해서도 발생한다. C_E 에 의한 저주파 차단주파수는

$$f_{LE} = \frac{1}{2\pi R_{Th} C_E} \tag{10-31}$$

이다.

예제 10-4

그림 10-9 회로의 파라미터들이 아래와 같다. 저주파 차단주파수들을 구하고 보드 선도에 주파수 응답특성을 나타내어라.

$$V_{CC} = 30\ [V],\ \beta = 100,\ r_o = \infty$$

$$R_B = 300\ [k\Omega],\ R_C = 2\ [k\Omega],\ R_s = 0.5\ [k\Omega],\ R_E = 1\ [k\Omega],\ R_L = 3\ [k\Omega]$$

$$C_S = 15\ [\mu F],\ C_C = 1\ [\mu F],\ C_E = 30\ [\mu F]$$

풀이

먼저 r_e를 구한다.

$$I_E = \frac{30 - 0.7}{R_E + \frac{R_B}{\beta}} = 7.33\ [mA],\ r_e = \frac{26\ [mA]}{7.33\ [mA]} = 3.55\ [\Omega]$$

대역폭에서의 전압이득 $A_{v(mid)} = -\frac{R_C // R_L}{re} = -338$ 이다.

$$f_{LS} = \frac{1}{2\pi(R_S + R_i)C_S} = 12.4\ [Hz],\ f_{LC} = \frac{1}{2\pi(R_S + R_L)C_C} = 31.8\ [Hz]$$

$$f_{LE} = \frac{1}{2\pi R_{Th} C_E} = 626\ [Hz],\ R_{TH} = R_E // (r_e + \frac{R_S // R_B}{\beta}) = 1\ [k\Omega] // 8.55\ [\Omega] = 8.48\ [\Omega]$$

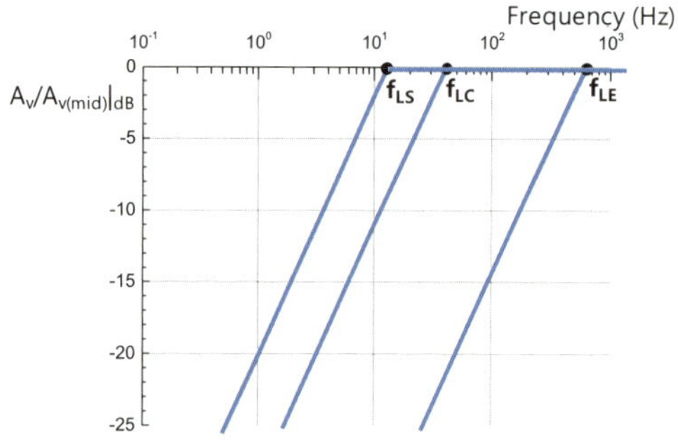

따라서 f_{LS}, f_{LC}, f_{LE} 중 가장 큰 $f_{LE} = 448\ [Hz]$가 위 증폭기의 저주파 차단주파수이다. 이것은 f_{LE} 부터 증폭기의 전압이득이 급격히 감소하기 때문이다.

(2) FET

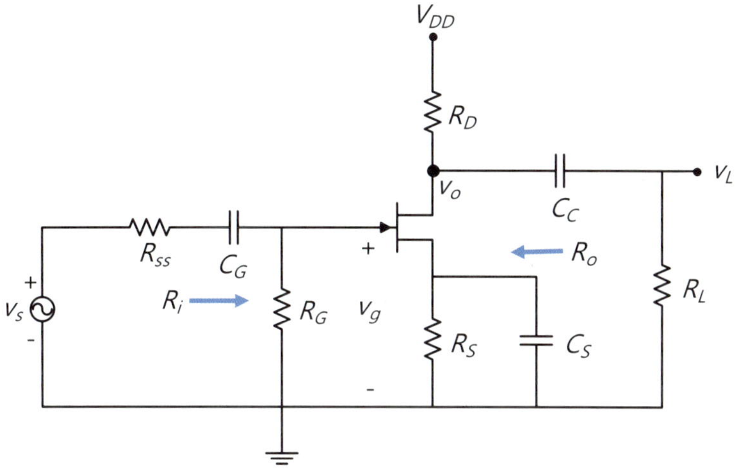

그림 10-14 FET 자기 바이어스 회로

8장에서 FET의 교류동작을 해석할 때 결합 커패시터와 바이패스 커패시터를 단락으로 간주하였다. 그러나 입력신호의 주파수가 낮아지면 증가한 커패시터들의 리액턴스 때문에 더 이상 결합 커패시터와 바이패스 커패시터를 단락으로 볼 수 없다. 그림 10-14의 FET 자기 바이어스 회로에서 C_G, C_C 및 C_S는 저주파에서 전압이득이 감소하는 원인이 된다. 먼저 C_G에 의한 저주파 차단주파수를 구한다.

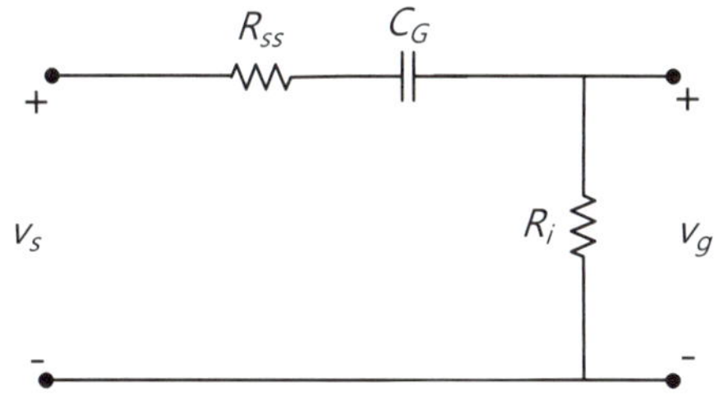

그림 10-15 입력단 등가회로

그림 10-15에서 v_s는 R_{ss}, C_G 및 R_i에 의해 분압되어 FET의 게이트로 전달된다. 따라서 C_G의 리액턴스가 증가하면 v_g가 감소하여 증폭기의 실질적인 전압이득이 감소한다. 저주파 차단주파수 즉, $v_g = \dfrac{v_g|_{X_c=0}}{\sqrt{2}}$가 되는 주파수를 구하면 아래와 같다.

$$\overline{v_g} = \overline{v_s}\frac{R_i}{(R_{ss}+R_i)-jX_c} \tag{10-32}$$

$$v_g = v_s\frac{R_i}{\sqrt{(R_{ss}+R_i)^2-X_c^2}} \tag{10-33}$$

$$v_g\,|_{X_c=0} = v_s\frac{R_i}{(R_{ss}+R_i)} \tag{10-34}$$

식 (10–30)에서 $X_c = \frac{1}{2\pi f C_G} = R_{ss} + R_i$ 조건이 만족되면 $v_g = \frac{v_g\,|_{X_c=0}}{\sqrt{2}}$ 이 된다. 따라서 C_G 에 의한 저주파 차단주파수는

$$f_{LG} = \frac{1}{2\pi f C_G} \tag{10-35}$$

이다. 여기서 $R_i = R_G$ 이다.

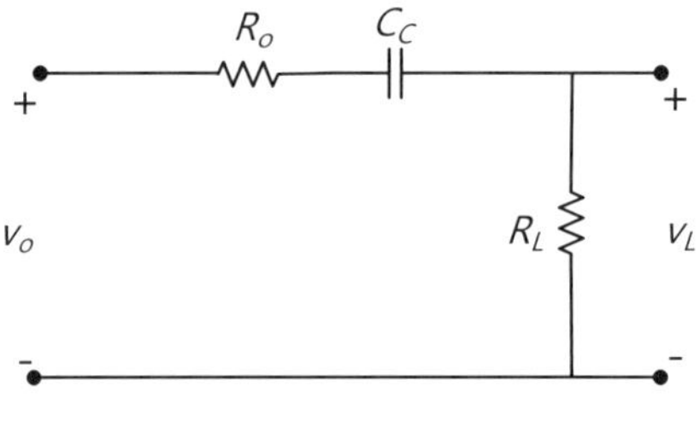

그림 10–16 출력단 등가회로

다음에는 C_C 에 의한 저주파 차단주파수를 구한다. 증폭된 출력전압 v_o 는 부하에 그대로 전달되지 않고 C_C 에 의해 일부가 차단된다. C_C 에 의한 차단주파수는 아래와 같다.

$$\overline{v_L} = \overline{v_o}\frac{R_L}{(R_o + R_L) - jX_{CC}} \tag{10-36}$$

$$v_L = v_o\frac{R_L}{\sqrt{(R_o + R_L)^2 - X_{CC}^2}} \tag{10-37}$$

$$f_{LC} = \frac{1}{2\pi(R_O + R_L)C_C} \tag{10-38}$$

여기서 $R_O = R_D // r_d$ 이다.

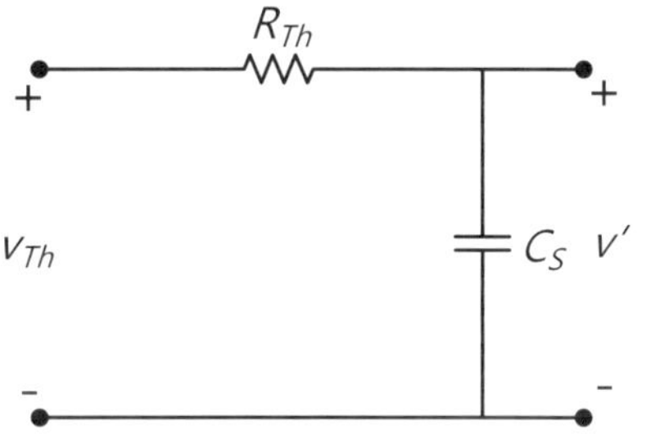

그림 10-17 C_S에서 들여다 본 등가회로

마지막으로 C_S 에 의한 저주파 차단주파수를 구한다. 고주파에서는 바이패스 커패시터가 단락되어 $v' = 0$ 이 되나 주파수가 낮아지면 v' 이 증가하여 증폭기의 전압이득을 감소시킨다. 전압이득에 미치는 C_S 의 영향은 다음과 같이 설명할 수 있다. 그림 10-14에서 $v_{gs} = v_g - v'$ 이다. C_S 의 커진 리액턴스에 의해 v' 이 증가하면 $i_d = g_m v_{gs}$ 가 감소한다. 드레인 전류 i_d 의 감소는 출력전압($v_o \cong -i_d R_D$)을 감소시킨다. 그림 10-17은 C_S 에서 들여다본 입력단의 테브난 등가회로이다. 소스 팔로워 회로에서 출력저항을 구하던 방법을 여기서 사용하면 R_{Th} 를 쉽게 구할 수 있다. 그림 10-18에 R_{Th} 를 구하기 위한 등가회로를 나타내었다. 가상전압 v_o 를 인가했을 때 전원에 흐르는 전류를 구한 후 $R_{Th} = \frac{v_o}{i_o}|_{v_i=0}$ 식을 통해 R_{Th} 를 구한다.

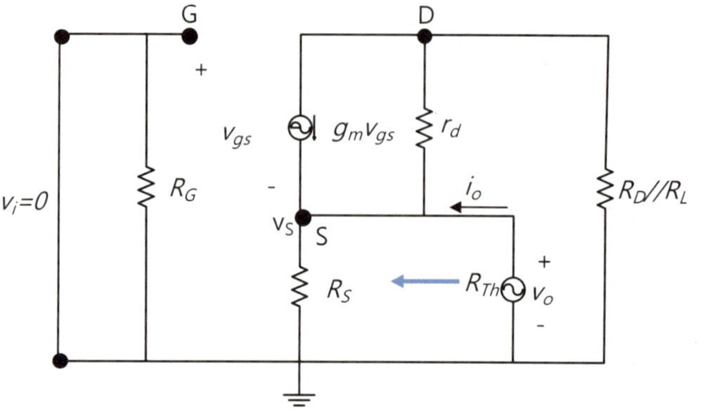

그림 10-18 R_{Th}를 구하기 위한 가상회로

그림 10-18에서 i_o는 R_S 및 r_d에 흐르는 전류와 $g_m v_{gs}$를 합친 값이다.

$$i_o = \frac{v_o}{R_S} - g_m v_{gs} + \frac{v_o - v_d}{r_d} \tag{10-39}$$

$$v_{gs} = -v_o \tag{10-40}$$

한편, 접지에서 KCL을 적용하면 i_o가 $R_D // R_L$에 흐르는 전류와 R_S에 흐르는 전류의 합이기도 하다.

$$\frac{v_o}{R_S} = i_o - \frac{v_d}{R_D / R_L} \tag{10-41}$$

식 (10-40) 및 식 (10-41)을 식 (10-39)에 대입하면,

$$i_o = \frac{v_o}{R_S} + g_m v_o + \frac{v_o}{r_d} + \frac{1}{r_d}(v_o \frac{R'}{R_S} - i_o R') \tag{10-42}$$

$$R' = R_D // R_L \tag{10-43}$$

이 되고, 다시 식 (10–42)를 정리하면,

$$R_{Th} = \frac{v_o}{i_o}\Big|_{v_i=0} = \frac{R_S(1+\frac{R'}{r_d})}{1+g_m R_S + (\frac{R_S+R'}{r_d})} \tag{10-44}$$

이 된다. 식 (10–44)에서 r_d 를 무시하면 $R_{Th} \cong \frac{R_S}{1+g_m R_S}$ 이다. C_S 에 의한 저주파 차단주파수는 아래 식으로 표현된다.

$$f_{LS} = \frac{1}{2\pi R_{Th} C_S} \tag{10-45}$$

예제 10-5

그림 10-14 회로의 파라미터들이 아래와 같다. 주파수 응답특성을 보드 선도에 나타내어라.

$$V_{DD} = 25\ [V],\ V_P = -5\ [V],\ I_{DSS} = 8\ [mA],\ r_d = \infty$$

$$R_{ss} = 10\ [k\Omega],\ R_G = 1\ [M\Omega],\ R_d = 2.2\ [k\Omega],\ R_s = 1\ [k\Omega],\ R_L = 3.3\ [k\Omega]$$

$$C_G = 0.02\ [\mu F],\ C_C = 1\ [\mu F],\ C_s = 3\ [\mu F]$$

풀이

먼저 바이어스 회로를 해석하면 $V_{GS} \cong -2.3\ [V]$ 이다. 따라서 g_m 은 아래와 같다.

$$g_m = \left| \frac{2I_{DSS}}{V_P} \right| \left(1 - \frac{V_{GS}}{V_P}\right) = \frac{16}{5}\left(1 - \frac{-2.3}{-5}\right)\ [mS] = 1.73\ [mS]$$

$$f_{LC} = \frac{1}{2\pi(R_o + R_L)C_C} = \frac{1000}{2\pi(2.2 + 3.3)1}\ [Hz] = 29\ [Hz]$$

$$f_{LG} = \frac{1}{2\pi(R_{SS} + R_i)C_G} = \frac{1000}{2\pi(10 + 1000)0.02}\ [Hz] = 7.9\ [Hz]$$

$R_o = R_D // r_d \cong R_D = 2.2\ [k\Omega]$,

$$f_{LS} = \frac{1}{2\pi R_{Th} C_S} = \frac{1000}{2\pi \times 0.37 \times 3}\ [Hz] = 143.5\ [Hz]$$

$$R_{Th} = \frac{R_S}{1 + g_m R_S} = \frac{1}{1 - 1.73 \times 1} = 0.37\ [k\Omega]$$

위에서 구한 저주파 차단주파수를 사용하여 증폭기의 주파수 응답을 보드 선도로 나타내면 아래 그래프와 같다. 따라서 본 예제에서 주어진 증폭기의 저주파 차단주파수는 $f_{LS} = 143.5\ [Hz]$이다.

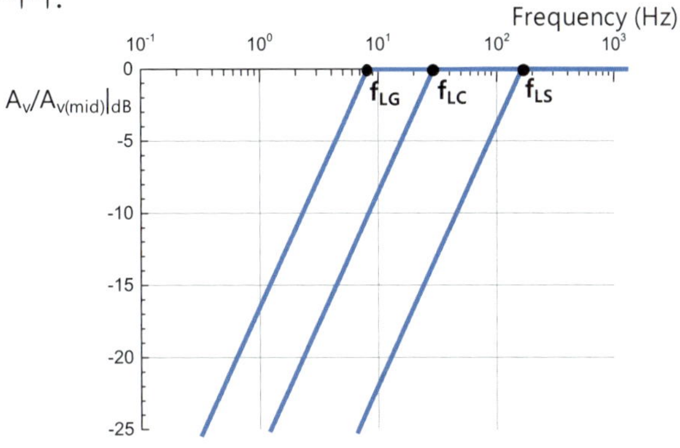

아래 그래프는 PSPICE로 시뮬레이션한 증폭기의 저주파 영역 주파수 응답특성이다.

$\dfrac{A_v}{A_{v(mid)}}|_{dB} = -3\ [dB]$되는 주파수가 위에서 구한 차단주파수와 같음을 알 수 있다.

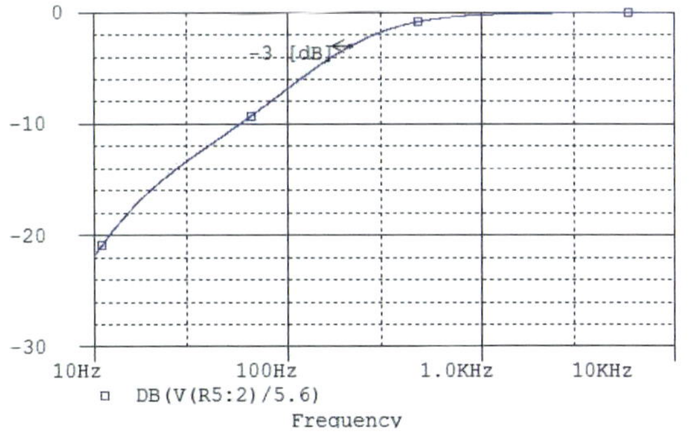

10-3 고주파 응답

(1) 밀러 정리Miller`s theorem

고주파 영역에서 증폭기의 전압이득을 감소시키는 요인으로는 트랜지스터 내부의 커패시턴스와 배선 사이의 선간 커패시턴스가 있다. 그리고 BJT의 경우에는 전류 증폭률 β가 고주파 영역에서 감소한다. 트랜지스터 내부의 커패시턴스와 선간 커패시턴스는 그 크기가 매우 작기 때문에 저주파 영역에서는 개방으로 간주할 수 있다. 그러나 커패시턴스가 작은 경우에도 주파수가 커지면 커패시터의 리액턴스($X_C = \dfrac{1}{2\pi fC}$)가 작아져서 개방으로 볼 수 없게 된다. BJT 및 FET의 내부 커패시턴스와 선간 커패시턴스는 그림 10-7과 같은 고주파 차단 RC 결합회로를 형성한다. 두 커패시터에 의해 고주파 영역에서 증폭기의 전압이득이 감소한다.

트랜지스터 내부 커패시턴스는 각 단자 사이에 존재한다. 그러다 보니 증폭기의 입력단과 출력단 사이에 피드백feedback 커패시턴스가 존재하기도 한다. 피드백 회로의 해석을 돕기 위하여 먼저 밀러 효과에 대해 설명한다.

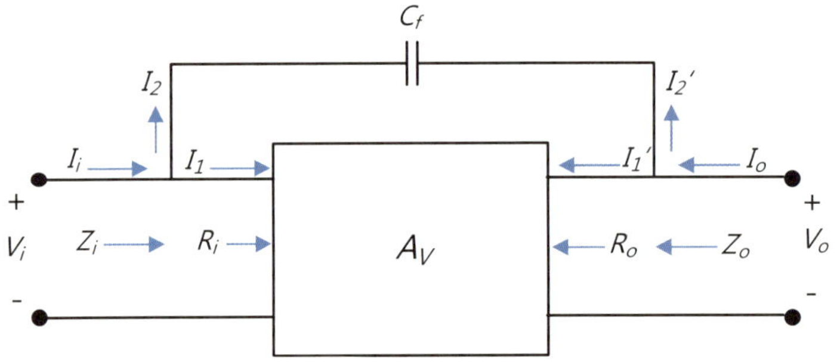

그림 10-19 입력과 출력 사이에 C_f가 연결되어 있는 회로

그림 10-19의 입력단에 KCL을 적용하면 $I_i = I_1 + I_2$ 이다. 여기서 $I_i = \dfrac{V_i}{Z_i}$, $I_1 = \dfrac{V_i}{R_i}$ 그리고 $I_2 = \dfrac{V_i - V_o}{X_{C_f}} = \dfrac{V_i(1-A_v)}{X_{C_f}}$ 이다. 이 식들을 정리하면,

$$\frac{V_i}{Z_i} = \frac{V_i}{R_i} + \frac{V_i}{X_{C_f} / (1 - A_v)} \tag{10-46}$$

$$\frac{1}{Z_i} = \frac{1}{R_i} + \frac{1}{X_{C_f} / (1 - A_v)} = \frac{1}{R_i} + \frac{1}{1/2\pi f[(1 - A_v)C_f]} \tag{10-47}$$

이다. 식 (10-47)은 증폭기의 전체 입력 임피던스 Z_i가 R_i와 $(1 - A_v)C_f$의 병렬임을 의미한다. 따라서 피드백 커패시터 C_f를 제거하고 대신 입력단에 $(1 - A_v)C_f$를 병렬로 연결해 주면 된다. 다음에는 출력단의 전체 출력 임피던스를 구한다. 출력단에 KCL을 적용하면 $I_o = I_1' + I_2'$이다. 여기에 $I_o = \frac{V_o}{Z_o}$, $I_1' = \frac{V_o}{R_o}$ 그리고 $I_2' = \frac{V_o - V_i}{X_{C_f}} = \frac{V_o(1 - 1/A_v)}{X_{C_f}}$를 대입하면,

$$\frac{V_o}{Z_o} = \frac{V_o}{R_o} + \frac{V_o}{X_{C_f} / (1 - 1/A_v)} \tag{10-48}$$

$$\frac{1}{Z_o} = \frac{1}{R_o} + \frac{1}{X_{C_f} / (1 - 1/A_v)} = \frac{1}{R_o} + \frac{1}{1/2\pi f[(1 - 1/A_v)C_f]} \tag{10-49}$$

이 된다. 식 (10-49)는 증폭기의 전체 출력 임피던스 Z_o가 R_o와 $(1 - 1/A_v)C_f$의 병렬임을 의미한다. 따라서 피드백 커패시터 C_f를 제거하고 출력단에 $(1 - 1/A_v)C_f$를 병렬로 연결해 주면 된다.

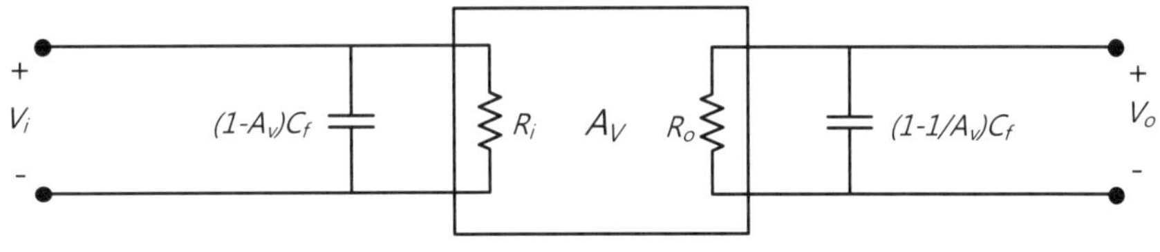

그림 10-20 C_f를 제거한 등가회로

(2) BJT

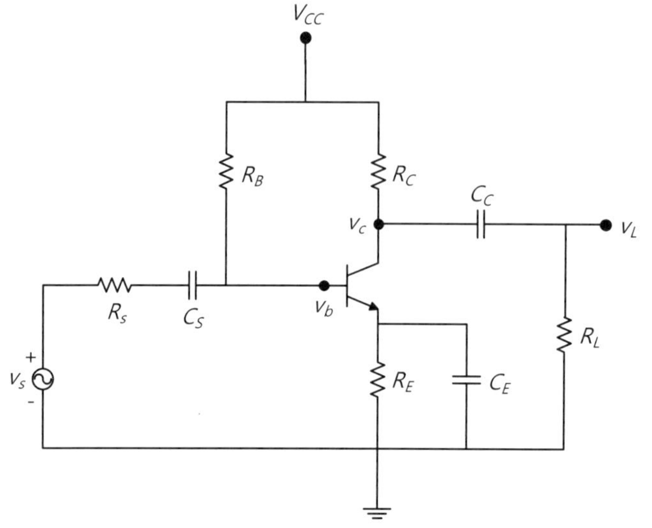

그림 10-21 이미터 바이어스 회로

중간 대역 즉, 대역폭에서는 결합 커패시터(C_S, C_C) 및 바이패스 커패시터(C_E)는 단락이고 트랜지스터의 내부 커패시터(C_{be}, C_{bc}, C_{ce}) 및 선간 커패시터(C_w)는 개방이라고 간주할 수 있다. 그러나 고주파 영역에서는 내부 커패시터 및 선간 커패시터를 더 이상 개방으로 볼 수 없다. 왜냐하면 주파수가 아주 높을 경우에는 내부 커패시터 및 선간 커패시터의 리액턴스도 급격하게 감소하기 때문이다. 그림 10-22에 이미터 바이어스 회로의 고주파 등가회로를 나타내었다.

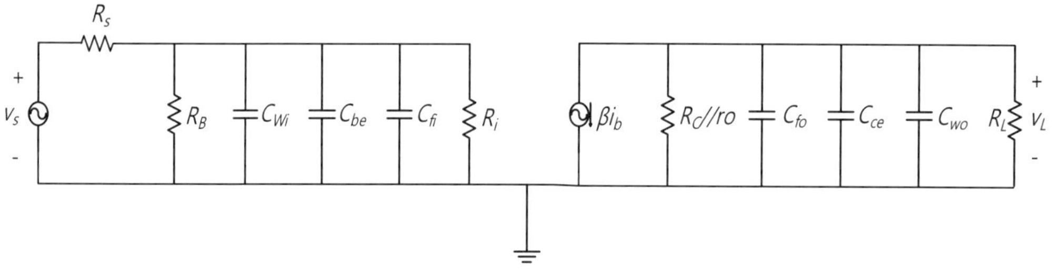

그림 10-22 이미터 바이어스 회로 고주파 등가회로

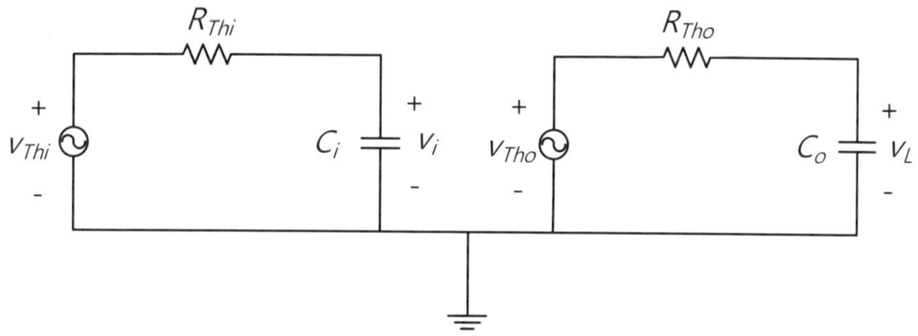

그림 10-23 고주파 영역의 테브난 등가회로

그림 10-22에서 $C_{fi} = (1 - A_v)C_{bc}$ 이고 $C_{fo} = (1 - \frac{1}{A_v})C_{bc}$ 이다. 그림 10-22를 테브난 등가회로로 나타내면 그림 10-23과 같다. 테브난 등가회로에서

$$R_{Thi} = R_S // R_B // R_i = R_S // R_B // \beta r_e \tag{10-50}$$

$$C_i = C_{Wi} + C_{be} + (1 - A_v)C_{bc} \tag{10-51}$$

$$R_{Tho} = R_C // R_L // r_o \tag{10-52}$$

$$C_o = C_{wo} + C_{ce} + (1 - \frac{1}{A_v})C_{bc} \tag{10-53}$$

이다. 테브난 등가회로에서 알 수 있듯이 고주파 영역에서는 C_i 및 C_o의 리액턴스가 감소하여 증폭기의 전압이득을 감소시킨다. 고주파 영역의 차단주파수는 입력단과 출력단에서 발생하며 그 값은 아래와 같다.

$$f_{Hi} = \frac{1}{2\pi R_{Thi} C_i} \tag{10-54}$$

$$f_{Ho} = \frac{1}{2\pi R_{Tho} C_o} \tag{10-55}$$

그림 10-8에 증폭기의 고주파 특성을 보드 선도로 나타내었다. 고주파 영역에서 보드 선도를 그리는 방법은 저주파 영역에서의 경우와 동일하다. 차단주파수를 기점으로 $-6\ [dB/octave]$ 또는 $-20\ [dB/decade]$의 기울기로 직선을 그리면 된다.

BJT의 경우에는 트랜지스터의 자체특성인 전류 증폭률(β 또는 hfe)이 주파수에 따라 아래 식처럼 변한다.

$$\beta = \frac{\beta_{mid}}{1 + j(f / f_\beta)} \quad (10-56)$$

$$f_\beta = \frac{1}{2\pi\beta_{mid} r_e (C_{be} + C_{bc})} \quad (10-57)$$

식 (10-56)의 f_β는 β의 감쇄에 의한 증폭기의 고주파 차단주파수로 보면 된다. 증폭기의 전압이득과 주파수 특성은 상호 의존성을 가지고 있다. 증폭기의 대역폭과 전압이득의 곱은 일정하다. 즉, 전압이득을 높이면 대역폭이 감소하고 전압이득을 낮추면 대역폭이 증가한다.

$$A_{v(mid)} \times BW = f_T = \beta_{mid} f_\beta \cong \frac{1}{2\pi r_e (C_{be} + C_{bc})} \quad (10-58)$$

식 (10-58)에서 f_T는 증폭기의 전압이득이 1일 때의 주파수를 뜻한다.

예제 10-6

그림 10-21 회로의 파라미터들이 아래와 같다. 고주파 차단주파수들을 구하고 보드 선도에 주파수 응답특성을 나타내어라.

$V_{CC} = 30\,[V]$, $\beta = 100$, $r_d = \infty$, $R_B = 300\,[k\Omega]$, $R_C = 2\,[k\Omega]$,

$R_S = 0.5\,[k\Omega]$, $R_E = 1\,[k\Omega]$, $R_L = 3\,[k\Omega]$

$C_S = 15\,[\mu F]$, $C_C = 1\,[\mu F]$, $C_E = 30\,[\mu F]$, $C_{be} = 36\,[pF]$, $C_{bc} = 4\,[pF]$

$C_{ce} = 1\,[pF]$, $C_{wi} = 6\,[pF]$, $C_{wo} = 10\,[pF]$

풀이

예제 10-4에서 $r_e = 3.52\ [\Omega]$, $A_{v(mid)} = -532.6$

$$R_{Thi} - R_S // R_B // \beta r_e = 0.5k // 300k // 0.32k = 0.195\ [k\Omega]$$

$$C_i = C_{be} + C_{wi} + (1 - A_v)C_{bc} = (36 + 6 + 4 \times 338)\ [pF] = 1{,}394\ [pF]$$

$$f_{Hi} = \frac{1}{2\pi R_{Thi} C_i} = 586\ [kHz]$$

$$R_{Tho} = R_C // R_L = 1.2\ [k\Omega]$$

$$C_o = C_{ce} + C_{wo} + (1 - 1/A_v)C_{bc} \cong (1 + 10 + 4)\ [pF] = 15\ [pF],$$

$$f_{Ho} = \frac{1}{2\pi R_{Tho} C_o} = 8.8\ [MHz]$$

$$f_\beta = \frac{1}{2\pi \beta r_e (C_{be} + C_{bc})} = \frac{1}{2\pi \times 352 \times (36 + 4) \times 10^{-12}} = 1.13\ [MHz]$$

f_{Hi}, f_β 및 f_{Ho} 중 가장 낮은 주파수인 $f_{Hi} = 586\ [kHz]$가 본 증폭기의 고주파 차단주파수이다. 아래에 보드 선도를 나타내었다.

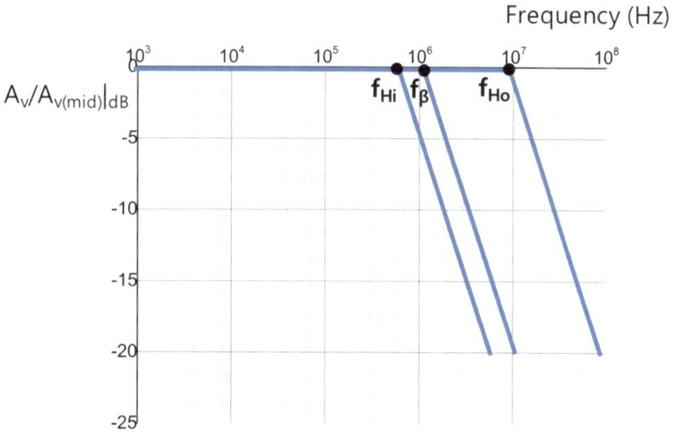

(3) FET

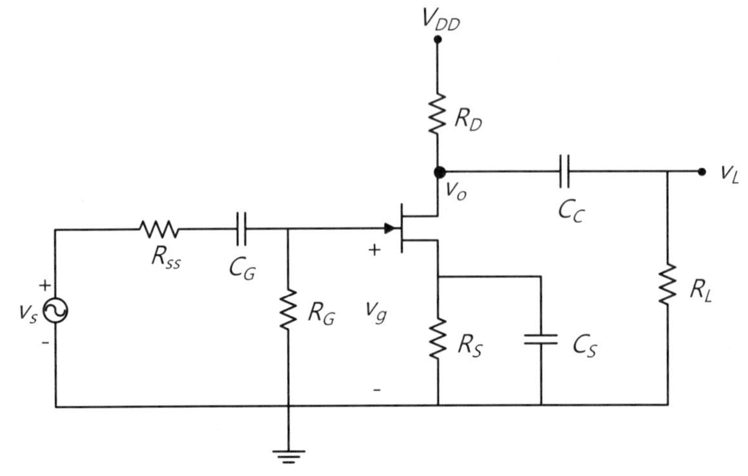

그림 10-24 FET의 자기 바이어스 회로

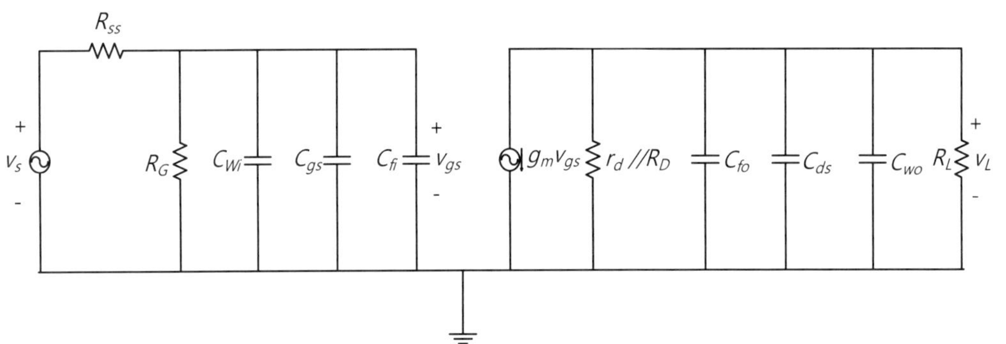

그림 10-25 FET 자기 바이어스 회로의 고주파 등가회로

그림 10-24는 FET 자기 바이어스 회로이고 그림 10-25는 그 회로의 고주파 등가회로이다. 여기서 $C_{fi} = (1 - A_v)C_{gd}$ 및 $C_{fo} = (1 - \frac{1}{A_v})C_{gd}$ 이다. 게이트와 접지 사이에 존재하는 커패시터는 v_{gs} 를 감소시키고, 드레인과 접지 사이에 존재하는 커패시터는 부하전압을 감소시킨다. 결국 게이트-접지 및 드레인-접지에 존재하는 커패시터에 의해 고주파 영역에서 증폭기의 실질적인 전압이득($A_{vsL} = \frac{v_L}{v_s}$)은 줄어든다. 그림 10-26에 테브난 정리를 사용하여 등가회로를 간략하게 나타내었다.

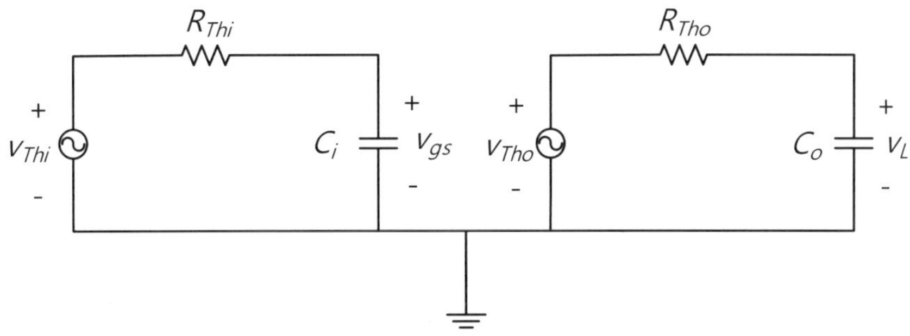

그림 10-26 고주파 영역의 테브난 등가회로

테브난 등가회로에서

$$C_i = C_{wi} + C_{fi} + C_{gs} \tag{10-59}$$

$$C_{fo} = C_{wo} + C_{fo} + C_{ds} \tag{10-60}$$

$$R_{Thi} = R_{ss} // R_G \tag{10-61}$$

$$R_{Tho} = R_D // r_o // R_L \tag{10-62}$$

이다. FET 증폭회로 역시 입력단과 출력단에서 고주파 차단주파수가 발생하며 그 값은 아래와 같다.

$$f_{Hi} = \frac{1}{2\pi R_{Thi} C_i} \tag{10-63}$$

$$f_{Ho} = \frac{1}{2\pi R_{Tho} C_o} \tag{10-64}$$

예제 10-7

그림 10-24 회로의 파라미터들이 아래와 같다. 고주파 차단주파수들을 구하고 보드 선도에 주파수 응답특성을 나타내어라.

$$V_{DD} = 25\,[V],\ V_P = -5\,[V],\ I_{DSS} = 8\,[mA],\ r_d = \infty$$

$$R_{ss} = 10\,[k\Omega],\ R_G = 1\,[M\Omega],\ R_D = 2.2\,[k\Omega],\ R_s = 1\,[k\Omega],\ R_L = 3.3\,[k\Omega]$$

$$C_G = 0.02\,[\mu F],\ C_C = 1\,[\mu F],\ C_S = 30\,[\mu F]$$

$$C_{gd} = 1\,[pF],\ C_{gs} = 2\,[pF],\ C_{ds} = 0.3\,[pF],\ C_{wi} = 6\,[pF],\ C_{wo} = 10\,[pF]$$

풀이

예제 10-5에서 $g_m = 1.73\,[mS]$이므로 $A_v = -g_m(R_D // R_L) = -2.28$

$$R_{Thi} = R_{ss} // R_G = 10\,[k\Omega] // 1\,[M\Omega] = 9.9\,[k\Omega]$$

$$C_i = C_{gs} + C_{wi} + (1 - A_v)C_{gd} = (2 + 6 + 1 \times 3.28)\,[pF] = 6.28\,[pF]$$

$$f_{Hi} = \frac{1}{2\pi R_{Thi} C_i} = 2.6\,[MHz],\ R_{Tho} = R_D // R_L = 1.32\,[k\Omega]$$

$$C_o = C_{gs} + C_{wo} + (1 - 1/A_v)C_{gd} \cong (2 + 10 + 1.44)\,[pF] = 13.44\,[pF],$$

$$f_{Ho} = \frac{1}{2\pi R_{Tho} C_o} = 8.98\,[MHz]$$

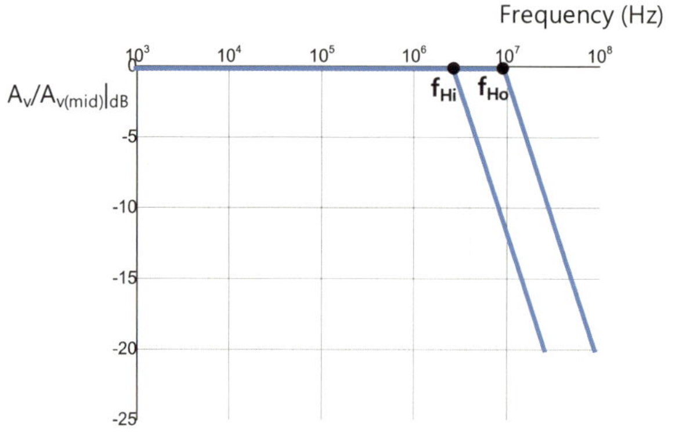

가장 낮은 주파수인 $f_{Hi} = 2.6\ [MHz]$가 본 증폭기의 고주파 차단주파수이다. 아래 그래프는 PSpice 시뮬레이션 결과이다. PSpice 시뮬레이션에 의한 고주파 차단주파수는 약 $2.8\ [MHz]$으로 위에서 계산한 차단주파수와 조금 차이가 난다. 이것은 시뮬레이션에서 사용한 JFET의 사양 즉, I_{DSS} 및 V_P가 본 예제에서 가정한 값과 다르기 때문이다. JFET의 사양 차이에 의해서 A_v가 약간 달라진다.

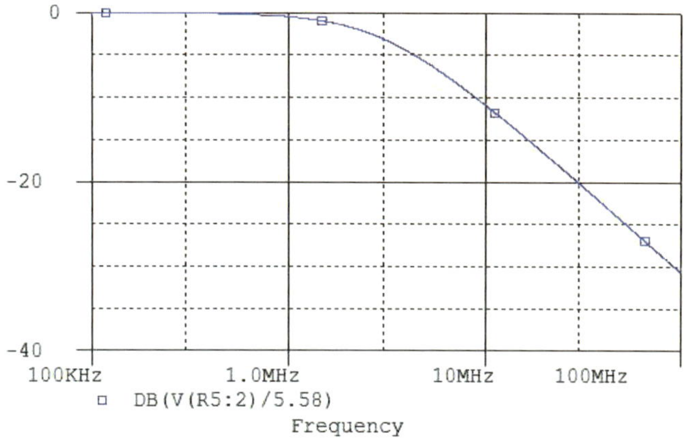

10-4 다단 증폭회로

증폭회로는 그 구성에 따라 고유의 장단점을 지니고 있다. 따라서 실제로는 여러 개의 증폭회로를 접속하여 증폭기를 설계한다. 여러 단의 증폭기를 종속 접속하면 주파수 특성이 가장 나쁜 증폭기가 전체 증폭기의 주파수 특성을 지배하게 된다. 본 절에서는 동일한 특성을 갖는 증폭기를 종속 접속했을 때 나타나는 주파수 특성의 변화를 설명한다. 만약 n개의 동일한 증폭기가 종속 접속되어 있다면 저주파 영역에서 전압이득은

$$\overline{A_{v(total)}} = \overline{(A_v)}^n = \frac{1}{(1 - j\dfrac{f_L}{f})^n} \tag{10-65}$$

이고, 저주파 차단주파수는

$$f_{L(total)} = \frac{f_L}{\sqrt{2^{1/n}-1}} \tag{10-66}$$

이 된다. 그리고 고주파 영역에서는

$$\overline{A_{v(total)}} = \overline{(A_v)}^n = \frac{1}{(1-j\frac{f}{f_H})^n} \tag{10-67}$$

$$f_{H(total)} = f_H(\sqrt{2^{(1/n)}-1}) \tag{10-68}$$

이다.

예제 10-8

다단 증폭기에서 ① 저주파 차단주파수 및 ② 고주파 차단주파수를 유도하라.

풀이

① $|\frac{A_{v(total)}}{A_{v(mid)}}| = \frac{1}{\sqrt{[1+(f_L/f_{L(total)})^2]^n}} = \frac{1}{\sqrt{2}}$

$[1+(f_L/f_{L(total)})^2]^n = 2$, $1+(\frac{f_L}{f_{L(total)}})^2 = 2^{1/n}$

$\frac{f_L}{f_{L(total)}} = \sqrt{2^{1/n}-1}$ $\therefore f_{L(total)} = \frac{f_L}{\sqrt{2^{1/n}-1}}$

② $|\frac{A_{v(total)}}{A_{v(mid)}}| = \frac{1}{\sqrt{[1+(f_{H(total)}/f_H)^2]^n}} = \frac{1}{\sqrt{2}}$

$[1+(f_{H(total)}/f_H)^2]^n = 2$, $1+(\frac{f_{H(total)}}{f_H})^2 = 2^{1/n}$

$\frac{f_{H(total)}}{f_H} = \sqrt{2^{1/n}-1}$ $\therefore f_{H(total)} = f_H\sqrt{2^{1/n}-1}$

10-5 주파수 응답 측정

증폭기의 차단주파수를 구하려면 저주파에서 고주파까지 넓은 범위에 거쳐 전압이득을 측정하고 그 변화를 관찰해야 한다. 그러나 구형파square wave를 이용하면 손쉽게 증폭기의 차단주파수를 얻을 수 있다. 그림 10-27에 구형파 및 구형파 입력에 따른 증폭기의 출력파형을 과장하여 나타내었다. 구형파는 주파수가 다른 정현파들의 모임이다. 따라서 출력파형의 상승 및 하강 부분은 증폭기의 고주파 특성을 그리고 평탄한 부분은 저주파 특성을 나타낸다.

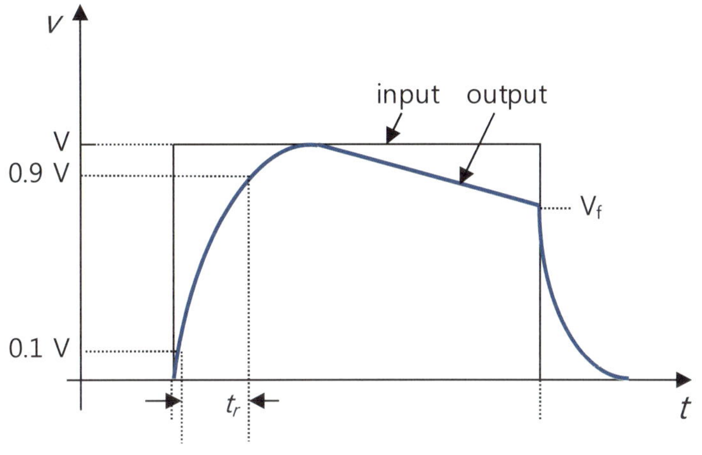

그림 10-27 증폭기의 구형파 응답

그림 10-27의 출력파형에서 저주파 및 고주파 차단주파수를 구할 수 있다. 여기서 t_r은 출력전압이 최대전압의 10[%]에서 90[%]까지 상승하는 데 걸리는 시간이다. 그리고 f_o는 입력신호의 주파수이다.

$$f_L = \frac{tilt}{\pi} f_o \tag{10-69}$$

$$tilt = \frac{V - V_f}{V} \tag{10-70}$$

$$f_H = \frac{0.35}{t_r} \tag{10-71}$$

제11장

연산 증폭기

입력신호들에 대해 더하기, 빼기, 나누기, 곱하기 등의 기능을 수행할 수 있는 증폭기를 연산 증폭기라고 한다. 연산 증폭기는 차동 증폭기를 입력단으로 하며, 여기에 특성이 다른 여러 증폭기들이 종속 접속되어 있다. 앞에서 공부했던 증폭기들과 달리 차동 증폭기는 두 개의 입력단자를 가지고 있으며, 두 입력신호의 차이를 증폭한다. 이 장에서는 먼저 차동 증폭기를 설명한 다음 연산 증폭기를 다룬다.

11–1 차동 증폭기 Differential amplifier

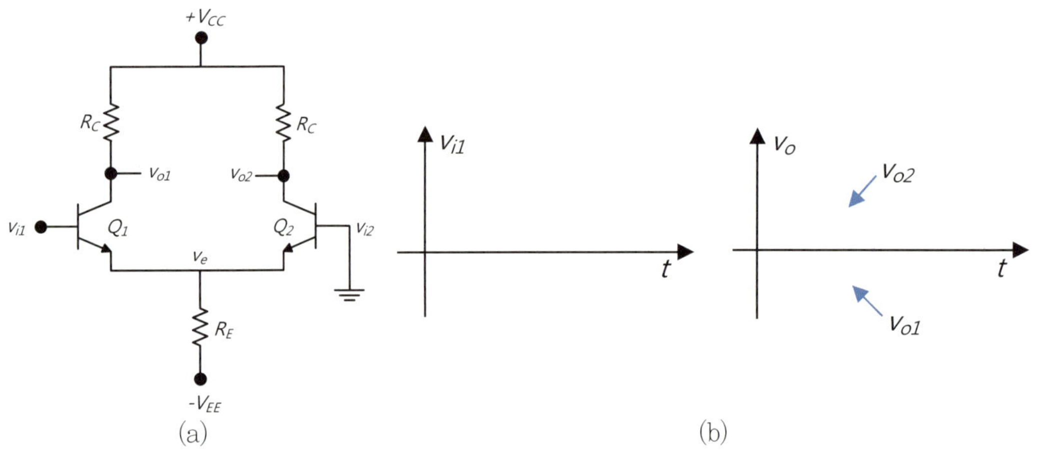

그림 11–1 (a) 차동 증폭기 회로 및 (b) v_{i1}에 따른 v_{o1}과 v_{o2}

그림 11–1에서 두 트랜지스터가 동일한 특성을 가지고 있다면, Q_1의 전압이득이 음이기 때문에 출력 전압 $[v_{o1} = A_v(v_{i1})]$은 v_{i1}과 위상이 반전된다. 그러나 Q_2의 출력전압 v_{o2}는 v_{i1}과 동일한 위상을 갖는다. 이것은 Q_2의 입력 v_{i2}가 접지와 v_e의 전위차이기 때문이다 $[v_{o2} = A_v v_{i2} = A_v(0 - v_e) \cong A_v(-v_{i1})]$. 만약 $R_E \gg r_e$라고 가정하면, v_{i1}의 대부분이 R_E에 인가되어 $v_e \cong v_{i1}$가 된다. 그림 11–2에 차동 및 공통모드 입력에 대한 차동 증폭기의 출력신호를 나타내었다.

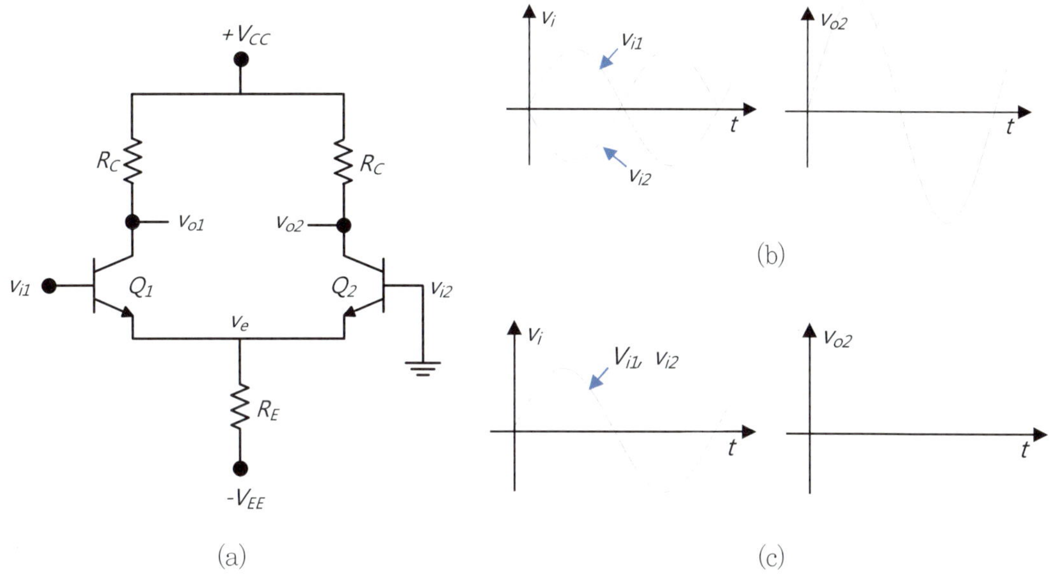

그림 11-2 (a) 차동 증폭기 회로, (b) 차동입력: $v_{i1} = -v_{i2}$, $v_{o2} = A_v v_{i1} - A_v(v_{i2}) = 2A_v v_{i1}$ 및 (c) 공통모드 입력: $v_{i1} = v_{i2}$, $v_{o2} = A_v v_{i1} - A_v v_{i2} = 0$

차동 증폭기에 서로 위상이 반대인 입력신호($v_{i1} = -v_{i2}$)가 인가되면 각각의 출력단에는 증폭된 신호 $v_{o1} = A_v[v_{i1} - (-v_{i2})] = 2A_v v_{i1}$, $v_{o2} = -2A_v v_{i1}$가 출력되지만, 동상의 신호($v_{i1} = v_{i2}$)에 대해서는 $v_{o1} = A_v(v_{i1} - v_{i2}) = 0$, $v_{o2} = A_v(v_{i2} - v_{i1}) = 0$이 된다.

교류 등가회로를 이용하여 차동 증폭기의 차동 모드 전압이득(A_{vd})과 공통모드 전압이득(A_{vc})을 구한다. 이때 A_{vd} 및 A_{vc}의 정의는 아래와 같다.

$$A_{vd} = \frac{v_o}{v_{o1} - v_{o2}} \tag{11-1}$$

$$A_{vc} = \frac{v_o}{\frac{1}{2}(v_{i1} + v_{i2})} \tag{11-2}$$

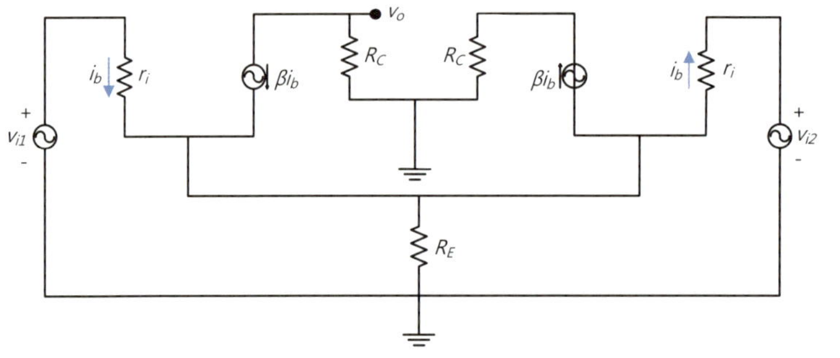

그림 11-3 차동 모드 입력 교류 등가회로

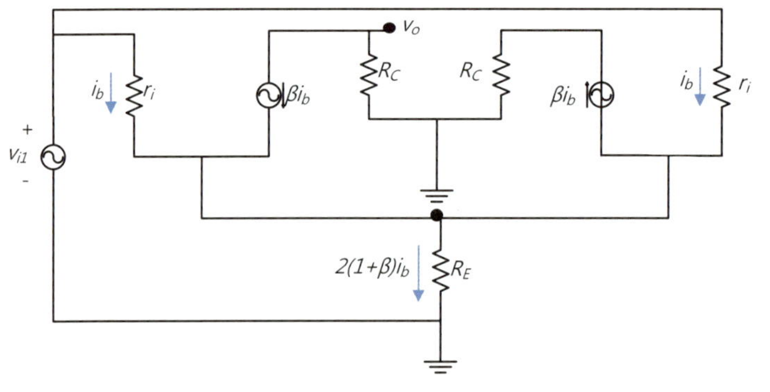

그림 11-4 공통모드 입력 교류 등가회로

먼저 그림 11-3의 교류 등가회로부터 A_{vd}를 구한다. 차동 증폭기에서 두 트랜지스터의 특성은 동일하다고 가정한다. 그림 11-3에서 $r_i = \beta r_e$ 이다. Q_2의 입력에는 위상이 v_{i1}과 반대인 신호가 인가되었다고 가정하고 전원과 r_i를 포함하는 폐회로에 KVL을 적용하면,

$$v_{i1} - i_b\beta r_e - i_b\beta r_e - v_{i2} = 0 \tag{11-3}$$

$$v_{i1} - v_{i2} = 2i_b\beta r_e \tag{11-4}$$

$$v_o = -i_b\beta R_C \tag{11-5}$$

$$A_{vd} = \frac{v_o}{v_{i1} - v_{i2}} = \frac{-i_b \beta R_C}{2 i_b \beta r_e} = -\frac{R_C}{2 r_e} \qquad (11-6)$$

다음에는 그림 11-4의 등가회로를 이용하여 A_{vc}를 구한다. v_{i1}, r_i 및 R_E를 포함하는 폐회로에 KVL을 적용하면,

$$v_{i1} = i_b \beta r_e + 2 i_b (1+\beta) R_E \qquad (11-7)$$

$$i_b = \frac{v_i}{\beta r_e + 2(1+\beta) R_E} \qquad (11-8)$$

$$v_o = -i_c R_C = -\beta [\frac{v_i}{\beta r_e + 2(1+\beta) R_E}] R_C \qquad (11-9)$$

$$A_{vc} = \frac{v_o}{v_i} = -\frac{\beta R_C}{\beta r_e + 2(1+\beta) R_E} \qquad (11-10)$$

을 얻을 수 있다. 차동 증폭기는 A_{vd}가 크고 A_{vc}는 작아야 한다. 두 전압이득의 비를 공통모드 제거비common-mode rejection ratio, CMRR라고 한다.

$$CMRR = \frac{A_{vd}}{A_{vc}} \qquad (11-11)$$

$$CMRR = 20 \log_{10} (\frac{A_{vd}}{A_{vc}}) \ [dB] \qquad (11-12)$$

공통모드 전압이득을 줄이려면 R_E를 증가시켜야 한다. 차동 증폭기의 이미터 저항을 높이기 위하여 정전류원을 사용하는 경우도 있다. 이상적인 정전류원의 내부저항은 ∞이다.

예제 11-1

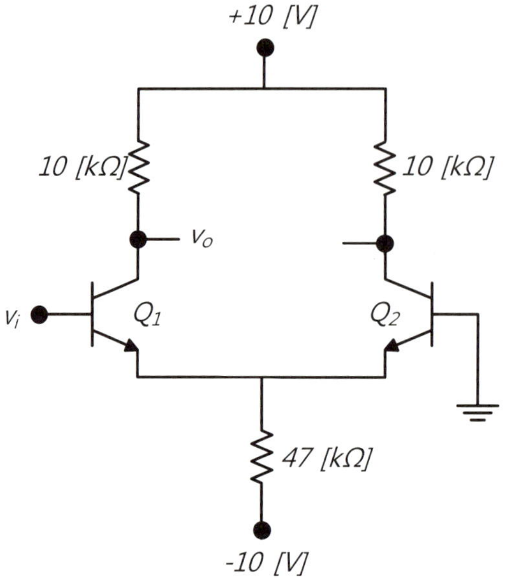

① 위 회로의 전압이득을 구하라. ② Q_2에도 Q_1과 동일하게 v_i이 입력된다면 이때의 전압이득은 얼마인가? $(\beta = 100)$

풀이

① 먼저 직류 해석을 통해 r_e를 구한다. $I_E = \dfrac{[-0.7-(-10)]}{47}\ [mA] = 0.198\ [mA]$

$I_C = \dfrac{I_E}{2} = 0.099\ [mA]$, $r_e = \dfrac{26}{0.099}\ [\Omega] = 263\ [\Omega]$

$$A_v = \frac{R_C}{2r_e} = \frac{10k}{2\times 263} \cong 19$$

② $A_v = \dfrac{-\beta R_C}{\beta r_e + 2(1+\beta)R_E} = \dfrac{-100\times 10k}{100\times 263 + 2\times 101\times 47k} \cong -0.1$

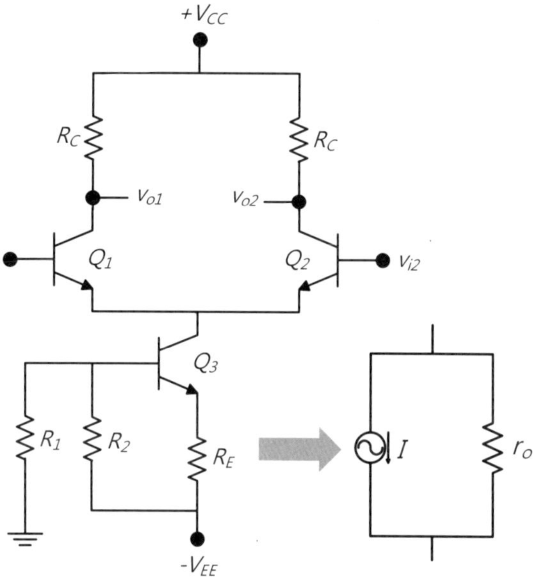

그림 11–5 정전류원을 사용한 차동 증폭기

그림 11–5에서 활성영역에서 동작하도록 바이어스된 Q_3는 정전류원이 된다. 정전류원 동작을 하는 Q_3는 이상적인 정전류원과 r_o의 병렬저항으로 볼 수 있다. 따라서 차동 증폭기의 실질적인 R_E는 Q_3의 출력 교류저항인 r_o가 된다. BJT의 출력 교류저항은 수백 $[k\Omega]$ 이상으로 크기 때문에 정전류원을 사용한 차동 증폭기의 A_{vc}는 매우 작아진다.

앞의 7–3에서 설명했듯이 CMOS는 전력 소모가 낮기 때문에 최근에는 CMOS로 설계한 IC의 비중이 확대되고 있다. CMOS를 구성하는 MOSFET는 게이트와 소스 사이를 절연층이 막고 있기 때문에 입력 임피던스가 매우 크다. 본 교재에서는 CMOS 차동 증폭기의 설명은 생략한다.

11-2 연산 증폭기 개요 Introduction to operational amplifier

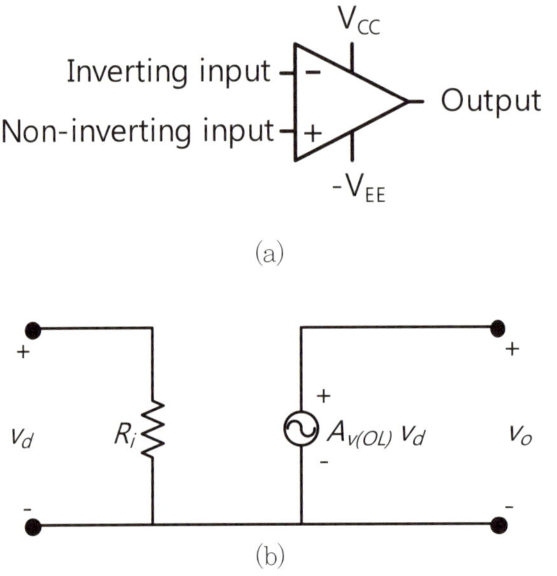

그림 11-6 연산 증폭기: (a) 기호 및 (b) 등가회로

그림 11-6은 연산 증폭기를 나타내는 기호와 등가회로이다. 이상적인 연산 증폭기의 경우, 입력저항 R_i와 전압이득 $A_{v(OL)}$가 무한대이다. 여기서 $A_{v(OL)}$는 입력단과 출력단 사이에 피드백feedback 저항을 연결하지 않은 연산 증폭기의 개방루프 전압이득이다. 피드백 저항에 대해서는 나중에 설명할 것이다. 입력저항이 무한대라는 것은 비반전 입력단non-inverting input과 반전 입력단inverting input 사이에 전류가 흐르지 않는다는 것을 의미하고, 전압이득이 무한대라는 것은 v_d가 아주 작아도 출력전압은 무한대가 된다는 의미이다. 연산 증폭기의 출력전압은 차동 증폭기의 바이어스 전압을 벗어나지 못한다. 즉, 연산 증폭기의 최대 및 최소 출력전압은 각각 V_{CC} 및 $-V_{EE}$이다. 따라서 $v_d < 0$이면 $v_o \cong -V_{EE}$가 되고 $v_d < 0$ 이면 $v_o \cong V_{CC}$가 된다. 피드백 저항이 연결되지 않은 연산 증폭기의 기본 기능은 비반전 입력전압과 반전 입력전압의 크기를 비교하는 비교기comparator이다. 다시 요약하면, 비반전 입력전압이 반전 입력전압보다 크면 $v_o \cong V_{CC}$, 반대로 반전 입력전압이 비반전 입력전압보다 높으면 $v_o \cong -V_{EE}$이 된다.

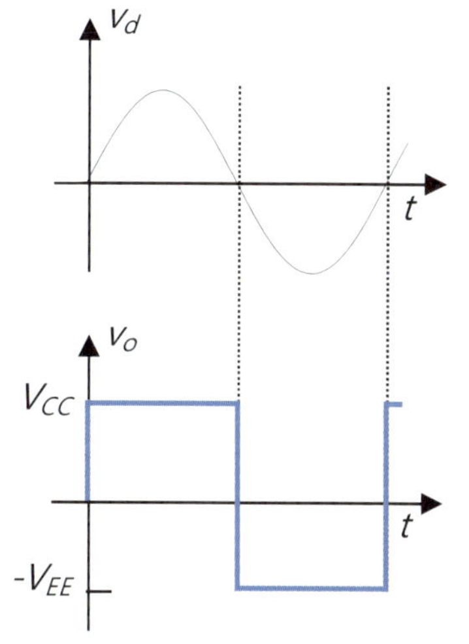

그림 11-7 연산 증폭기의 비교기 동작

증폭기라고 하는 것은 입력신호의 파형을 변화시키지 않고 그 크기만 키워서 출력하는 장치이다. 그림 11-7에서 보듯이 연산 증폭기 자체로는 안정된 증폭기가 될 수 없다. 연산 증폭기를 안정된 증폭기로 사용하려면 피드백 저항을 연결하여 연산 증폭기의 전압이득을 줄여야 한다. 피드백 저항이 연결된 상태의 전압이득을 폐루프 전압이득($A_{v(CL)}$)이라고 한다.

11-3 연산 증폭기 응용 Application of operational amplifier

(1) 반전 증폭기

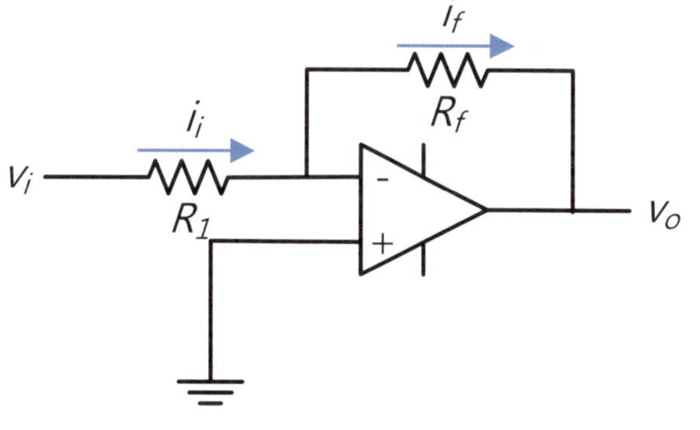

그림 11-8 반전 증폭기

그림 11-8은 반전 입력단자에 v_i가 입력되는 반전 증폭기이다. 연산 증폭기의 입력저항은 매우 크기 때문에 비반전 입력단자와 반전 입력단자 사이에는 전류가 흐르지 않는다. 전류가 흐르지 않는다는 것은 두 단자의 전위가 같다는 의미이다. 즉, 그림 11-8에서 비반전 입력단자가 접지되어 있기 때문에 반전 입력단자의 전위도 0 [V]가 된다. 이와 같이 직접 접지가 되어 있지 않지만 전위가 0 [V]인 단자를 가상접지virtual ground라고 한다. 따라서 입력단에 흐르는 전류는

$$i_i = \frac{v_i}{R_1} \tag{11-13}$$

이다. 연산 증폭기의 입력단에는 전류가 흐르지 않기 때문에 i_i는 피드백 저항으로만 흐른다.

$$i_f = i_i = \frac{v_i}{R_1} \tag{11-14}$$

출력전압 v_o는 i_f에 의해 아래와 같이 나타난다.

$$v_o = -i_f R_f = -v_i \frac{R_f}{R_1} \tag{11-15}$$

$$A_v = \frac{v_o}{v_i} = -\frac{R_f}{R_1} \tag{11-16}$$

피드백 저항을 연결한 연산 증폭기의 폐루프 전압이득은 외부저항 R_1 및 R_f에만 의존할 뿐 연산 증폭기의 고유 전압이득인 개방루프 전압이득 $A_{v(OL)}$과는 무관하다. 따라서 피드백 저항을 연결하면 전압이득은 감소하지만 증폭기의 안정성은 높아진다. 이것은 반도체 소자에 비해 저항의 온도 특성이 훨씬 안정적이기 때문이다.

예제 11-2

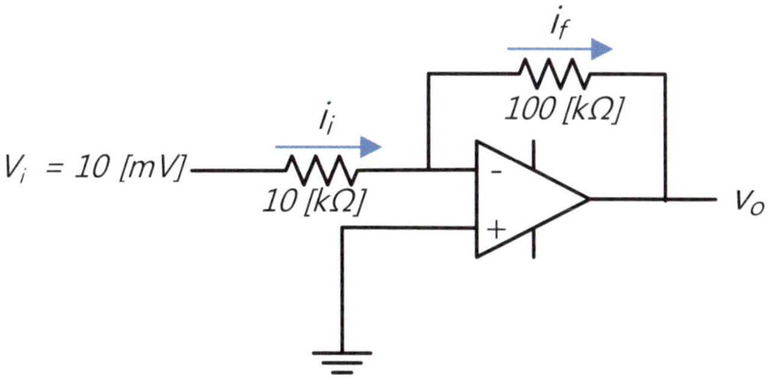

위 회로의 출력전압을 구하라.

풀이

$$i_i = \frac{10\ [mV]}{10\ [k\Omega]} = -1\ [\mu A] = i_f\ ,\ \ v_o = -i_f R_f = -1\ [\mu A] \times 100\ [k\Omega] = -100\ [mV]$$

반전 증폭기의 전압이득은 $A_v = -\frac{v_o}{v_i} = -\frac{100\ [mV]}{10\ [mV]} = -10$ 이다.

(2) 비반전 증폭기

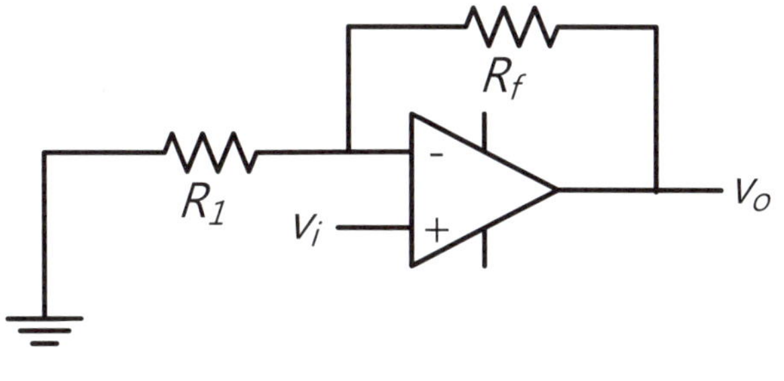

그림 11-9 비반전 증폭기

그림 11-9는 비반전 입력단자에 v_i가 입력되는 비반전 증폭기이다. 피드백 저항이 연결되면 비반전 입력단자의 전위(V_+)와 반전 입력단자의 전위(V_-)가 같아진다. 따라서 $V_- = v_i$가 되고 출력전압 및 전압이득은 아래와 같다.

$$v_i = v_o \frac{R_1}{R_1 + R_f} \tag{11-17}$$

$$v_o = v_i \frac{R_1 + R_f}{R_1} = v_i(1 + \frac{R_f}{R_1}) \tag{11-18}$$

$$A_v = \frac{v_o}{v_i} = 1 + \frac{R_f}{R_1} \tag{11-19}$$

반전 증폭기처럼 R_1에 흐르는 전류를 이용하여 v_o를 구할 수도 있다.

$$i_{R1} = \frac{v_i}{R_1} = i_f \tag{11-20}$$

$$v_o = v_i + i_f R_f = v_i(1 + \frac{R_f}{R_1}) \tag{11-21}$$

예제 11-3

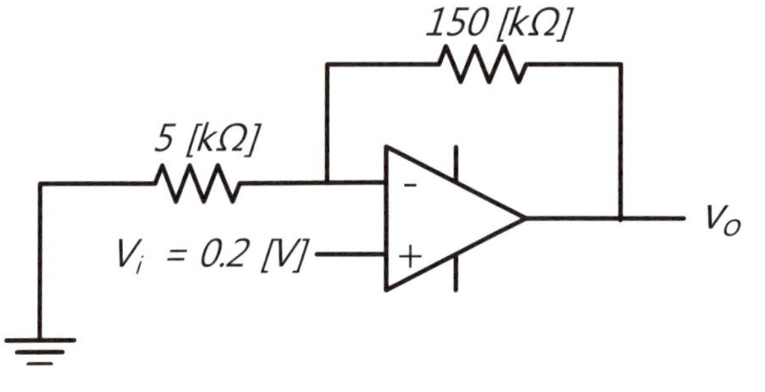

① 위 회로의 A_v를 구하라. ② v_o를 구하라. ③ $v_i = 2\ [V]$라면 v_o는 얼마가 되는가?

풀이

① $A_v = 1 + \frac{R_f}{R_1} = 31$, ② $v_o = v_i(1 + \frac{R_f}{R_1}) = 0.2 \times (1+30)\ [V] = 6.2\ [V]$

③ $v_o = v_i(1 + \frac{R_f}{R_1}) = 2 \times (1+30)\ [V] = 62\ [V]$

연산 증폭기의 출력은 바이어스 전압을 넘지 못한다. 따라서 $v_o \cong +V_{CC}$가 된다. 범용 연산 증폭기인 741의 V_{CC}는 $10 \sim 15\ [V]$이다.

(3) 가산 및 감산 증폭기

그림 11-10은 3개의 입력신호를 더해서 출력하는 가산 증폭기이다. 입력신호가 위상 반전되어 합쳐지는 출력은 반전 증폭기를 이용하여 다시 위상을 반전시킬 수 있다. 가산 증폭기의 출력전압은 아래와 같다.

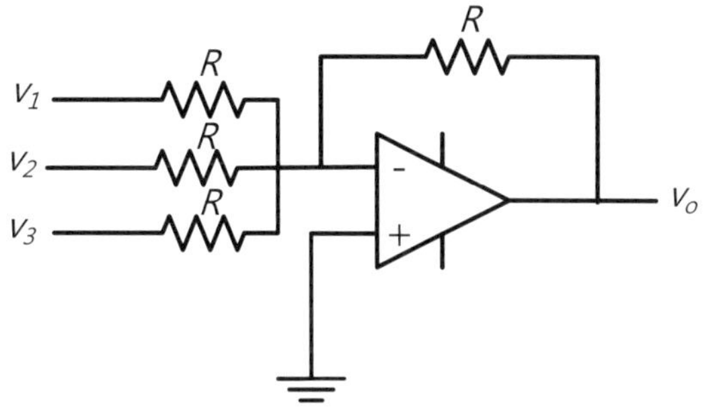

그림 11-10 가산 증폭기

$$v_o = -(v_1 \frac{R}{R} + v_2 \frac{R}{R} + v_3 \frac{R}{R}) = -(v_1 + v_2 + v_3) \tag{11-22}$$

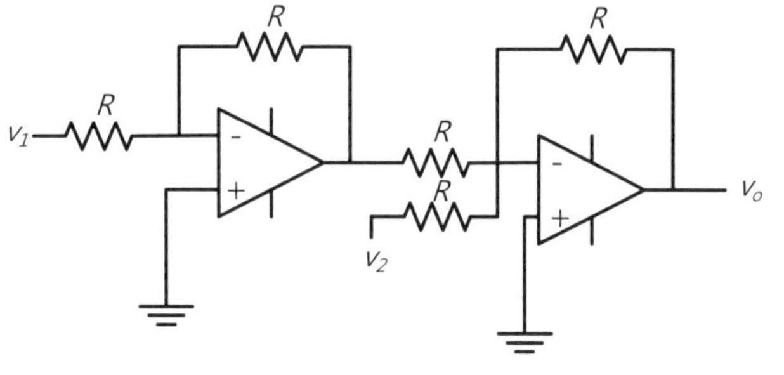

그림 11-11 감산 증폭기

그림 11-11은 두 입력신호의 차이를 출력하는 감산 증폭기이다. 앞단은 반전 증폭기이고 뒷단은 비반전 증폭기이다. 따라서 출력전압은

$$v_o = (-v_1 \frac{R}{R}) \times (-\frac{R}{R}) - v_2 \frac{R}{R} = v_1 - v_2 \tag{11-23}$$

이 된다. 가산 및 감산 증폭기는 위 방법 외에도 다양한 형태로 설계할 수 있다.

예제 11-4

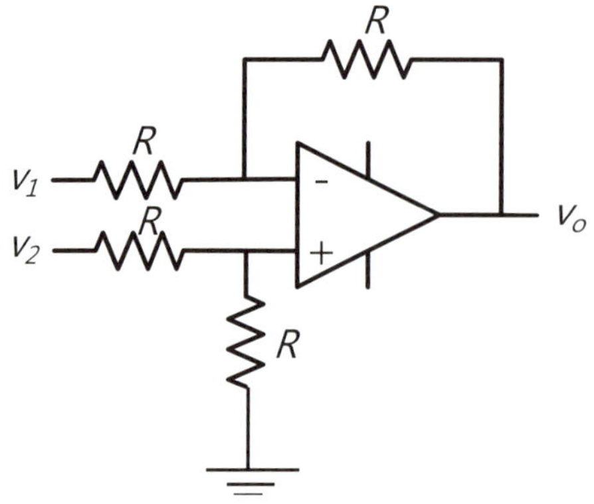

① 위 회로의 출력전압을 구하라. ② $v_1 = 2\sin^2(wt)\ [V]$, $v_2 = -2\cos^2(wt)\ [V]$일 때 v_o는 얼마인가?

풀이

① 중첩의 원리를 사용한다. v_2를 접지시키고 v_1에 의한 v_o를 구하면,

$v_{o1} = -v_1 \dfrac{R}{R} = -v_1$ 이다. 그리고 v_1을 접지시킨 후 v_o를 구하면,

$$V_+ = V_- = \frac{v_2}{2},\ \frac{v_2}{2} = v_{o2}\frac{R}{R+R} = \frac{v_{o2}}{2},\ v_{o2} = v_2$$

$$\therefore v_o = v_{o1} + v_{o2} = -v_1 + v_2$$

위 회로는 연산 증폭기를 하나만 사용하여 구성한 감산 증폭기이다.

② $v_o = -v_1 + v_2 = -2\sin^2(wt)\ [V] - 2\cos^2(wt)\ [V]$

$= -2[\sin^2(wt) + \cos^2(wt)]\ [V] = -2\ [V]$

(4) 전압 팔로워

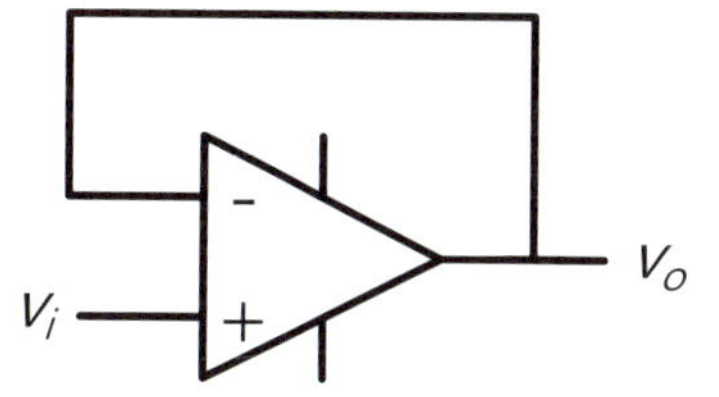

그림 11-12 전압 팔로워

그림 11-12는 비반전 입력단자에 입력신호가 인가되는 비반전 증폭기이다. 일반적인 비반전 증폭기와는 달리 피드백 저항이 연결되어 있지 않다. 그림 11-12에서 반전 입력단자의 전위 V_-는 비반전 입력단자의 전위 v_i와 같으므로 출력전압 $v_o = v_i$가 된다. 즉, 전압이득이 1이다. 이와 같은 증폭기를 전압 팔로워라고 한다. 전압 팔로워는 입력신호를 그대로 출력에 전달한다. 이때 비반전 입력단자와 반전 입력단자 사이의 저항이 매우 크기 때문에 입력과 출력이 전기적으로는 절연된 것과 같은 효과를 나타낸다. 종속 접속된 두 시스템의 전기적 완충 목적으로 전압 팔로워가 사용된다. 전압 팔로워는 앞단 시스템의 출력을 뒷단 시스템에 그대로 전달하면서 전기적으로는 두 시스템을 절연시키는 기능을 한다. 이런 기능을 하는 증폭기를 완충 증폭기buffer amplifier라고 한다.

예제 11-5

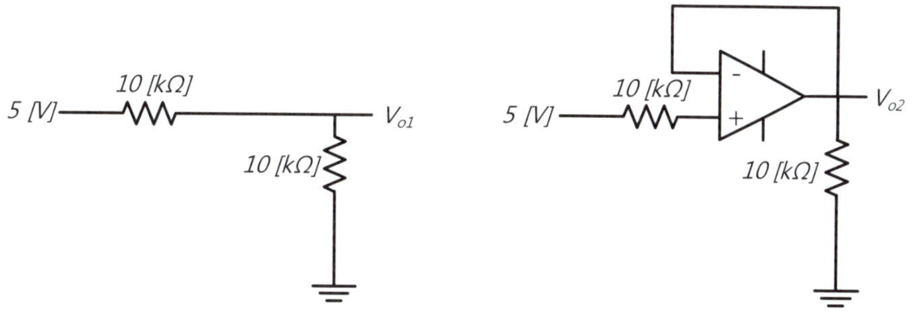

V_{o1} 및 V_{o2}를 구하라.

풀이

$V_{o1} = 5\ [V]$, $V_{o2} = 10\ [V]$

(5) 미분기

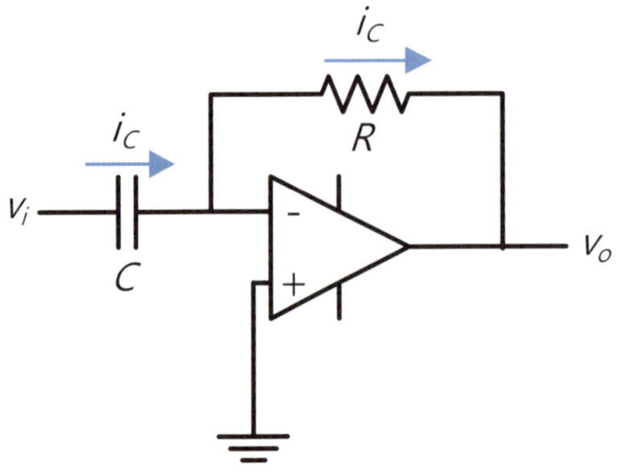

그림 11-13 미분기

그림 11-13에서 교류 신호가 입력에 인가되면,

$$i_C = C\frac{dv}{dt} = C\frac{d(v_i - 0)}{dt} = C\frac{dv_i}{dt} \tag{11-24}$$

의 전류가 커패시터에 흐르며 이 전류는 피드백 저항 쪽으로 이동한다. 피드백 저항 양단의 전압에 의해 출력단자에는 아래와 같은 전압이 나타난다.

$$v_o = -i_C R = -RC\frac{dv_i}{dt} \tag{11-25}$$

식 (11-25)에서 알 수 있듯이, 출력전압은 입력전압을 미분한 값이다. 따라서 그림 11-13의 회로를 미분기라고 한다.

예제 11-6

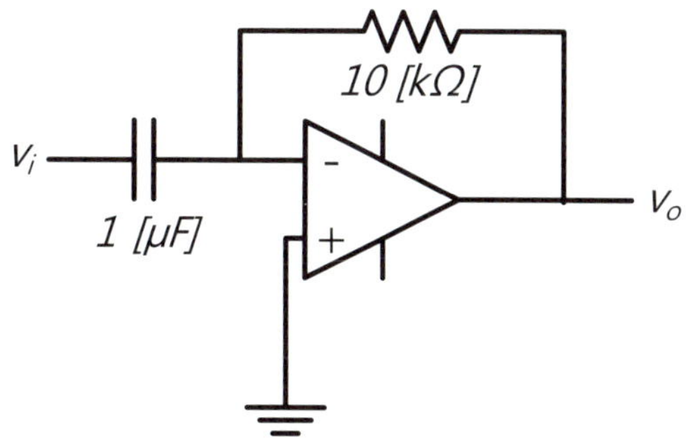

① $v_i = 0.5\sin(wt)\ [V]$일 때 v_o는 얼마인가? 주파수 $f = 1\ [kHz]$이다.

② 아래에 주어진 v_i에 대한 v_o를 그려라.

풀이

①

$$v_o = -RC\frac{dv_i}{dt} = -RC[0.1(2\pi f)\cos(wt)]\ [V]$$

$$= -10^4 \times 10^{-6} \times 0.1 \times 2 \times \pi \times 10^3 \cos(wt)\ [V]$$

② 첫 번째 구간에서는

$$v_o = -RC\frac{dv_i}{dt} = -10^{-2}\frac{(-0.2\ [V])}{10^{-3}\ [\text{sec}]} = 2\ [V]$$

다음 구간에서는

$$v_o = -RC\frac{dv_i}{dt} = -10^{-2}\frac{(0.2\ [V])}{10^{-3}\ [\text{sec}]} = -2\ [V]$$

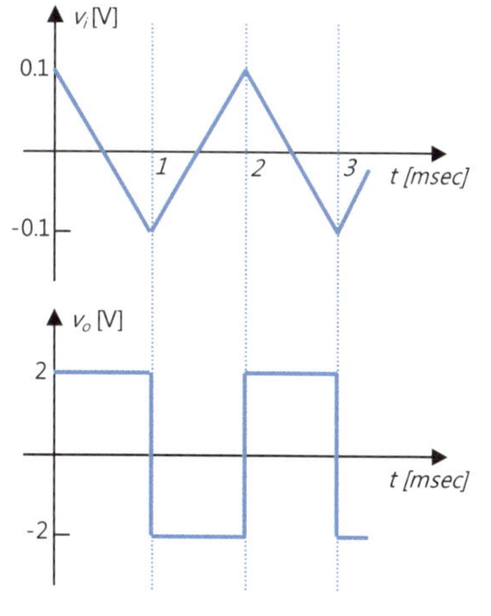

(6) 적분기

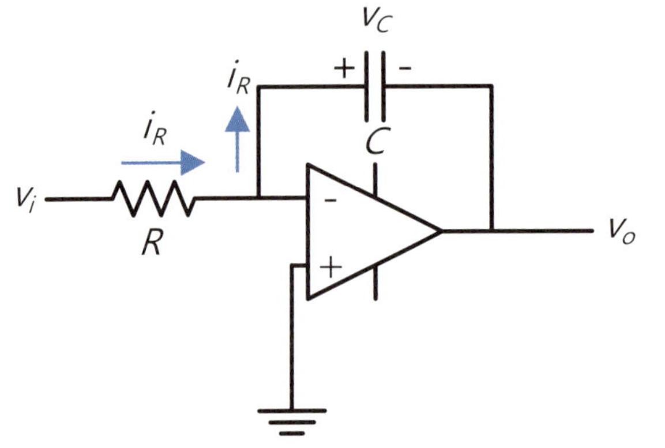

그림 11-14 적분기

그림 11-14에서 v_i와 가상접지($V\_$) 사이에 전류 i_R이 흐르고 이 전류는 피드백 커패시터를 충전시킨다. 이때 커패시터에 충전된 전압에 의해서 v_o가 생성된다.

$$i_R = \frac{v_i}{R} \tag{11-26}$$

$$v_c = \frac{1}{C}\int i\,dt = \frac{1}{RC}\int v_2 dt = -v_o \tag{11-27}$$

결국 v_o는 v_i를 적분한 값이 된다. 이와 같은 회로를 적분기라고 한다. 미분기와 적분기는 R과 C의 위치가 서로 바뀌어 있다.

예제 11-7

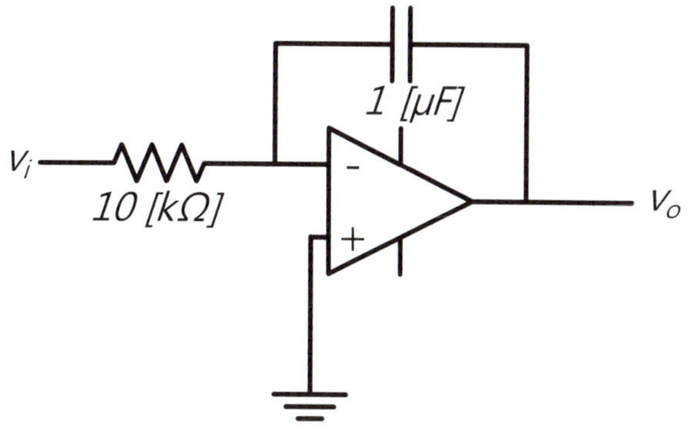

① $v_i = 10\sin^2(10^4 t)\cos(10^4 t)$ $[V]$ 일 때 v_o는 얼마인가?

② v_i의 주파수는 얼마인가?

③ 아래에 주어진 v_i에 대한 v_o를 그려라.

풀이

①

$$v_o = -\frac{1}{RC}\int 10\sin^2(10^4 t)\cos(10^4 t)\,dt\ [V] = -\frac{0.2}{3}\sin^3(t)\ [V]$$

② $2\pi f = 10^4$, $f = \dfrac{10^4}{2\pi} \cong 1.6\ [kHz]$

③ 첫 번째 구간의 경우,

$$v_o = -\frac{1}{RC}\int 0.002\,dt = -100\times 0.002t = -0.2t$$

다음 구간에서는

$$v_o = -\frac{1}{RC}\int (-0.002)\,dt = -100\times 0.002t = 0.2t$$

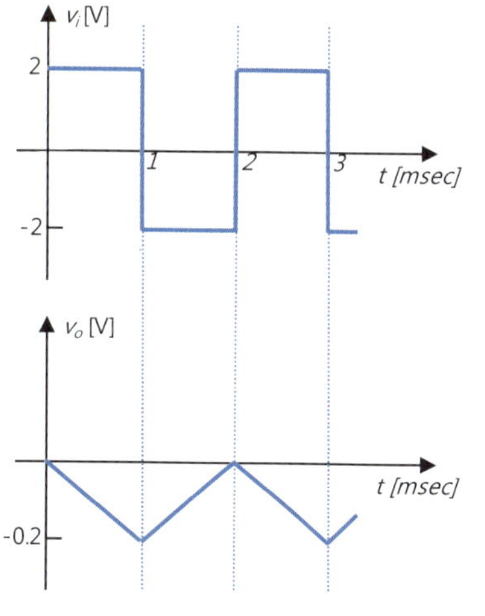

(7) 전압원 및 전류원

부하저항의 크기에 무관하게 부하전압이 일정하면 정전압원 또는 전압원이라고 하고 부하에 흐르는 전류가 부하저항에 관계없이 일정하면 정전류원 또는 전류원이라고 한다. 연산 증폭기는 부하를 어디에 두는가에 따라서 전압원 또는 전류원으로 작동한다.

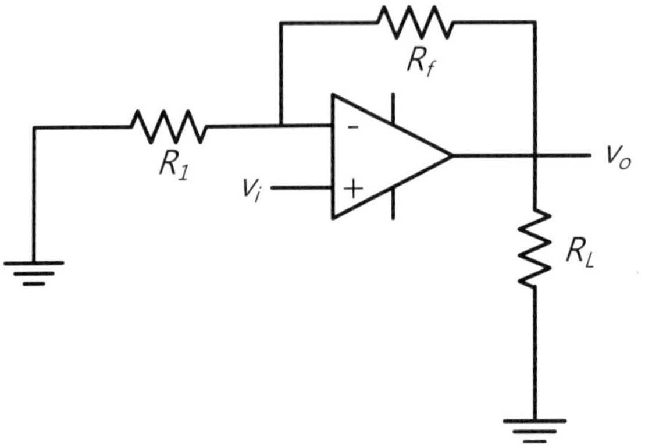

그림 11-15 전압제어 전압원

그림 11-15는 비반전 증폭기이다. 반전 및 비반전 증폭기는 입력전압에 의해서 출력전압이 결정되는 전압제어 전압원이다. 위 회로에서 $v_o = v_i(1 + \frac{R_f}{R_1})$이다. 만약 R_1과 R_2를 고정시킨다면, v_o는 v_i에 의해서 조정된다. 즉, v_o는 부하저항의 영향을 전혀 받지 않는다. 가정으로 전송되는 전기, 건전지 등 일반적으로 우리가 사용하는 전원은 대부분이 전압원이다. 가정에 있는 전기콘센트에 세탁기를 연결하든 TV를 연결하든 콘센트의 전압은 $220\,[V]$를 유지한다. 그림 11-15에서도 부하에 $1\,[k\Omega]$을 연결하든 $10\,[k\Omega]$을 연결하든 부하의 전압은 변하지 않는다. 그러나 부하저항이 너무 낮으면, 부하에 흐르는 전류가 연산 증폭기 출력전류의 한계를 초과하게 되어 증폭기가 전압원 동작을 하지 않는다. 사용하는 연산 증폭기의 종류에 따라서 전압원 기능을 유지할 수 있는 부하저항의 범위가 달라진다.

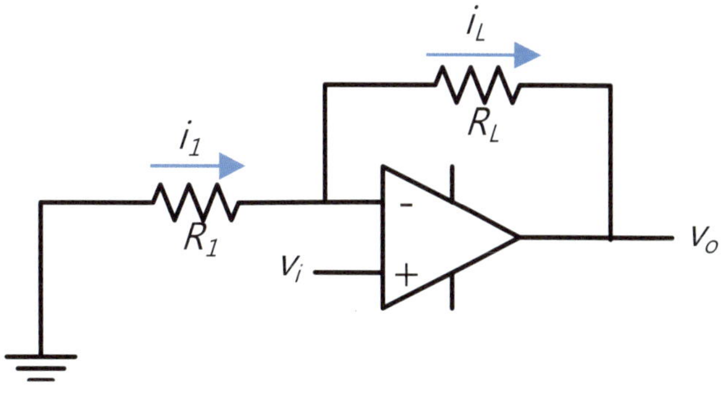

그림 11-16 전압제어 전류원

그림 11-16은 입력전압에 의해 부하전류가 결정되는 전압제어 전류원이다. 부하전류는 아래와 같다.

$$i_L = i_1 = -\frac{v_i}{R_1} \tag{11-28}$$

식 (11-28)에서 알 수 있듯이, 부하전류는 부하저항과 무관하다. 반면에 부하전압은 $v_o = v_i(1 + \frac{R_L}{R})$으로 부하저항에 의존하여 그 값이 달라진다. 따라서 그림 11-16은 전류원의 기능을 갖지만 전압원은 될 수 없다. 위 회로가 전류원으로서 동작하는 것은 연산 증폭기의 비반전 입력단자와 반전 입력단자 사이에 전류가 흐르지 않기 때문이다. 그러나 부하저항이 연산 증폭기의 입력저항에 상당하는 정도로 커지면 연산 증폭기의 입력단자 사이에도 전류가 흐르게 된다. 따라서 부하저항이 매우 큰 경우에는 그림 11-16의 회로가 더 이상 전류원으로서 작동하지 않는다. 일상생활에서는 주로 전압원이 사용되고 전류원은 과학적인 용도로 가끔 쓰인다. 본 교재에서는 입력전압으로 부하전압 또는 부하전류를 제어하는 전압제어 전압원 및 전류원을 설명했지만, 입력전류로 부하전압 또는 부하전류를 제어하는 전류제어 전압원 및 전류원도 설계할 수 있다.

예제 11-8

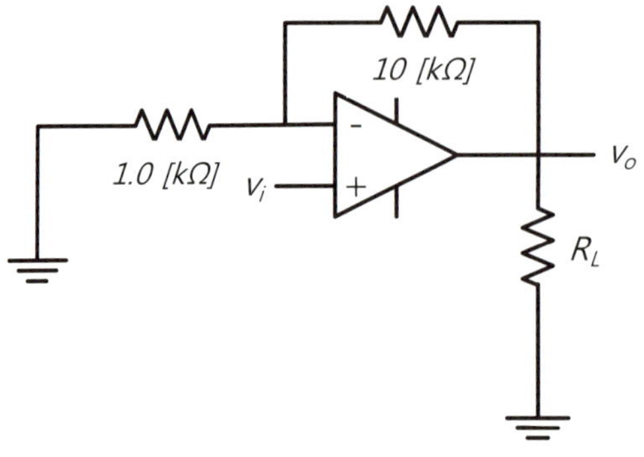

위 회로에서 $R_L = 1\ [k\Omega]$, $10\ [k\Omega]$일 때의 v_o를 구하라. ($v_i = 0.1\ [V]$)

풀이

R_L에 관계없이 $v_o = \dfrac{10\ [k\Omega]}{1.0\ [k\Omega]} \times v_i = 1\ [V]$이다.

예제 11-9

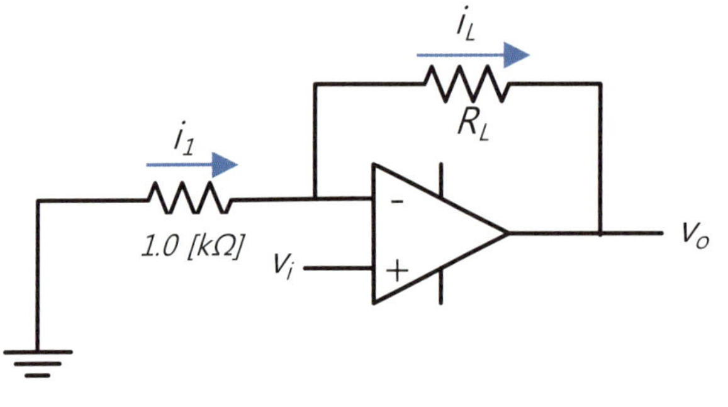

위 회로에서 $R_L = 1\ [k\Omega]$, $10\ [k\Omega]$일 때의 i_L을 구하라. ($v_i = 2.0\ [V]$)

풀이

R_L에 관계없이 $i_L = \dfrac{v_i}{1.0\ [k\Omega]} = 2.0\ [mA]$이다.

(8) 능동 필터

특정한 주파수 범위의 신호만 출력으로 전송하는 회로를 필터라고 하며, 필터 설계에 트랜지스터와 같은 능동소자가 포함된 회로를 능동 필터active filter라고 한다. 필터는 주파수 전송 범위에 따라 저역 통과 필터low-pass filter, 고역 통과 필터high-pass filter 및 대역 통과 필터band-pass filter로 구분된다.

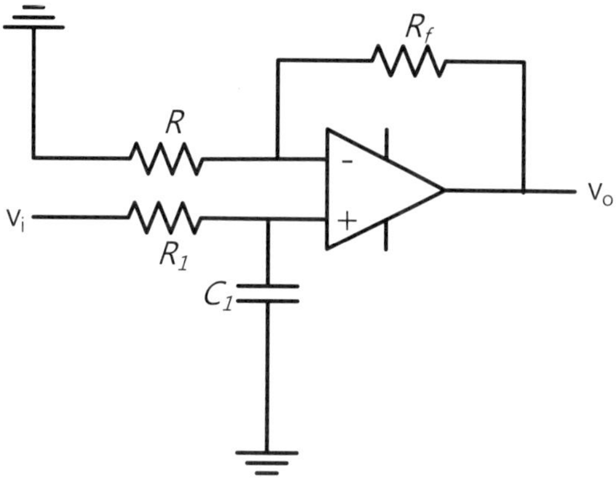

그림 11-17 1차 저역 통과 필터

그림 11-17에서 커패시터가 없다면, $A_v = \dfrac{v_o}{v_i} = (1 + \dfrac{R_f}{R})$이다. 그러나 입력신호의 주파수가 높아지면 V_+ 가 감소하여 전압이득이 줄어든다. 이때 고주파 차단주파수는

$$f_H = \frac{1}{2\pi R_1 C_1} \qquad (11\text{-}29)$$

이다. 위 증폭기의 전압이득은 f_H 이상에서 $-20\ [dB/decade]$로 감소한다. 차단주파수 이후에 전압이득을 더욱 가파르게 감소시키려면 동일한 필터를 하나 더 직렬 연결하면 된다. 그러면 전압이득의 감소 기울기가 $-40\ [dB/decade]$로 커진다.

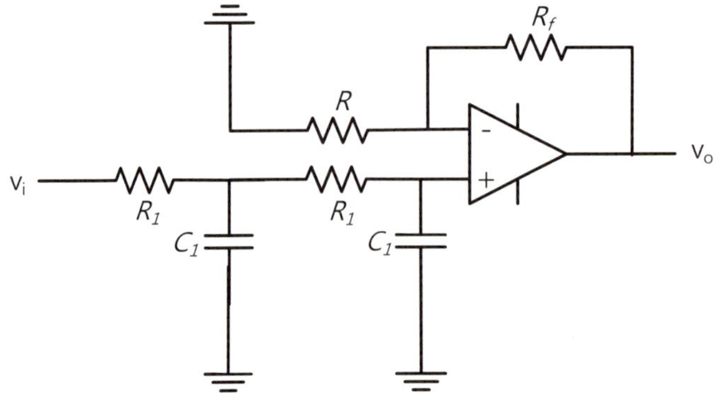

그림 11-18 2차 저역 통과 필터

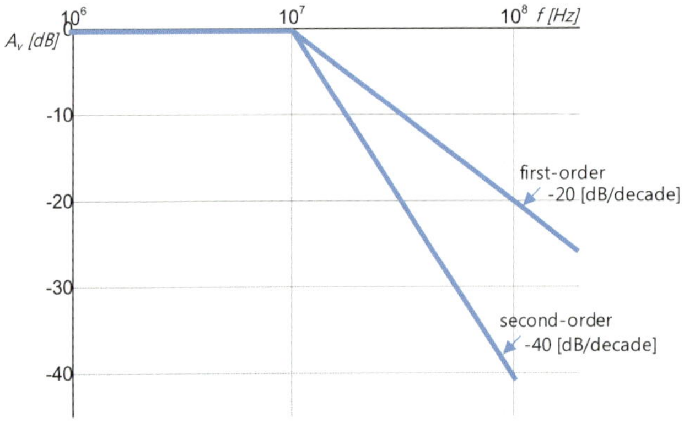

그림 11-19 1차 및 2차 저역 통과 필터 주파수 응답특성

그림 11-20은 저주파 차단주파수 이하에서 전압이득이 감소하는 고역 통과 필터이다. 본회로의 차단주파수는

$$f_L = \frac{1}{2\pi R_1 C_1} \tag{11-30}$$

이다. 고역 통과 필터 역시 RC 회로의 다단 접속을 통해 전압이득 감소 기울기를 높일 수 있다.

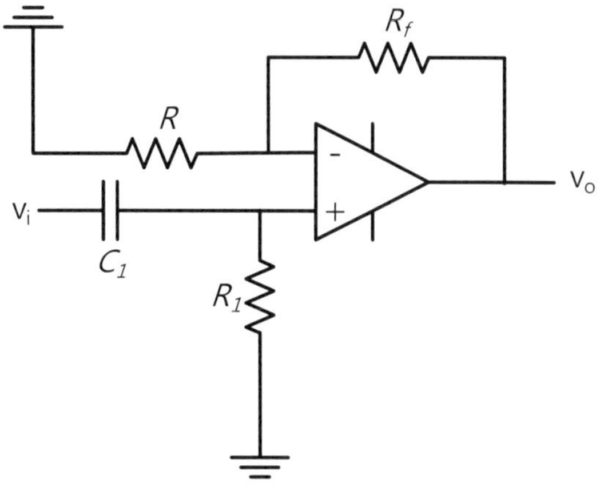

그림 11-20 1차 고역 통과 필터

고역 통과 필터와 저역 통과 필터를 결합하면 특정 주파수대만 통과시키는 대역 통과 필터를 만들 수 있다. 그림 11-21에 대역 통과 필터를 나타내었다.

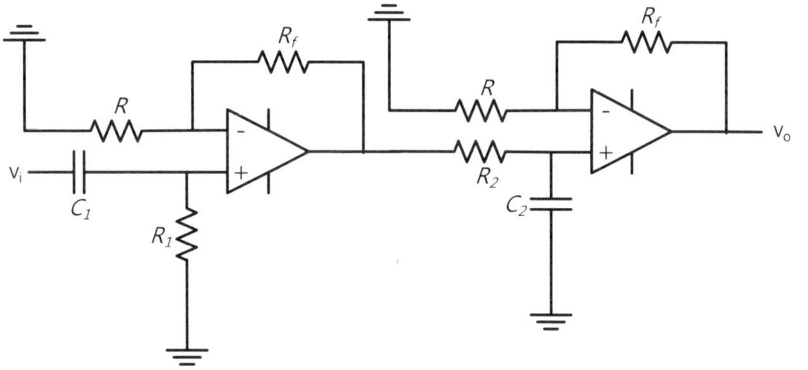

그림 11-21 대역 통과 필터

(9) 비교기

피드백 연결이 되지 않은 연산 증폭기는 비교기의 기능을 가지고 있다. 비교기는 센서를 사용하는 제어 회로에 널리 사용된다. 단순히 연산 증폭기를 비교기로 사용할 경우에는 입력의 잡음에 의해 동작 에러가 발생할 수 있다. 그림 11-22에 입력신호의 잡음에 의한 출력의 오동작 예를 과장되게 나타내었다.

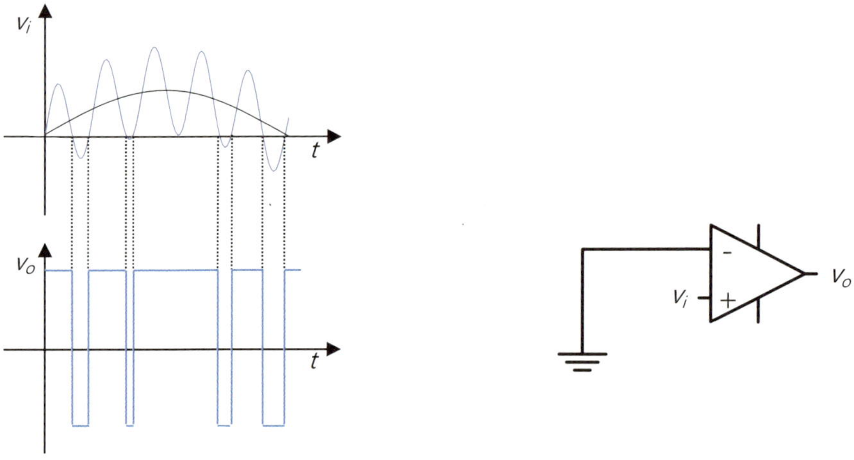

그림 11-22 입력신호 잡음에 의한 비교기 동작

그림 11-22에서 반전 입력단은 접지되어 있다. 따라서 입력신호가 인가되는 비반전 입력단의 전위가 반전 입력단보다 높기 때문에 출력전압은 항상 양($+V_{CC}$)이 되어야 한다. 그러나 잡음에 의해서 일시적으로 입력신호가 음이 되는 경우가 발생한다. 비반전 입력단의 전위가 음이 되면 출력전압도 음($-V_{EE}$)이 된다. 이런 잡음의 영향을 줄이기 위하여 히스테리시스hysteresis 특성을 갖는 슈미터 트리거Schmitt trigger를 사용한다. 그림 11-23에 연산증폭기를 사용한 슈미터 트리거 회로를 나타내었다. 히스테리시스 특성을 얻기 위해 슈미터 트리거에는 정귀환이 사용된다.

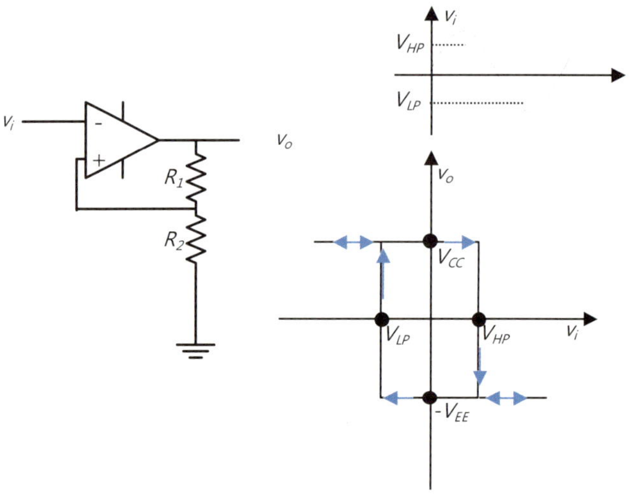

그림 11-23 정귀환 비교기의 히스테리 특성

그림 11-23에서 입력신호 v_i가 양의 값이 되면 $v_o = -V_{EE}$가 되고 이에 따라 비반전 입력단의 전위 $V_+ = -V_{EE}\dfrac{R_2}{R_1+R_2} = V_{LP}$가 된다. 비반전 입력단의 전위가 낮아지면, 입력신호에 잡음이 더해진다 하더라도 V_{LP} 이하로 내려가지 않는다면 $v_o = -V_{EE}$가 유지된다. 만약 입력전압이 감소하여 $v_i \prec V_{LP}$가 되면, $v_o = +V_{CC}$로 바뀌고 비반전 입력단의 전위도 $V_+ = +V_{CC}\dfrac{R_2}{R_1+R_2} = V_{HP}$로 변한다. 비반전 입력단의 전압이 $V_+ = V_{HP}$가 되면 입력신호에 잡음이 더해진다 하더라도 V_{HP}보다 커지지 않으면 $v_o = +V_{CC}$의 상태를 유지하게 된다.

(10) 지수 함수 증폭기

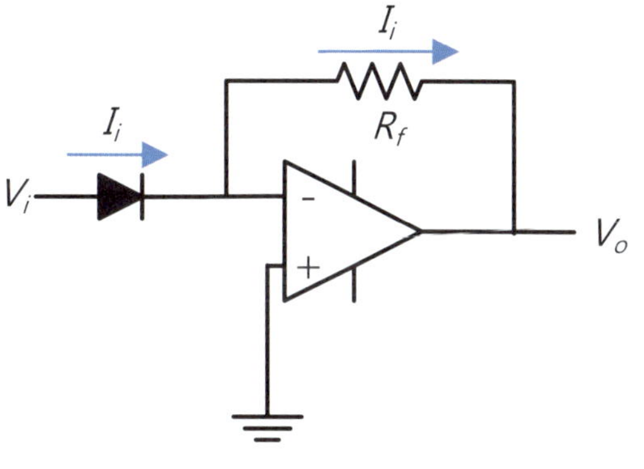

그림 11-24 지수 증폭기

4장에서 설명했듯이 다이오드의 전류는 다이오드에 인가되는 순방향 전압의 지수 함수exponential function이다. 이런 관계를 이용하면 출력전압이 입력전압의 지수 함수 또는 대수 함수logarithmic function가 되는 증폭기를 설계할 수 있다. 그림 11-24는 다이오드를 이용한 지수 함수 증폭기이다. 여기서 출력전압을 구하면 아래와 같다. 반전 입력단자는 가상접지이므로 다이오드에는 V_i가 인가된다. 따라서 입력전류는

$$I_i = I_s \exp(qV_i / kT) \tag{11-31}$$

이고, 입력전류는 피드백 저항을 통해서만 흐르므로

$$V_o = -I_i R_f = -I_s R_f \exp(qV_i / kT) \tag{11-32}$$

가 된다. 식 (11-32)에서 알 수 있듯이 출력전압은 입력전압에 지수 비례한다. 실리콘 다이오드의 전위 장벽이 약 $0.7\ [V]$이므로 그림 11-24는 $0 \prec V_i \prec 0.7\ [V]$ 범위에서 지수 증폭기가 정상적으로 동작한다.

예제 11-10

다이오드의 전류-전압 특성을 이용하여 대수 증폭기를 설계하라.

풀이

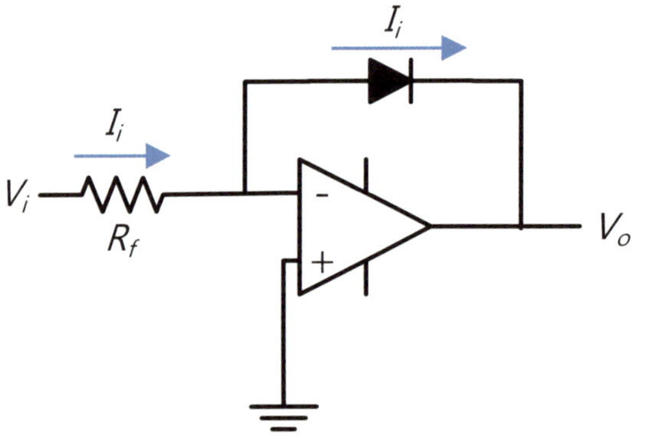

$I_i = \dfrac{V_i}{R_f}$, I_i는 다이오드를 통과한다. 따라서 $I_i = I_s \exp(qV_D / kT)$이다.

$V_D = \dfrac{kT}{q} ln(\dfrac{I_i}{I_s})$이므로 출력전압 $V_o = -V_D = -\dfrac{kT}{q} ln(\dfrac{I_i}{I_s}) = -\dfrac{kT}{q} ln(\dfrac{V_i}{R_f I_s})$이 된다. 출력전압은 입력전압의 대수 함수이다.

(11) 부귀환 증폭기

앞에서 연산 증폭기를 해석할 때, 비반전 입력단자(V_+)와 반전 입력단자(V_-)의 전위는 같다고 가정하였다. 그러나 실제 사용되는 연산 증폭기는 두 입력단자 사이에 $V_+ - V_- = v_i - v_f$ 에 해당하는 전위차를 갖는다. 여기서 v_f는 출력전압이 입력으로 피드백되는 전압이다. 이와 같이 출력전압이 반전 입력단자로 피드백되는 경우를 부귀환negative feedback이라고 한다. 여기서는 귀환회로를 해석하는 방법으로 비반전 증폭기의 전압이득을 구한다.

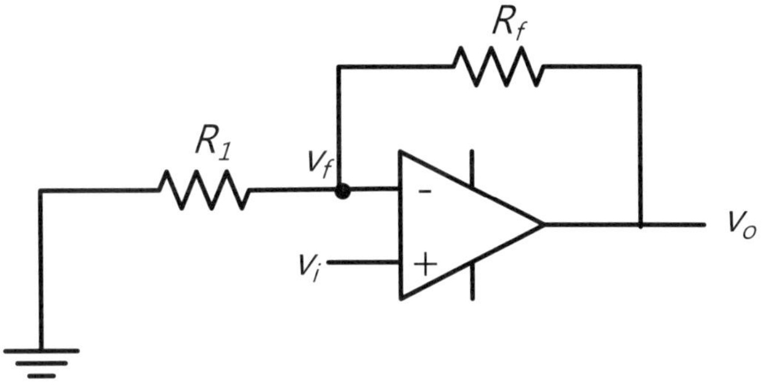

그림 11-25 비반전 증폭기

$$v_f = v_o\left(\frac{R_1}{R_1 + R_f}\right) \tag{11-33}$$

식 (11-33)에서 $\beta_f = R_1 / (R_1 + R_f)$을 감쇠율이라고 정의한다. 두 입력단자의 전위차에 개방루프 전압이득($A_{v(OL)}$)이 곱해져서 비반전 증폭기의 출력전압이 된다. β_f와 $A_{v(OL)}$을 사용하여 폐루프 전압이득($A_{v(OL)}$)을 구하면,

$$v_o = A_{v(OL)}(v_i - v_f) = A_{v(OL)}(v_i - \beta_f v_o) \tag{11-34}$$

$$A_{v(CL)} = \frac{v_o}{v_i} = \frac{A_{v(OL)}}{1 + A_{v(OL)}\beta_f} \cong \frac{1}{\beta_f} = (1 + \frac{R_f}{R_1}) \tag{11-35}$$

보통 $A_{v(OL)}\beta_f \gg 1$이다. 식 (11-35)는 앞에서 구한 비반전 증폭기의 전압이득과 같다. 부귀환은 증폭기의 주파수 특성 개선, 입출력전압 비례성 향상 등을 위해서 사용된다. 부귀환은 증폭기의 입력

및 출력 임피던스에도 영향을 미친다. 본 교재에서는 비반전 증폭기와 반전 증폭기에 한정하여 부귀환 효과를 설명한다.

먼저 비반전 증폭기의 입력 임피던스를 구한다. 그림 11-25의 비반전 증폭기에서

$$v_o = A_{v(OL)}(v_i - v_f) = v_i \frac{A_{v(OL)}}{1+\beta A_{v(OL)}} \tag{11-36}$$

$$v_i - v_f = i_i Z_i \tag{11-37}$$

이다. 위의 두 식을 정리하여 부귀환 증폭기의 입력 임피던스를 구하면,

$$Z_{if} = \frac{v_i}{i_i} = Z_i(1 + A_{v(OL)}\beta_f) \tag{11-38}$$

이 된다. 부귀환에 의해 입력 임피던스가 크게 증가함을 알 수 있다. 다음에는 부귀환 증폭기의 출력 임피던스를 구한다.

$$v_o = A_{v(OL)}(v_i - v_f) = A_{v(OL)}v_i - A_{v(OL)}v_f = A_{v(OL)}v_i - A_{v(OL)}\beta_f v_o \tag{11-39}$$

$$\frac{v_o}{i_o} = A_{v(OL)}\frac{v_o}{i_o} - A_{v(OL)}\beta_f \frac{v_o}{i_o} = Z_o - A_{v(OL)}\beta_f \frac{v_o}{i_o} \tag{11-40}$$

$$Z_{of} = \frac{v_o}{i_o} = \frac{Z_o}{1 + A_{v(OL)}\beta_f} \tag{11-41}$$

부귀환에 의해 비반전 증폭기의 출력 임피던스가 낮아진다. 그림 11-8의 반전 증폭기는 가상접지의 영향으로 입력 임피던스가 아래와 같아진다.

$$Z_{if} \cong R_1 \tag{11-42}$$

반전 증폭기의 출력 임피던스는 비반전 증폭기와 같다.

예제 11-11

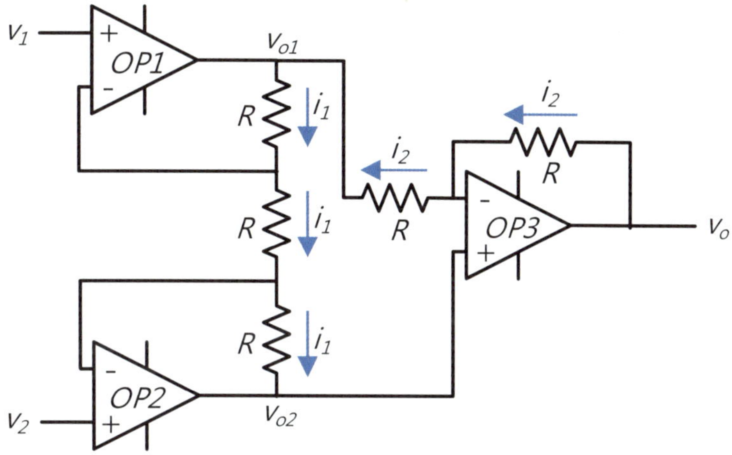

위 회로의 v_o를 구하라.

풀이

$$V_{+(OP1)} = v_1, V_{-(OP2)} = v_2$$

$$i_1 = \frac{V_{-(OP1)} - V_{-(OP2)}}{R} = \frac{v_1 - v_2}{R}$$

$$v_{o1} = V_{-(OP1)} + i_1 R = v_1 + (v_1 - v_2) = 2v_1 - v_2$$

$$v_{o2} = V_{-(OP2)} + i_1 R = v_2 - (v_1 - v_2) = 2v_2 - v_1$$

$$V_{+(OP3)} = v_{o2} = V_{-(OP3)}$$

$$i_2 = \frac{V_{-(OP3)} - v_{o1}}{R} = \frac{v_{o2} - v_{o1}}{R}$$

$$\begin{aligned} v_o &= V_{-(OP3)} + i_2 R = v_{o2} + (v_{o2} - v_{o1}) \\ &= 2v_{o2} - v_{o1} = 4v_2 - 2v_1 - 2v_1 + v_2 \\ &= 5v_2 - 4v_1 \end{aligned}$$

(12) 전압 조정기

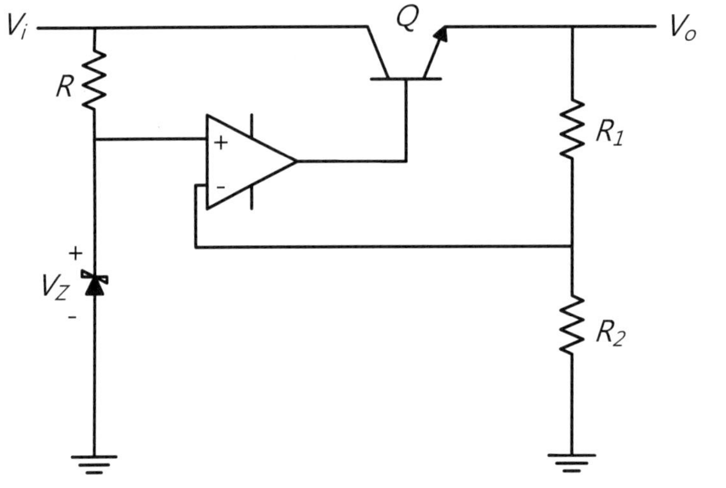

그림 11-26 직렬 전압 조정기

제너 다이오드에 역방향 항복전압이 인가되면 다이오드 전류는 급격히 증가하지만 더 이상 다이오드 전압은 증가하지 않는다. 따라서 제너 다이오드는 정전압원의 설계에 자주 사용된다. 그림 11-26은 연산 증폭기와 제너 다이오드로 구성한 전압 조정기이다. 연산 증폭기의 비반전 입력단에 인가되는 전압은 제너 다이오드 전압(V_Z)이므로 출력단은 항상 아래 전압을 유지한다.

$$V_o = V_Z(1+\frac{R_1}{R_2}) \tag{11-43}$$

제너 다이오드가 정전압 상태를 유지하려면 제너 다이오드에 인가되는 역방향 전압이 V_Z보다 커야만 한다. 마찬가지로 그림 11-26의 회로가 정전압을 유지하려면 입력전압이 아래의 조건을 만족해야 한다.

$$V_i \geq V_Z(1+\frac{R_1}{R_2}) \tag{11-44}$$

PSpice 11-1

전압 조정 회로의 입력신호에 대한 출력신호를 시뮬레이션하라.

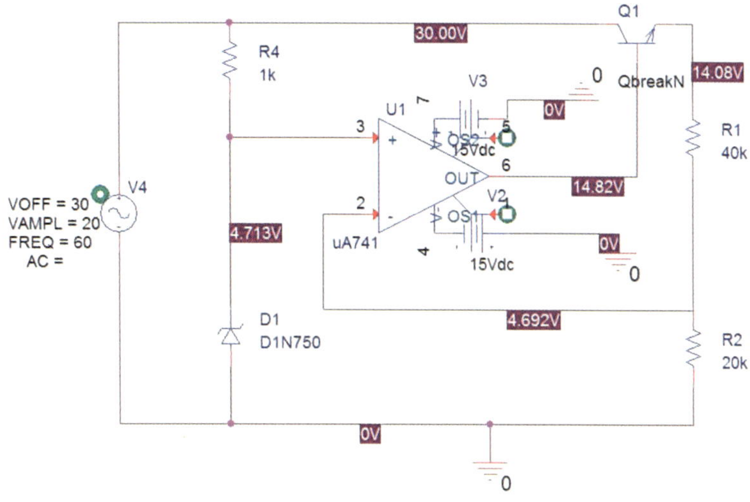

풀이

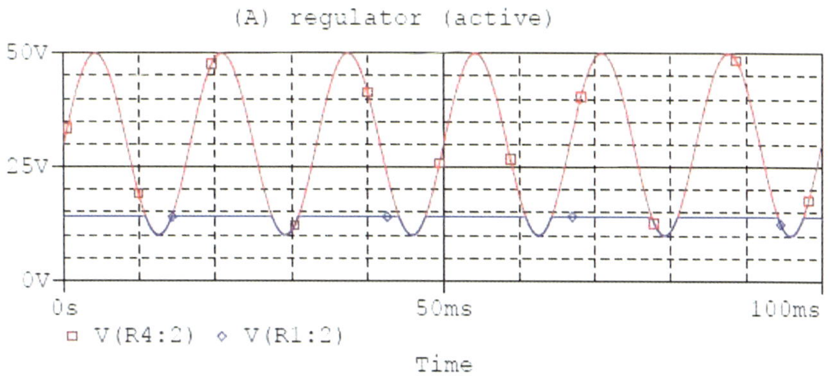

위 그래프에서 출력전압은 $V_o = 4.7\times(1+\frac{40}{20}) \cong 14$ $[V]$로 고정됨을 확인할 수 있다. 그러나 정전압 상태는 14 $[V]$ 이상의 입력신호에서만 유지된다. 위 회로에서 사용한 제너 다이오드($D1N750$)의 항복전압은 4.7 $[V]$이다. 제너 다이오드를 교체하여 출력전압의 크기를 조정할 수 있다.

11-4 연산 증폭기 파라미터 Parameters of operational amplifier

(1) 오프셋 전압 및 전류

가. 입력 오프셋 전압

이상적인 연산 증폭기는 입력전압이 $0\,[V]$이면 출력전압도 $0\,[V]$가 된다. 그러나 실제로는 연산 증폭기의 입력전압이 $0\,[V]$인 경우에도 출력전압이 발생한다. 이것은 연산 증폭기에 장착되어 있는 차동 증폭기의 두 트랜지스터에서 나타나는 미세한 특성 차이 때문이다. 연산 증폭기의 출력을 $0\,[V]$로 만들기 위해 필요한 차동 입력전압을 입력 오프셋 전압input offset voltage ($V_{i(offset)}$)라고 하며 일반적으로 $2\,[mV]$ 이하의 값을 갖는다. 비반전 증폭기의 입력 오프셋 전압이 $V_{i(offset)}$이라면 출력단자에는 $V_{o(offset)} = V_{i(offset)}(1+\frac{R_f}{R_1})$의 전압이 나타난다.

나. 입력 오프셋 전류

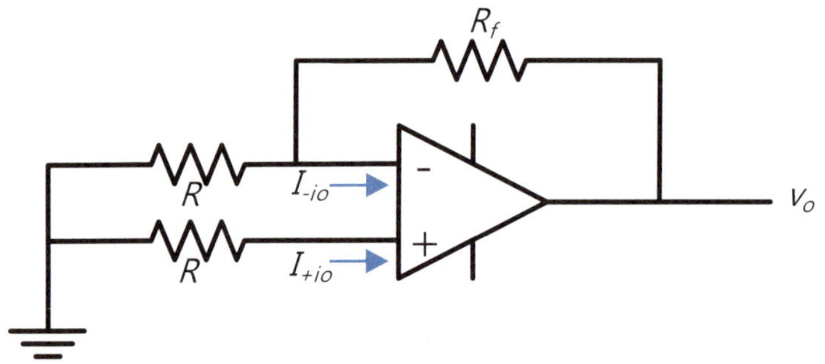

그림 11-27 비반전 증폭기

이상적인 연산 증폭기의 입력단에는 전류가 흐르지 않는다고 가정한다. 그러나 실제로는 미세한 바이어스 전류가 연산 증폭기의 입력단에 존재하며, 차동 증폭기를 구성하는 트랜지스터의 비대칭성에 의해 비반전 입력단과 반전 입력단에 흐르는 바이어스 전류의 크기에는 차이가 있다. 이 바이어스 전류의 차이에 의해 출력단에는 출력 오프셋 전압이 발생한다. 그림 11-27에서 $V_- = I_{-io}R$ 그리고 $V_+ = I_{+io}R$이다. V_-는 반전 증폭기의 입력전압 그리고 V_+는 비반전 증폭기의 입력전압으로 보면, 바이어스 전류에 의한 $V_{o(offset)}$는 아래와 같다.

$$V_{o(offset)} = I_{+io}R(1+\frac{R_f}{R}) - I_{-io}R(\frac{R_f}{R}) \cong R_f(I_{+io} - I_{-io}), \quad R_f \gg R \tag{11-45}$$

(2) 주파수 특성

연산 증폭기에 사용되는 부귀환은 전압이득뿐만 아니라 주파수 특성에도 영향을 미친다. 연산 증폭기의 개방루프 고주파 차단주파수가 $f_{H(OL)}$라면 폐루프 차단주파수는 아래와 같이 증가한다. 그리고 폐루프 대역폭($BW_{(CL)}$) 역시 개방루프 대역폭($BW_{(OL)}$)에 비해 증가한다.

$$f_{H(CL)} = f_{H(OL)}(1+\beta_f A_{v(mid)}) \tag{11-46}$$

$$BW_{(CL)} = BW_{(OL)}(1+\beta_f A_{v(mid)}) \tag{11-47}$$

연산 증폭기의 신호처리 능력을 나타내는 파라미터로는 아래 식으로 정의되는 슬루율slew rate, SR이 있다.

$$SR = \frac{\Delta v_o}{\Delta t} \; [V/\mu s] \tag{11-48}$$

SR이 $1\,[V/\mu s]$인 연산 증폭기의 출력전압은 $1\,[\mu s]$동안에 $1\,[V]$이상 상승할 수 없다. 따라서 연산 증폭기에서 출력신호가 왜곡되지 않으려면 $\frac{dv_o}{dt} \le SR$의 조건을 만족해야 한다. 예로서, 만약 $v_o = A\sin(2\pi ft)$라면, 출력파형이 왜곡되지 않고 나타나는 최대 주파수는

$$\frac{dv_o}{dt} = 2\pi fA\sin(2\pi ft) \le SR \tag{11-49}$$

$$f \le \frac{SR}{2\pi A\sin(2\pi ft)} \tag{11-50}$$

$$f_{max} = \frac{SR}{2\pi A} \tag{11-51}$$

이다.

예제 11-12

$SR = 10\ [V / \mu s]$, $A_{v(CL)} = 50$ 인 비반전 증폭기에 $f = 500\ [kHz]$ 인 사인파 신호를 입력할 때, 왜곡이 없이 출력을 얻을 수 있는 입력전압의 최대치는 얼마인가?

풀이

$$f \le \frac{SR}{2\pi A \sin(2\pi ft)}$$

$$2\pi fA \sin(2\pi ft) \le SR$$

$\sin(2\pi ft)$의 최댓값은 1이기 때문에

$$f_{max} = \frac{SR}{2\pi A}$$

$$A = \frac{SR}{2\pi f} = \frac{10\ [V / \mu s]}{2\pi \times 500\ [kHz]} = 3.18\ [V]$$ 이다.

$$\therefore v_{i\max} = \frac{A}{A_{v(CL)}} = \frac{3.18}{50} = 63.7\ [mV]$$

예제 11-13

$SR = 10\ [V/\mu s]$인 연산 증폭기의 출력전압이 아래 그래프와 같다. 만약 동일한 회로에 연산 증폭기만 $SR = 1\ [V/\mu s]$인 것으로 교체한다면 출력전압의 파형은 어떻게 되는가?

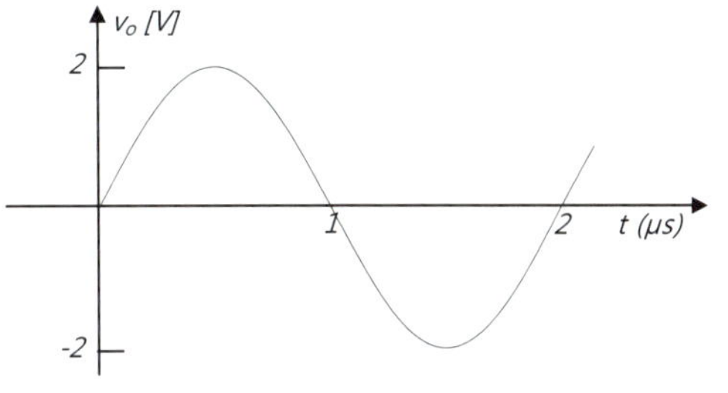

풀이

$SR = 1\ [V/\mu s]$인 연산 증폭기는 $0.5\ [\mu s]$ 동안 최대 $0.5\ [V]$ 상승할 수 있다. 따라서 출력 신호가 $2\ [V]$까지 상승하지 못하고 $0.5\ [V]$에 머물게 된다.

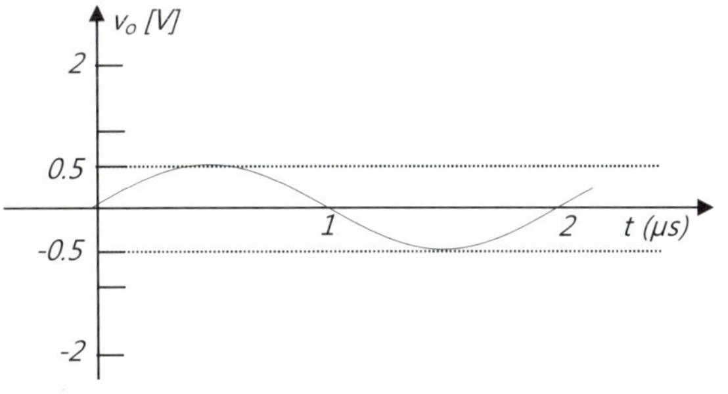

제12장

발진기

12-1 발진기 개요 Introduction to oscillator

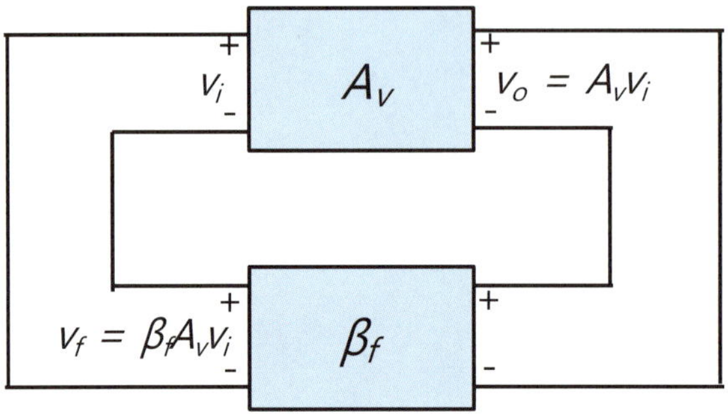

그림 12-1 정귀환 증폭기

그림 12-1은 정귀환positive feedback 증폭기의 개략도이다. 증폭기에 의해 $v_o = A_v v_i$로 증폭된 출력신호가 귀환회로를 거쳐서 $v_f = \beta_f A_v v_i$의 피드백 전압이 되어 입력단에 더해진다. 이때 루프 이득($\beta_f A_v$)이 1이 되면 $v_i = v_f$가 되어 입력신호가 인가되지 않는 상태에서도 일정한 주파수의 전기신호가 출력단에 나타난다. 이것을 발진기라고 한다. 발진회로에는 주파수 의존성을 가진 커패시터와 인덕터가 포함된다. 따라서 귀환회로의 폐루프 전압이득은

$$A_{vf}(jw) = \frac{A_v(jw)}{1 + A_v(jw)\beta_f(jw)} \tag{12-1}$$

으로 표현된다. 이때 $A_v(jw)\beta_f(jw) = -1$의 조건Barkhausen criterion을 만족하는 주파수에서는 $A_{vf}(jw) = \infty$가 되어 미세한 입력신호도 포화된 출력신호로 증폭된다. 실제의 발진기에서는 도선상에 존재하는 전자의 진동이 증폭되어 출력신호로 나타난다. 본 교재에서는 대표적인 발진회로만 예로 제시한다.

12-2 발진회로 Oscillators

(1) 윈브리지 발진기

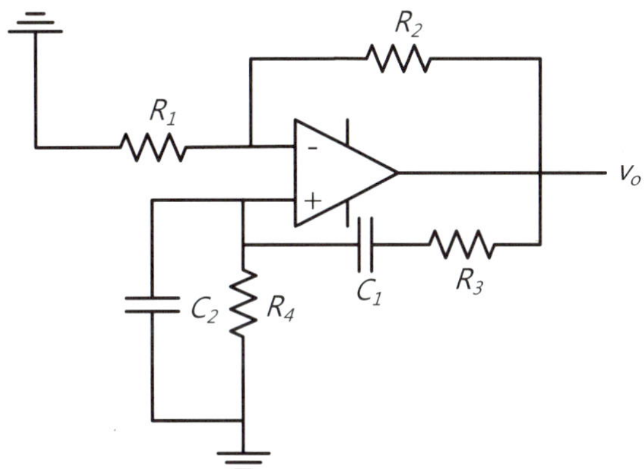

그림 12-2 윈브리지 발진기

윈브리지 발진기Wien-bridge oscillator는 저주파 통과 및 고주파 통과 RC 회로를 결합하여 구성한다. 그림 12-2에서 C_1과 R_4는 고주파 통과 필터이고 R_3와 C_2는 저주파 통과 필터이다. 출력전압 v_o는 저항 및 커패시터에 의해 비반전 입력단자로 피드백된다. $R_3 = R_4 = R$ 그리고 $C_1 = C_2 = C$로 가정하고 V_+ 및 β_f를 구하면,

$$V_+ = v_f = v_o \frac{jX_C R/(R - jX_C)}{R - jX_c + \dfrac{-jX_C R}{(R - jX_C)}} = v_o \frac{-jX_C R}{(R^2 - X_C^2) - j3X_C R} \qquad (12\text{–}2)$$

$$\beta_f = \frac{v_f}{v_o} = \frac{-jX_C R}{(R^2 - X_C^2) - j3X_C R} \qquad (12\text{–}3)$$

이다. 윈브리지 회로는 비반전 증폭기이므로 $A_v = (1 + \frac{R_2}{R_1})$ 이다. 앞의 식들을 발진조건($A_v \beta_f = 1$)에 대입하여 발진 주파수(f_o), 발진 시 전압이득 등을 구하면 아래와 같다.

$$A_v\beta_f = (1+\frac{R_2}{R_1})[\frac{-jX_C R}{(R^2 - X_C^2) - j3X_C R}] = 1 \quad (12\text{-}4)$$

$$f_o = \frac{1}{2\pi RC} \quad (12\text{-}5)$$

$$A_v = 1 + \frac{R_2}{R_1} = 3 \quad (12\text{-}6)$$

$$\beta_f = \frac{1}{3} \quad (12\text{-}7)$$

예제 12-1

β_f와 f_o를 구하라.

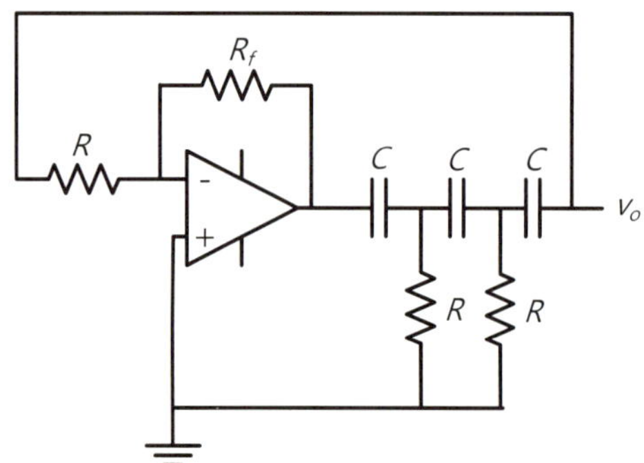

풀이

본 교재에서는 답만 제시한다. $\beta_f = \frac{R}{R_f} = \frac{1}{29}$, $f_o = \frac{1}{2\pi\sqrt{6}RC}$

(2) 콜피츠 발진기

발진기를 구현하기 위해서 LC 공진회로를 사용하기도 하는데, 그중의 하나가 콜피츠 발진기Colpitts oscillator이다. 콜피츠 발진기의 구성을 위해서 FET, BJT를 기본 증폭기로 사용하기도 하지만 본 교재에서는 연산 증폭기를 사용한 콜피츠 발진기만 설명하겠다.

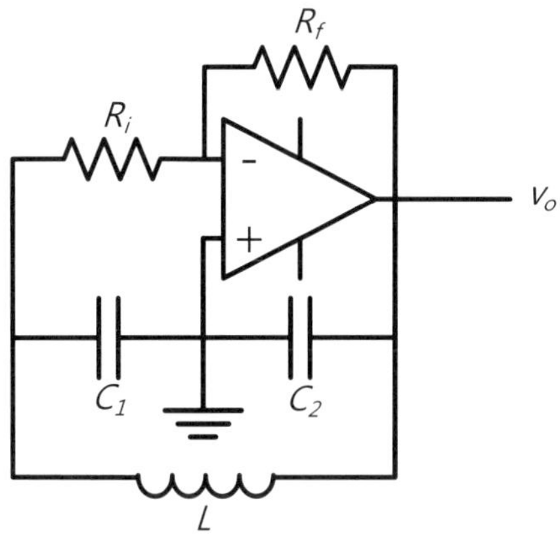

그림 12-3 콜피츠 발진기

그림 12-3은 연산 증폭기를 이용하여 구성한 콜피츠 발진기이다. 콜피츠 발진기의 발진 주파수는 LC 회로의 공진 주파수와 비슷하다. 따라서 코피츠 발진기의 공진 주파수는 아래와 같다.

$$f_o \cong \frac{1}{2\pi\sqrt{LC_T}} \tag{12-8}$$

여기서 C_T는 C_1과 C_2의 직렬 커패시턴스 즉, $\dfrac{C_1C_2}{C_1+C_2}$이다.

(3) 하틀리 발진기

하틀리 발진기Hartley oscillator는 커패시터와 인덕터의 배열 위치가 콜피츠 발진기와 다르다. 하틀리 발진기의 발진 주파수는

$$f_o \cong \frac{1}{2\pi\sqrt{L_TC}} \tag{12-9}$$

이다. 여기서 $L_T = L_1 + L_2$이다.

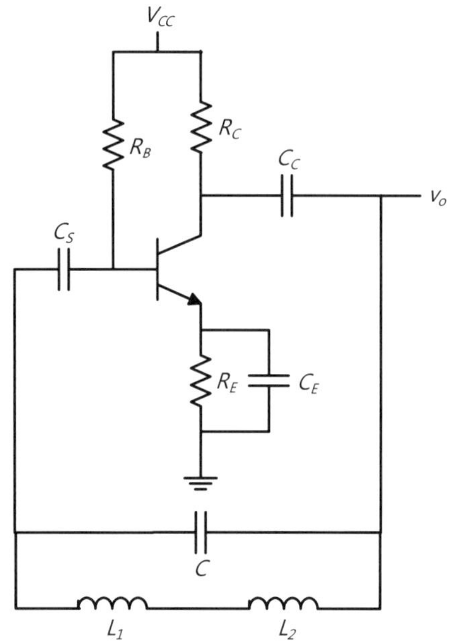

그림 12-4 하틀리 발진기

(4) 수정 발진기

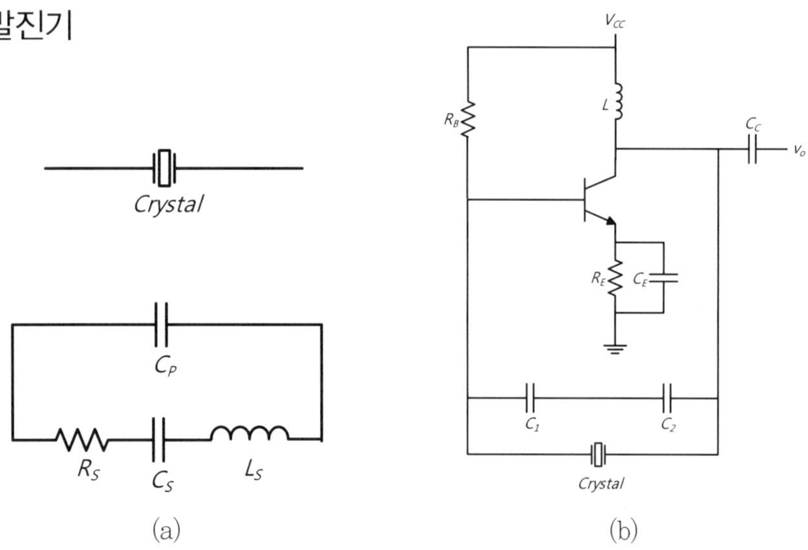

그림 12-5 수정 발진기: (a) 등가회로 및 (b) 발진회로

수정은 기계적 힘이 가해지면 전압을 발생하고 전압이 인가되면 팽창 또는 수축하는 압전 효과 piezoelectric effect를 가지고 있다. 수정에 교류전압을 인가하면 진동이 일어나는데, 수정의 절단 방향 등에 의존하는 고유 진동주파수에서 가장 안정된 진동이 일어난다. 이 압전 효과를 이용해서 발진기를 만들 수 있다. 수정 진동자는 RLC등가회로로 나타낼 수 있으며, 직렬 및 병렬 공진회로에 사용할 수 있다.

(5) 이완 발진기

앞에서 설명한 귀환 발진기는 출력신호의 일부분을 정귀환시켜 입력신호를 높이는 방식으로 정현파의 발진을 유도하였다. 이와 달리 이완 발진기는 RC회로의 충전 및 방전을 이용하여 구형파, 삼각파 등을 만든다.

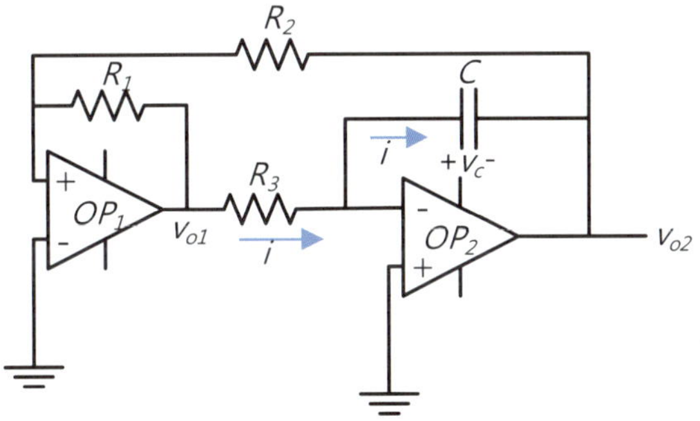

그림 12-6 연산 증폭기를 이용한 구형파 및 삼각파 발진기

그림 12-6에서 OP_1의 V_+가 V_-보다 높으면 $v_{o1}=+V_{o1}$가 되고 v_{o2}는 $-v_c$로 충전된다. v_{o2}가 음이 되면 $v_{o1}=-V_{o1}$으로 바뀌고 전류 i의 방향이 변한다. 전류 i의 방향이 바뀜에 따라 커패시터는 $+v_c$로 충전이 된다. 이와 같은 방식으로 v_{o1}에서는 구형파, 그리고 v_{o2}에서는 삼각파가 만들어진다. 그림 12-6의 OP_2는 적분기로서 $v_{o1}=-V_{o1}$ 면 $v_{o2}=v_c=\dfrac{V_{o1}}{R_3C}t$로 충전되고, $v_{o1}=+V_{o1}$이면 $v_{o2}=-v_c=-\dfrac{V_{o1}}{R_3C}t$ 로 충전된다. 그리고 OP_1의 V_+로는 v_{o1} 및 v_{o2}가 피드백되므로 중첩의 정리를 사용하면,

$$V_+ = \frac{R_2}{R_1 + R_2} v_{o1} + \frac{R_2}{R_1 + R_2} v_{o2} \tag{12-10}$$

이다. $V_+ = 0$일 때 v_{o1}의 극성이 바뀌고, $v_{o1} = -V_{o1}$ 및 $v_{o1} = +V_{o1}$ 일 때 각각 $v_{o2} = V_{o(\max)}$ 및 $v_{o2} = V_{o(\min)}$이 되므로

$$V_{o(\max)} = \frac{R_2}{R_1} V_{o1} \tag{12-11}$$

$$V_{o(\min)} = -\frac{R_2}{R_1} V_{o1} \tag{12-12}$$

이 된다. 그리고 삼각파의 주기 및 주파수는 아래와 같이 구할 수 있다.

$$\frac{V_{o1}}{R_3 C} = \frac{V_{o(\max)} - V_{o(\min)}}{T} \tag{12-13}$$

$$T = \frac{V_{o(\max)} - V_{o(\min)}}{V_{o1} / R_3 C} = \frac{2R_2}{R_1} R_3 C \tag{12-14}$$

$$f = \frac{1}{2T} = \frac{R_1}{4R_2 R_3 C} \tag{12-15}$$

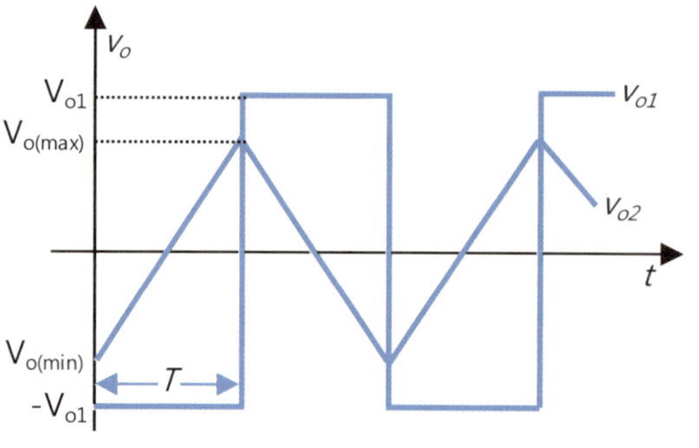

그림 12-7 구형파 및 삼각파 출력

(6) 555 타이머

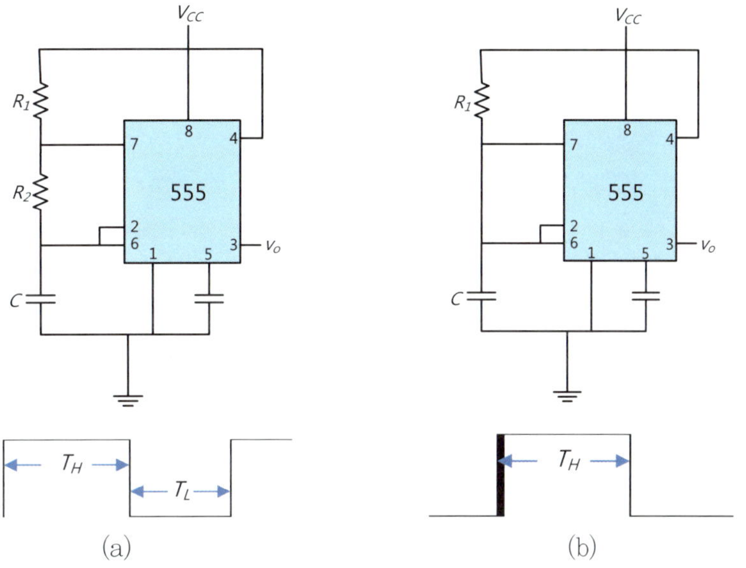

그림 12-8 멀티 바이브레이터: (a) 비안정 및 (b) 단안정

IC로 판매되고 있는 555는 타이머로서 클럭 신호를 만드는 데 많이 사용된다. 555 타이머를 이용하면, 연속적인 신호를 발생시키는 비안정 멀티바이브레이트astable multivibrator뿐만 아니라 단발 신호를 출력하는 단안정 멀티바이브레이트mono-stable multivibrator도 구현할 수 있다. 본 교재에서는 멀티바이브레이트 회로의 예만 제시한다. 그림 12-8은 555 타이머로 구성한 비안정 및 단안정 멀티바이브레이트의 예이다. 비안정 멀티바이브레이트의 폭은

$$T_H \cong 0.7(R_1 + R_2)C \tag{12-16}$$

$$T_L \cong 0.7R_2C \tag{12-17}$$

$$f = \frac{1}{T} \cong \frac{1.44}{(R_1 + R_2)C} \tag{12-18}$$

이고, 단안정 멀티바이브레이트의 폭은 $T_H \cong 1.1R_1C$이다.

제13장

사이리스터 및 기타 전자소자

13-1 사이리스터 Thyristor

사이리스터는 애노드anode와 캐소드cathode를 갖는 pnpn 구조의 소자이다. 사이리스터는 고전압용, 고전류용, 고전력용으로 사용되며, 단자 구성에 따라 쇼클리 다이오드, SCR, triac 등으로 나누어진다.

(1) 쇼클리 다이오드 Shockley diode

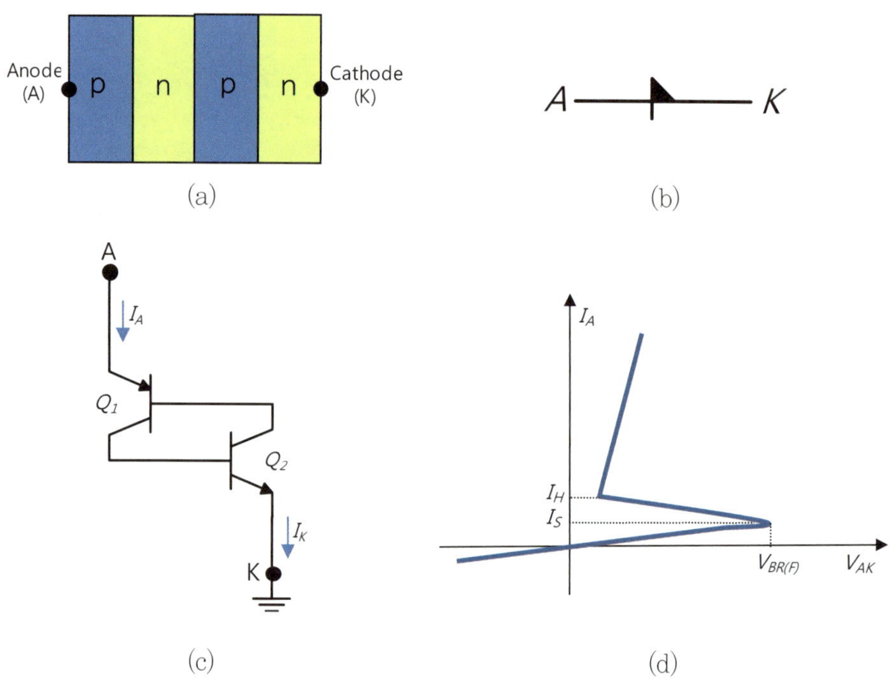

그림 13-1 쇼클리 다이오드: (a) 구조, (b) 기호, (c) 등가회로 및 (d) 특성 곡선

쇼클리 다이오드는 두 개의 트랜지스터가 그림 13-1의 (c)처럼 연결된 것으로 볼 수 있다. 애노드에 양의 전압($V_{AK} \succ 0$)을 인가하면, 두 트랜지스터의 이미터-베이스는 순방향으로 바이어스되고 베이

스-컬렉터는 역방향으로 바이어스된다. 따라서 두 트랜지스터 모두 활성영역에서 동작하며, V_{AK}에 비례하여 애노드 전류(I_A)가 증가한다. 이때 다이오드의 순방향 저항은 매우 크다. V_{AK}를 계속 증가시키면 $I_A = I_S$에 이르게 되고 두 트랜지스터는 포화영역으로 진입하게 된다. 두 트랜지스터가 포화되면 $V_{AK} \cong 0\ [V]$가 되어 다이오드가 도통상태로 전환된다. 다이오드가 도통상태로 전환되는 전압($V_{BR(F)}$)을 순방향 브레이크 오버 전압이라고 하고 이때 흐르는 전류(I_S)를 스위칭 전류라고 부른다. 일단 도통영역으로 들어간 쇼클리 다이오드는 I_A가 유지전류holding current(I_H)이하로 떨어지지 않는 한 도통상태를 유지한다.

예제 13-1

쇼클리 다이오드와 저항이 직렬 연결되어 있다. v_i 에 의한 저항 양단의 전압 v_L 을 구하라. 다이오드의 순방향 전압 강하는 무시한다.

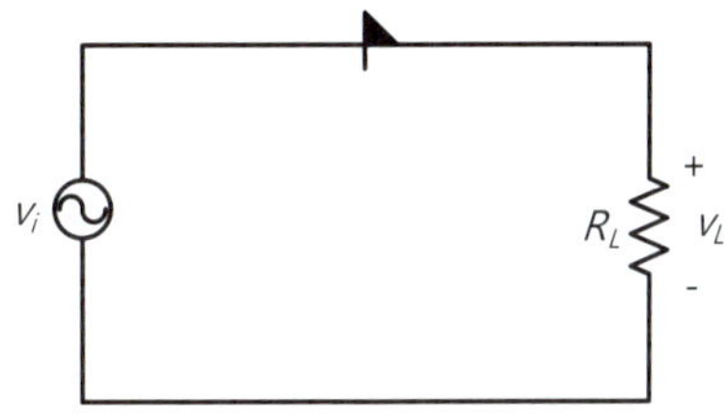

풀이

브레이크 오버 전압 이상에서는 쇼클리 다이오드가 도통되어 입력전압이 부하저항에 인가된다.

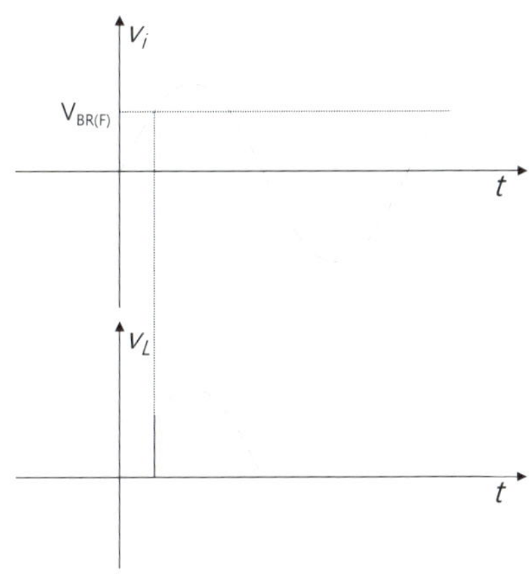

(2) SCR Silicon-Controlled Rectifier

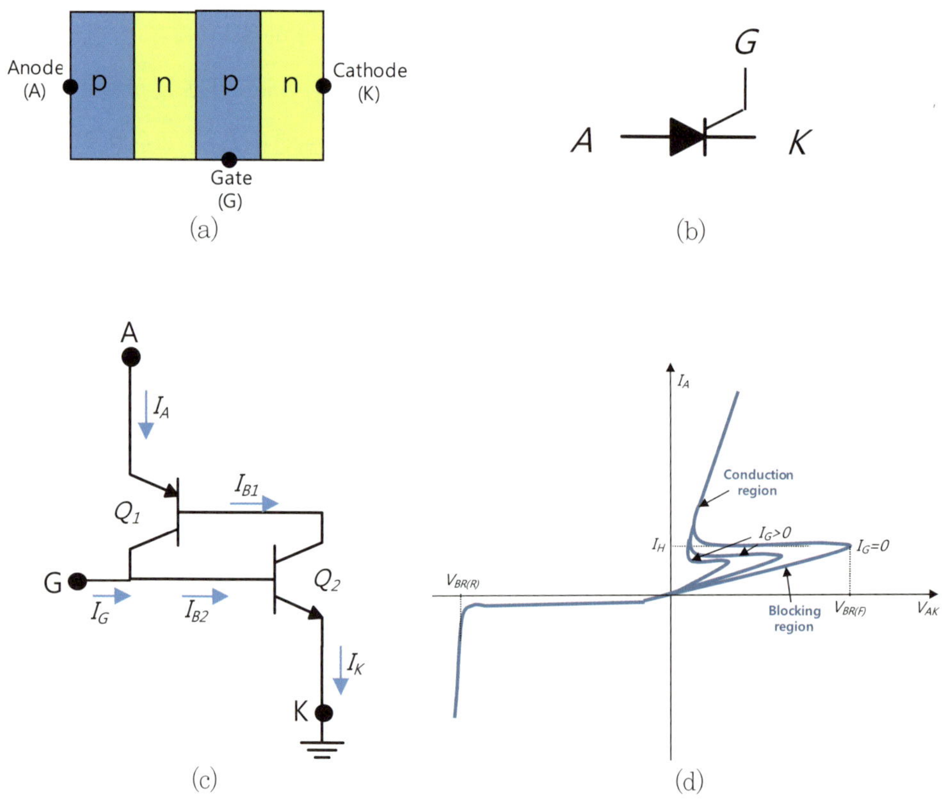

그림 13-2 SCR: (a) 구조, (b) 기호, (c) 등가회로 및 (d) 특성 곡선

SCR은 쇼클리 다이오드에 게이트단자를 부착한 4층 구조 소자이다. 게이트에 전류가 흐르지 않는 상태($I_G = 0$)에서는 쇼클리 다이오드와 같은 동작을 한다. 즉, SCR도 쇼클리 다이오드처럼 브레이크 오버 전압($V_{BR(F)}$) 이하에서는 높은 저항을 갖는 차단영역blocking region이 된다. 차단영역의 SCR은 전기적인 개방상태로 보면 된다. 그러나 게이트에 전류가 주입되면 I_{B2}에 의해 Q_2가 ON 되고 Q_2의 컬렉터 전류는 Q_1을 턴온시켜 SCR은 전도영역conduction region으로 들어간다. 이것은 SCR의 $V_{BR(F)}$이 게이트 전류에 의해 급격하게 낮아진다는 것을 의미한다. 전도영역에서 동작하는 SCR은 전기적으로 단락 또는 도통상태에 있다고 간주할 수 있다. 도통상태의 SCR에 걸리는 순방향 전압은 입력전압에 비해 매우 낮기 때문이다. [표 13-1]에 SCR의 정격들을 요약하였다. SCR의 특성은 제조회사가 제공하는 데이터 시트를 통해 확인할 수 있다. 데이터 시트에는 SCR의 애노드 전류, 애노드-캐소드 전압, 게이트 전류, 역방향 게이트 전압 등의 최대치가 나타나 있다.

[표 13-1] SCR의 주요 정격

정 격	의 미
순방향 반복 전압(V_{DRM})	SCR의 최대 순방향 애노드-캐소드 전압
유지전류(I_H)	SCR을 차단상태로 전환시키는 애노드 전류
평균 전도 전류($I_{T(AV)}$)	On 상태의 평균 애노드 전류
최대 게이트 전류(I_{GM})	게이트에 흐를 수 있는 최대 전류
역방향 반복 전압(V_{RRM})	SCR의 최대 역방향 애노드-캐소드 전압

SCR은 주로 고전압 및 고전류 시스템의 제어를 위해 사용된다. SCR의 게이트를 트리거하여 부하에 공급되는 전류를 제어하는데, 게이트는 전류 또는 빛으로 트리거할 수 있다. 빛으로 게이트를 트리거하는 SCR을 LASCR Light-activated SCR이라고 한다. LASCR을 사용하면, 전력이 공급되는 부하 저항과 트리거 신호를 제공하는 제어회로를 전기적으로 분리할 수 있다. 빛과 함께 게이트 전류로도 트리거할 수 있도록 제조된 LASCR도 판매되고 있다.

SCR은 애노드 전류가 유지전류 이하로 내려가면 턴오프된다. 따라서 SCR을 턴오프하려면 V_{AK}를 역방향으로 인가하여 애노드 전류를 끊거나, 애노드 전류의 반대 방향으로 강제 전류를 주입하는 방법이 있다.

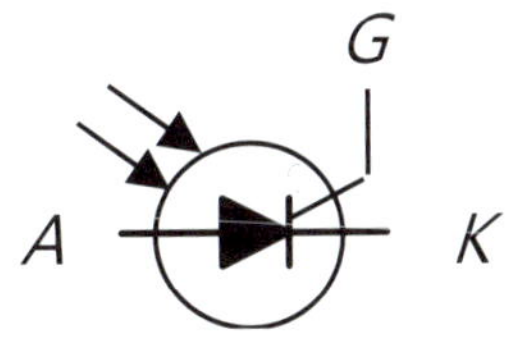

그림 13-3 LASCR의 기호

예제 13-2

v_i 에 의한 v_L 을 그려라. SCR 도통 시 순방향 전압 강하는 무시한다. $R_L \ll R$

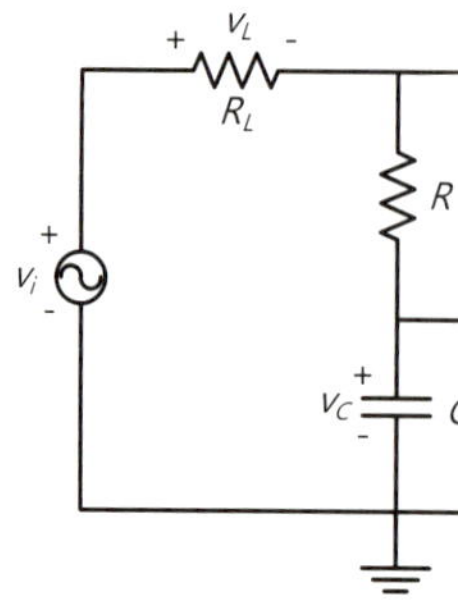

풀이

SCR 차단상태에서는 커패시터가 v_c 로 충전된다. v_c 가 쇼클리 다이오드의 $V_{BR(F)}$보다 커지면 SCR의 게이트로 전류가 흘러 SCR이 도통상태가 되며, 이때 v_i 는 부하저항(R_L)에 모두 인가된다. SCR이 트리거된 후에는 애노드-캐소드에 역방향 전압이 인가될 때까지 도통상태를 유지한다.

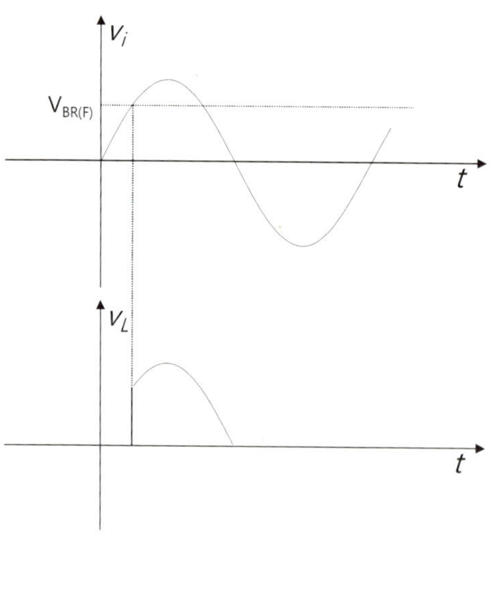

예제 13-3

v_i 및 v_f 에 의한 v_L 을 그려라. SCR 도통 시 순방향 전압은 무시한다.

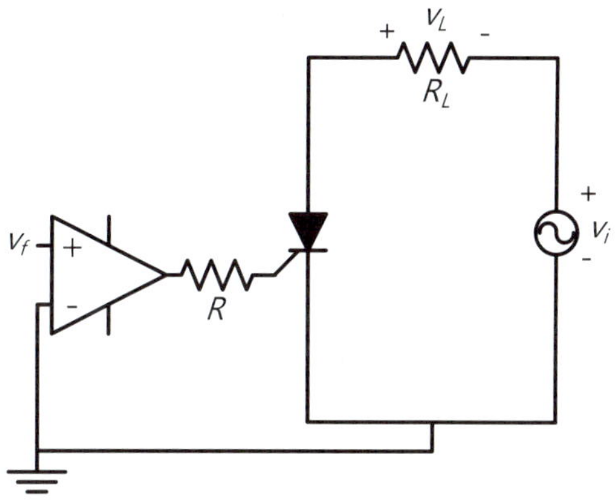

풀이

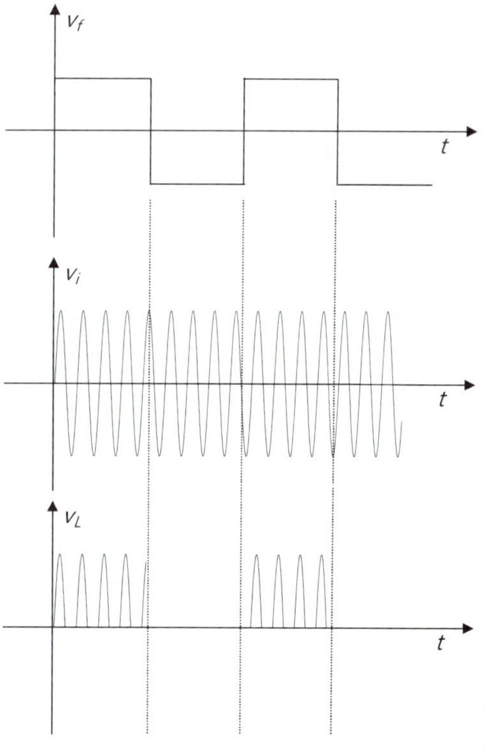

① 연산 증폭기로 구성한 비교기의 출력전압이 양이면 SCR의 게이트로 전류가 흘러 SCR이 도통상태가 된다. 일단 SCR이 도통영역으로 들어가면 V_{AK} <0이 될 때까지 도통상태를 유지한다. 이때 v_i 는 모두 R_L에 인가된다 ($v_L = v_i$).

② 비교기의 출력전압이 음이면 SCR의 게이트 전류가 0이 되어 SCR이 차단상태가 된다. 이때 v_i 는 모두 SCR에 인가된다 (v_L =0).

예제 13-4

부하저항에 인가되는 v_L 을 그려라. SCR의 게이트-캐소드도 다이오드로 간주하라.

① $R = 20\ [k\Omega]$, $R_d = 1\ [k\Omega]$ ② $R = 20\ [k\Omega]$, $R_d = 200\ [k\Omega]$

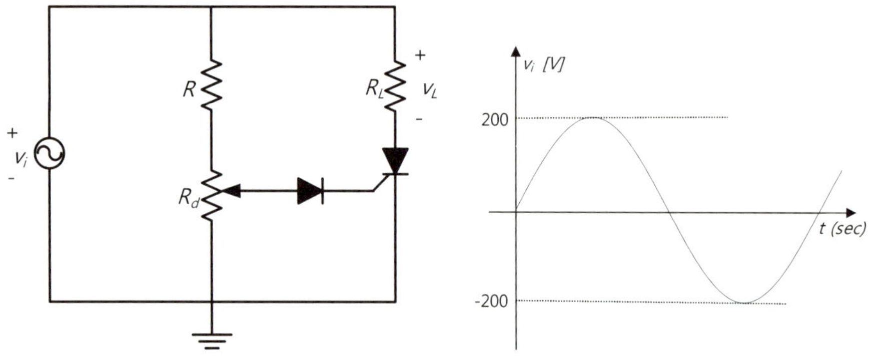

풀이

$v_i \dfrac{R_d}{(R+R_d)} \geq 1.4\,[V]$ 이면 SCR의 게이트에 전류가 흘러 SCR이 트리거 되고 $v_L = v_i$가 된다.

① $v_i = 1.4 \times \dfrac{1}{21}\,[V] = 29.4\,[V]$

② $v_i = 1.4 \times \dfrac{0.2}{20.2}\,[V] = 141.4\,[V]$

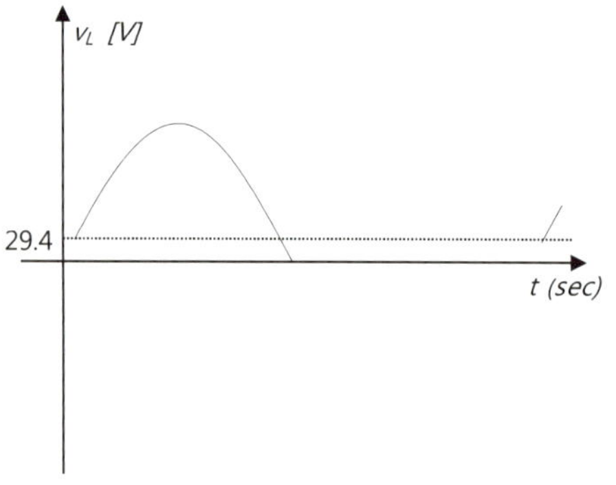

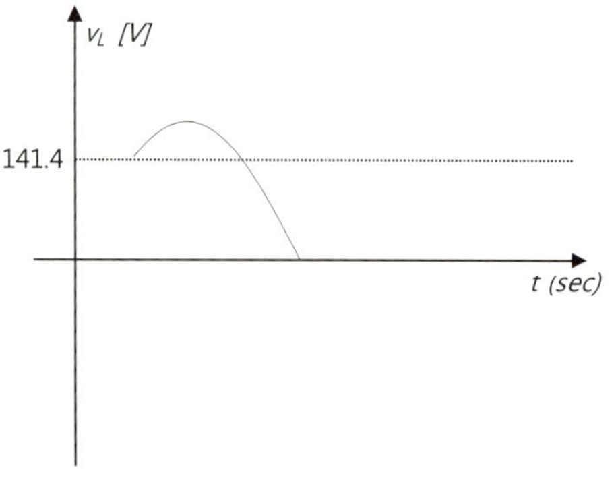

예제 13-5

v_i및 v_f에 의한 v_L을 그려라. SCR 도통 시 순방향 전압은 무시한다.

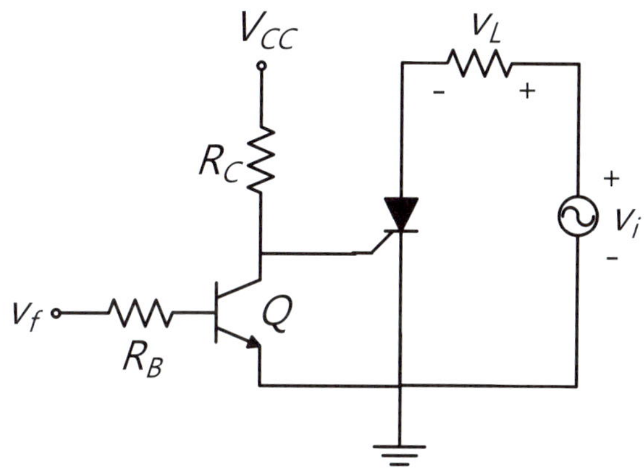

풀이

트랜지스터(Q)의 베이스에 양의 전압이 입력되면 트랜지스터가 포화상태가 되어 $V_{CE} \cong 0$이다. 따라서 SCR의 게이트에 전류가 흐르지 않아 SCR은 차단상태가 되며 $v_L = 0$이 된다.

트랜지스터의 베이스에 음의 전압이 인가되면 트랜지스터의 컬렉터에 V_{CC}가 걸리면서 SCR의 게이트에 전류가 흐른다. SCR이 도통상태가 되면 $v_L = v_i|_{positive}$ 가 된다.

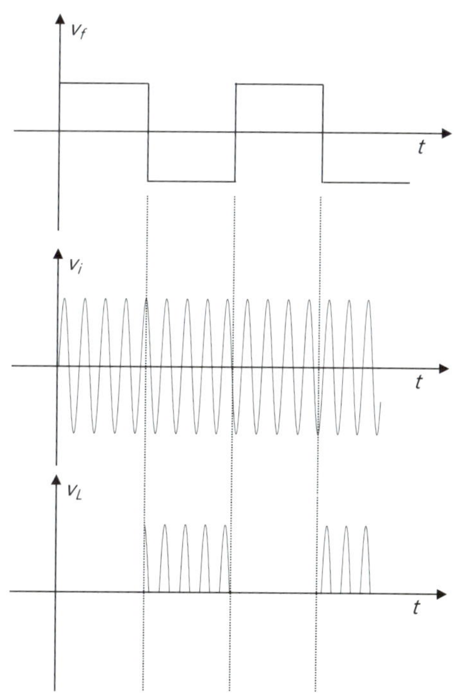

(3) 다이악 Diac

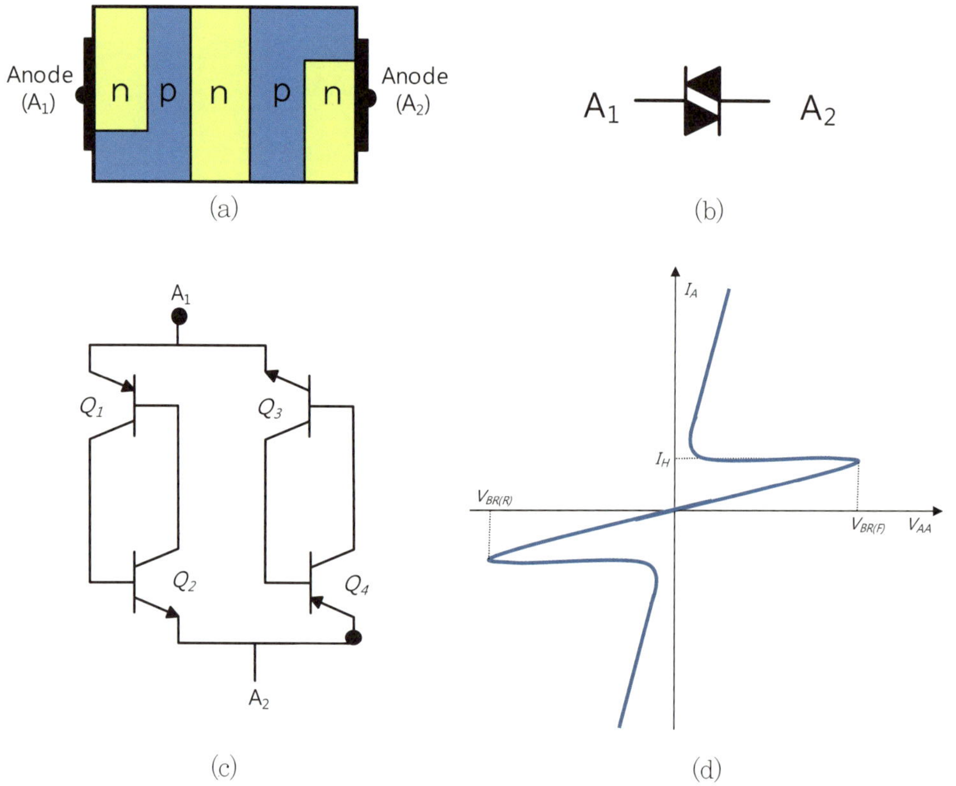

그림 13-4 다이악: (a) 구조, (b) 기호, (c) 등가회로 및 (d) 특성 곡선

다이악은 양방향으로 전류를 흘릴 수 있는 쇼클리 다이오드라고 생각하면 된다. 그림 13-4 (a)를 보면, 위쪽은 npnp 구조의 4층 다이오드이고 아래쪽은 pnpn 구조의 4층 다이오드이다. 이처럼 다이악은 극성을 바꾼 두 개의 쇼클리 다이오드가 병렬로 연결된 구조이다. 그림 13-4 (c)에서 $V_{A_1} - V_{A_2} \ge V_{BR(F)}$이면 Q_1 및 Q_2가 도통되고 $V_{A_1} - V_{A_2} \le V_{BR(R)}$이면 Q_3 및 Q_4가 도통이 된다.

예제 13-6

v_i 에 따른 부하전류(i_L)를 구하라. ($R_L = 0.5\ [k\Omega]$)

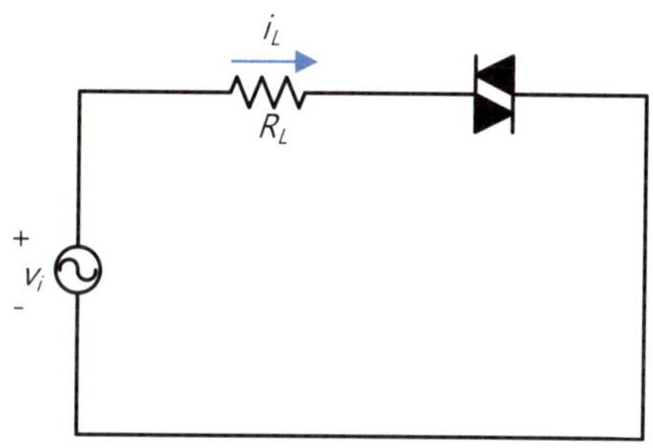

풀이

브레이크 오버 전압 이상에서는 다이악이 도통되어 부하에 전류가 흐른다.

도통 시 다이악에 인가되는 전압을 무시하면, $i_L = \dfrac{v_i}{500}\ [A]$ 이다.

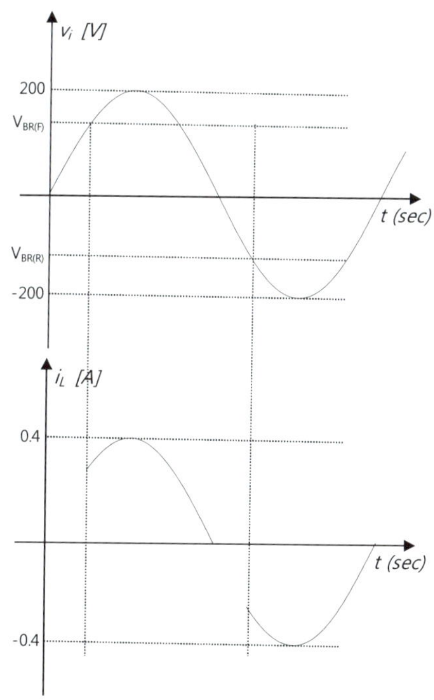

(4) 트라이악 Triac

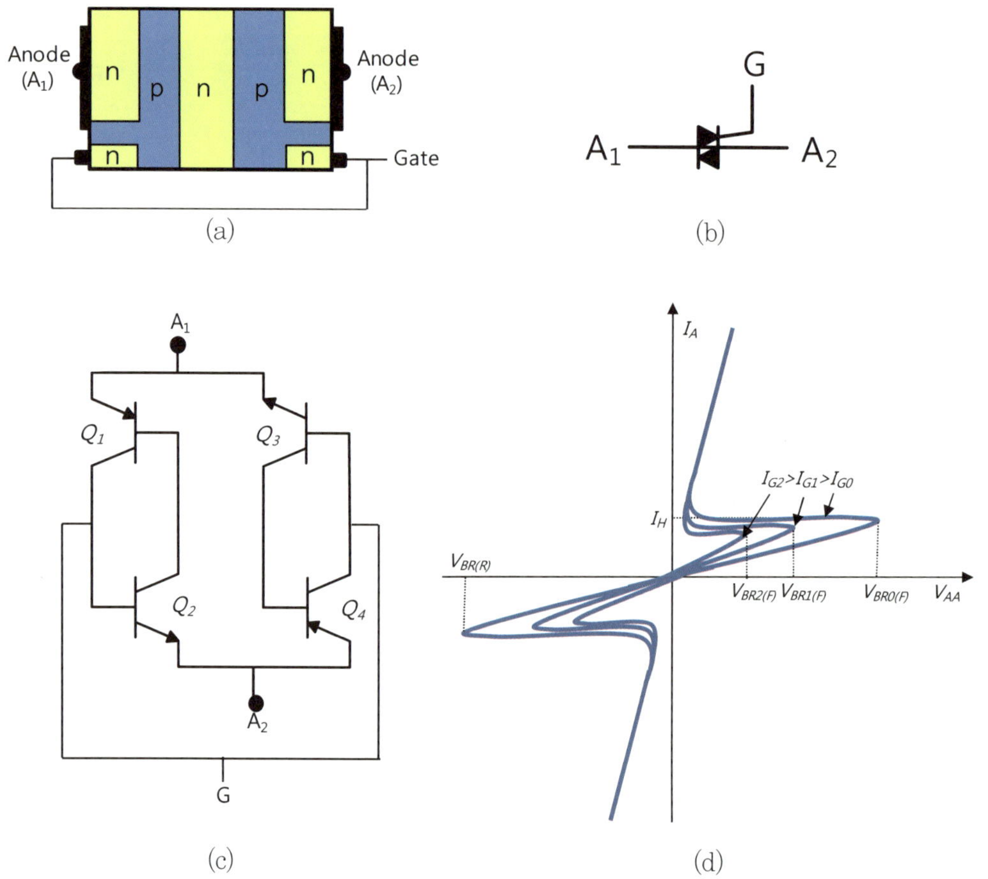

그림 13-5 트라이악: (a) 구조, (b) 기호, (c) 등가회로 및 (d) 특성 곡선

트라이악은 다이악에 게이트 단자를 붙인 사이리스터이다. 즉, 두 개의 SCR이 반대 방향으로 병렬 연결되어 있는 것으로 양방향 SCR이라고 생각하면 된다.

예제 13-7

부하전압 v_L을 그려라. 트라이악 도통 시 순방향 전압은 무시한다.

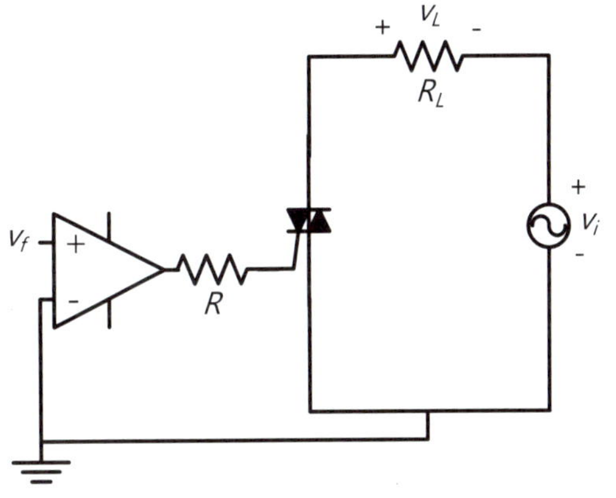

풀이

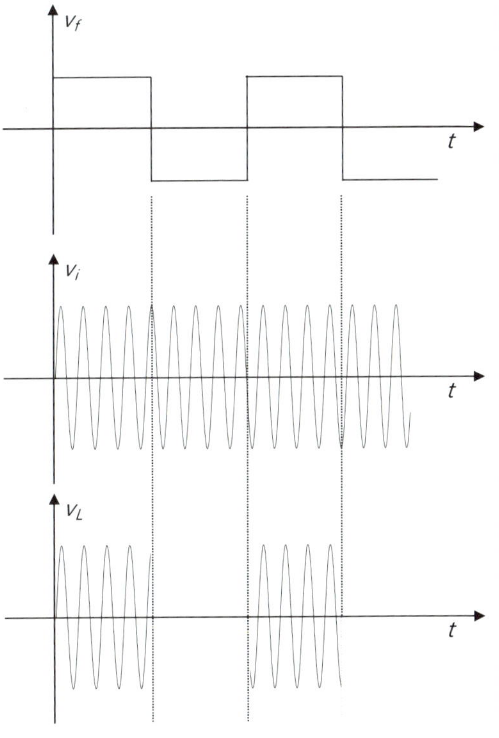

① 연산 증폭기로 구성한 비교기의 출력전압이 양이면 트라이악의 게이트에 전류가 흘러 트라이악이 도통상태가 된다. 트라이악이 도통상태가 되면 v_i는 모두 R_L에 인가된다 ($v_L = v_i$).

② 비교기의 출력전압이 음이면 트라이악의 게이트 전류가 0이 되어 트라이악이 차단상태가 된다. 따라서 $v_L = 0$이다.

(5) 실리콘 제어 스위치 Silicon-Controlled Switch, SCS

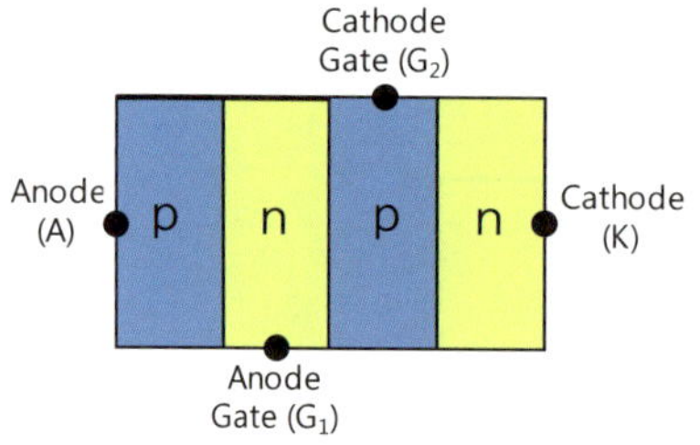

(a)

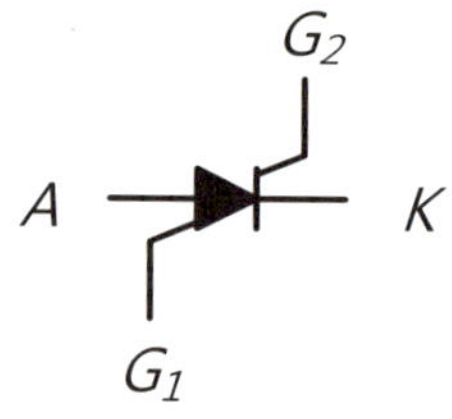

(b)

그림 13-6 SCS: (a) 구조 및 (b) 기호

SCS는 SCR에 양극 게이트anode gate를 하나 더 부착한 것이다. 따라서 SCS는 양극 게이트와 음극 게이트cathode gate라는 두 개의 게이트를 가지고 있다. 양극 게이트는 음극 게이트와 달리 음의 전압을 인가하여 SCS를 도통시킨다. 일반적으로 SCS의 도통에 필요한 양극 게이트의 전류는 음극 게이트 전류에 비해 크다. SCS는 SCR에 비해 턴오프 시간이 짧아 스위칭 속도가 빠르나 주로 저전류 및 저전압용으로 사용된다.

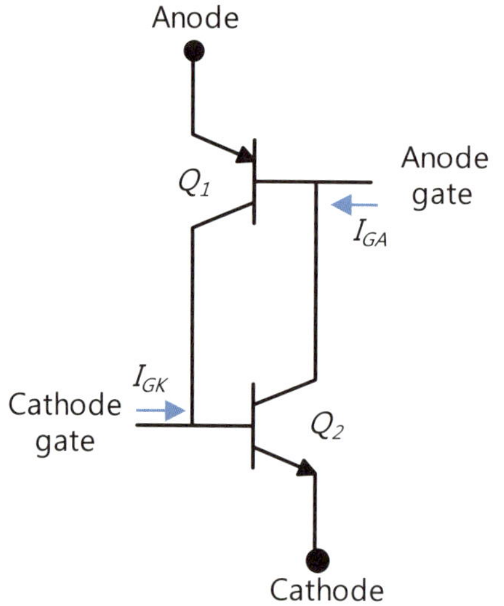

그림 13-7 SCS의 등가회로

(6) 단일 접합 트랜지스터 Unijunction Transistor, UJT

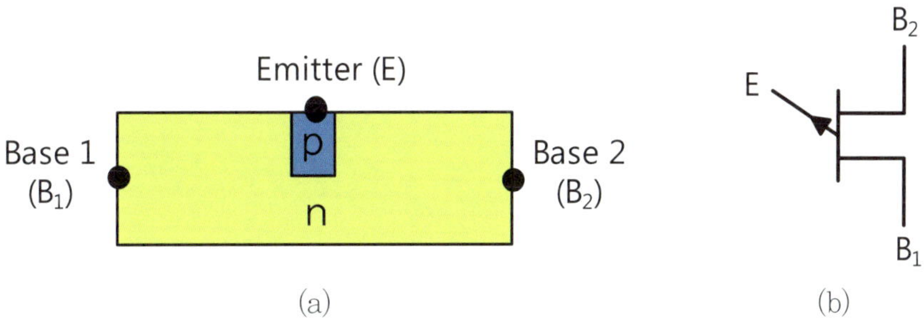

그림 13-8 UJT: (a)구조 및 (b) 기호

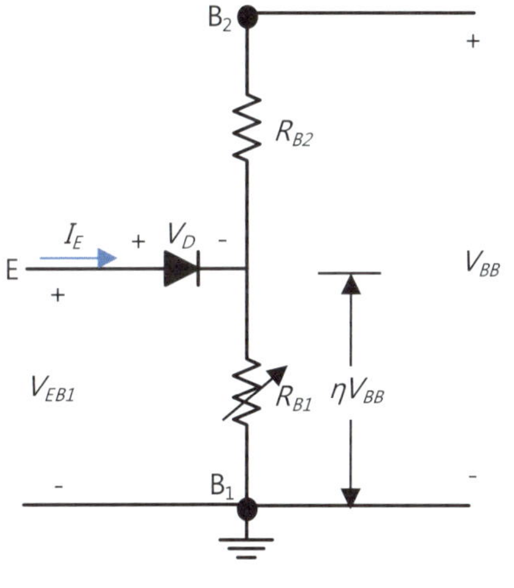

그림 13-9 UJT 등가회로

UJT는 pnpn 구조를 갖는 사이리스터는 아니지만 최근에 상업용 소자로서 큰 관심을 끌고 있기 때문에 이 장에서 그 구조 및 특성 등을 설명한다. UJT는 저항률이 높은 n형 반도체의 양끝에 전극(base 1 및 base 2)을 부착한 저항체이나, 중간에 형성된 p-n 접합에 의해 독특한 전기적 특성을 나타낸다. 그림 13-8에 나타나 있듯이 n형의 양끝을 베이스라고 하고 p-n 접합의 p쪽을 이미터라고 칭한다. 그림 13-9의 등가회로에서 이미터에 전류가 흐르게 하려면

$$V_{EB1} \succ V_D + nV_{BB} = V_P \tag{13-1}$$

가 되어야 한다. 여기서 η는 진성 이탈비intrinsic stand-off ratio로서 아래 식으로 표현할 수 있다.

$$\eta = \frac{R_{B1}}{R_{B1} + R_{B2}} = \frac{R_{B1}}{R_{BB}} \tag{13-2}$$

R_{B1}은 이미터 전류(I_E)에 의해 변하는 가변저항이다.

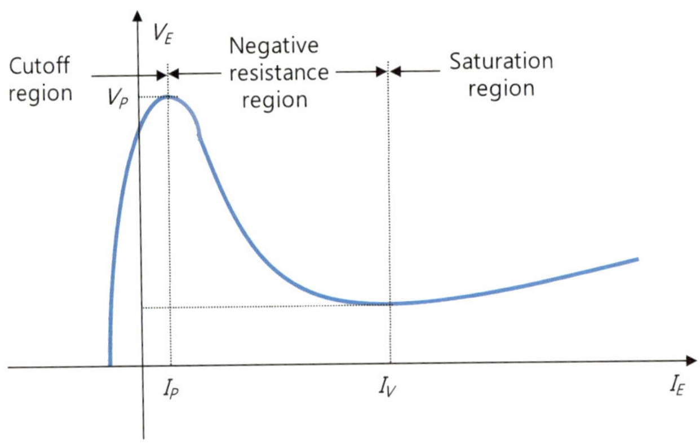

그림 13-10 UJT 이미터 전류-전압 특성 곡선

그림 13-10은 UJT의 이미터 전류-전압 특성이다. 이미터 전압(V_E)이 V_P를 지나면 다이오드가 도통되어 I_E가 급격하게 증가한다. UJT의 전도가 일어나는 초반에는 I_E의 증가에도 불구하고 V_E는 감소하는 부저항($\frac{\Delta V}{\Delta I}$ <0)영역이 나타난다. 이것은 I_E의 증가에 의해 R_{B1}이 감소하기 때문이다. 이미터 전류가 I_V에 이르면 UJT가 포화영역에 들어가고 $I_E - V_E$ 특성은 일반 다이오드의 순방향 특성과 유사해진다.

예제 13-8

아래 그림은 UJT를 이용한 발진회로이다.

① 발진을 유지하기 위한 R_1의 조건을 구하라.

② V_E와 V_{B1}을 그려라.

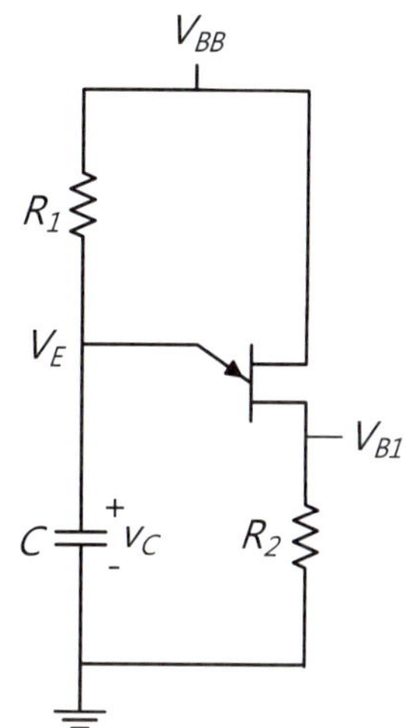

풀이

① UJT가 턴온되기 위해서는 $V_{BB} - I_P R_1 \succ V_P$이 만족되어야 하고, UJT가 계곡점에서 턴오프가 되려면 $V_{BB} - V_V < I_V R_1$를 만족해야 한다.

따라서 $\dfrac{V_{BB} - V_V}{I_V} < R < \dfrac{V_{BB} - V_P}{I_P}$이 되어야 한다.

② UJT가 턴오프 상태이면 커패시터가 충전되고, v_C가 V_P에 이르면 UJT가 도통상태가 되어 충전된 전압이 빠르게 방전된다. 따라서 V_E 및 V_{B1}은 규칙적인 발진파형으로 나타난다.

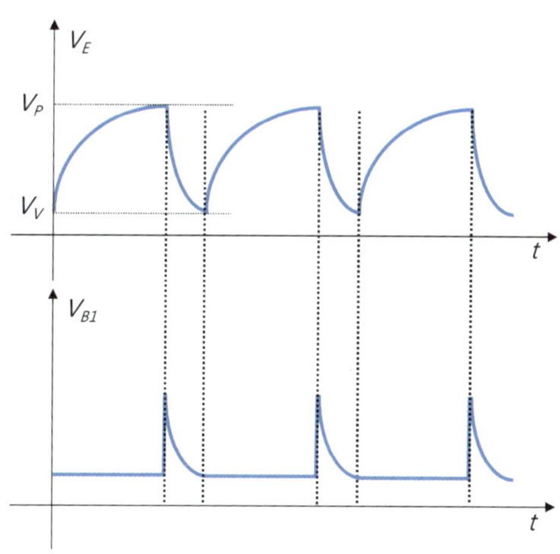

13-2 기타 전자소자

(1) 태양전지 Solar cell

반도체의 에너지 밴드 갭보다 큰 빛을 반도체에 쪼이면 전자와 정공이 생성된다. 이렇게 생성된 전자와 정공은 전류 및 전압 즉, 전력을 공급한다. 이런 광기전력 현상photovoltaic effect을 이용하여 광 에너지를 전기에너지로 변환하는 소자를 태양전지라고 한다.

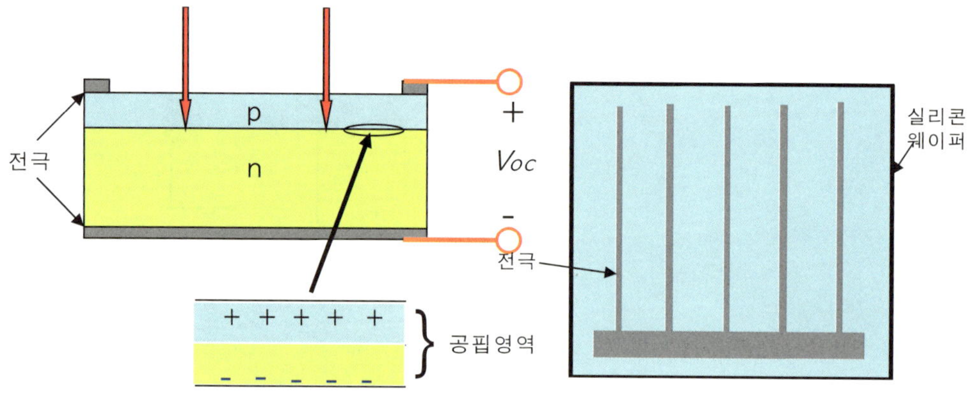

그림 13-11 태양전지의 구조

그림 13-11에 태양전지의 구조를 나타내었다. 태양전지는 다이오드처럼 p-n 접합으로 이루어져 있다. 태양전지는 많은 빛을 흡수하기 위해 표면적이 넓고 상부 전극이 투명하다. 그리고 공핍영역에 도달하는 빛의 양을 증가시키기 위하여 p층의 두께를 최대한 줄인다. 태양전지의 상부는 전체 면을 반투명 금속박막으로 입힌 후 빗살 형태의 두꺼운 전극을 증착한다. 상부 전극인 금속박막의 경우, 두께를 줄여도 광투과율에 한계가 있으므로 ITOindium tin oxide와 같은 투명도전막으로 상부 전극을 대체하기도 한다. 초기에는 경제성의 이유로 효율이 낮은 비정질 실리콘 태양전지가 상용화되었으나, 최근에는 효율이 높은 결정질 실리콘 태양전지가 시장의 대부분을 차지하고 있다. 현재는 화석연료를 대체할 중요한 자원인 태양 에너지의 실용화를 위하여 태양전지의 효율을 높일 수 있는 재료 개발에 연구가 집중되고 있다.

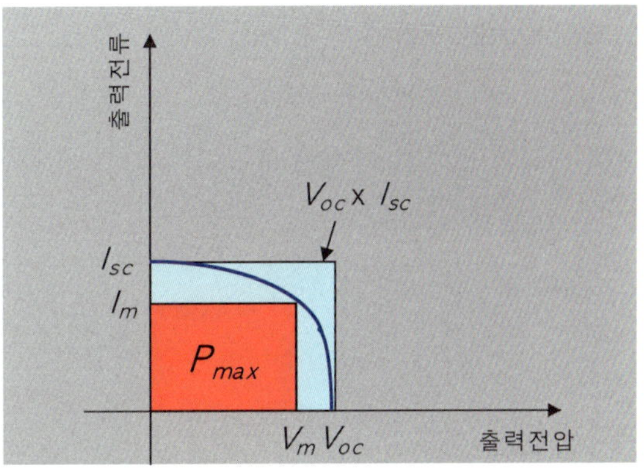

그림 13-12 태양전지의 출력 특성

태양전지의 중요한 파라미터에는 단락전류(I_{sc}), 개방전압(V_{OC}), *fill factor* 및 효율efficiency (η)이 있다. I_{sc}는 태양전지를 단락시켰을 때 흐르는 전류이고, V_{OC}는 태양전지에 부하를 연결하지 않은 개방상태에서 나타나는 전압이다. 그리고 *fill factor* 와 효율은 각각 아래 식으로 정의된다.

$$Fill\ factor[\%]=\frac{P_{max}}{I_{SC}V_{OC}}=\frac{I_m V_m}{I_{SC}V_{OC}}\times 100 \tag{13-3}$$

$$\eta[\%]=\frac{I_m V_m}{\text{입사광에너지}}\times 100 \tag{13-4}$$

태양전지 연구자들은 빌딩이나 자동차의 표면을 태양전지로 덮어서 발전량을 늘리려는 구상을 하고 있다. 연구자들의 구상이 현실화될 태양전지 재료 및 공정 기술이 멀지 않아 개발될 것으로 기대한다.

(2) 액정 표시기 Liquid crystal display, LCD

결정성 고체와 유사하게 한 방향으로 나란히 분자배열을 하는 액체를 액정liquid crystal이라고 한다. 액정은 전기적으로 절연체이므로 전력 소모가 매우 낮다. 이런 장점 때문에 LED를 대체하는 디스플레이 소자로 널리 활용되고 있다. LCD 개발 초창기에는 느린 동작속도와 좁은 시야각 때문에 시계, 소형 전자계산기 등 극히 일부 제품의 디스플레이 소자로만 사용되었으나, 최근에는 동작속도와 시야각을 획기적으로 개선한 재료 및 기술개발에 의해 대형 TV의 주재료로 사용되고 있다. LCD의 재료 및 기술에는 여러 가지가 있지만, 본 교재에서는 네마틱$_{nematic}$ 액정을 이용한 디스플레이만 간단히 설명한다. 네마틱 액정은 막대 형태의 분자가 나란히 배열되어 있다. 이 배열은 외부에서 인가하는 전압에 의해 흩트려진다. 이와 같은 분자 배열의 변화는 빛을 통과시키기도 하고 표면에서 산란시키기도 한다. 네마틱 액정 LCD는 이런 현상을 이용한 것이다.

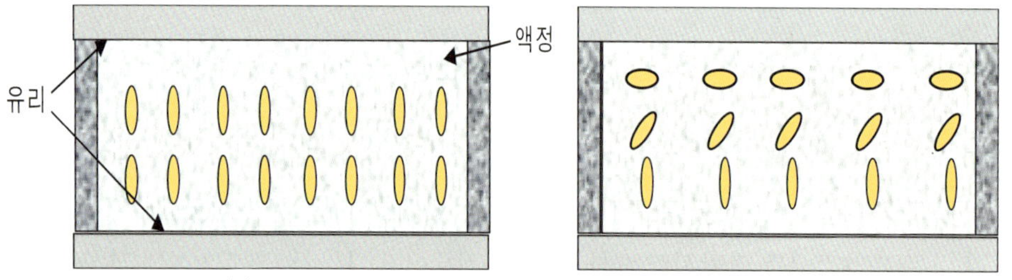

(a) (b)

그림 13-13 네마틱 액정: (a) 전압이 인가되지 않을 때, (b) 전압이 인가될 때

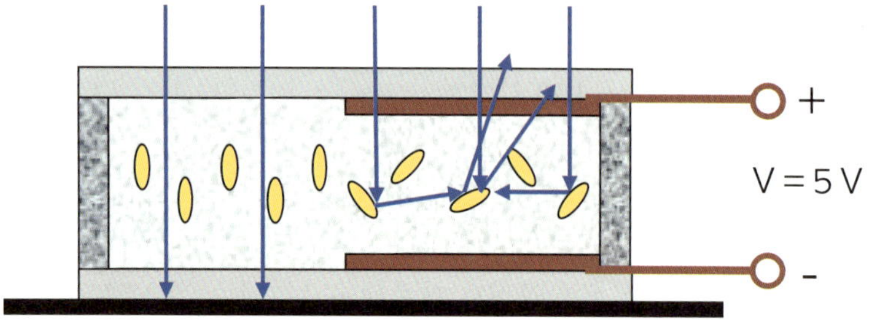

그림 13-14 투과형 네마틱 LCD의 작동 원리

LCD에는 투과형과 반사형이 있으나 여기서는 투과형을 설명한다. 그림 13-14에 투과형 LCD의 동작을 나타내었다. 전압이 인가되지 않은 액정은 빛을 통과시켜 뒷면의 검정색을 표시한다. 그러나 액정에 전압을 인가하면 액정이 뒤틀리면서 입사한 빛이 산란되어 부연 빛깔이 나타낸다. 투과형 LCD는 이와 같은 표시 색의 차이를 이용하여 글자나 숫자 등을 표현한다.

(3) 터널 다이오드 Tunnel diode

일본인 에사키Leo Esaki는 1958년 터널 다이오드를 개발하였으며, 그 공로를 바탕으로 노벨 물리학상을 수상하였다. 터널 다이오드는 축퇴degenerate 반도체의 p-n 접합이다. 축퇴 반도체는 p^+와 n^+로 표현되며, 전자가 전도대의 일부를 점유하거나 정공이 가전자대의 일부를 점유할 정도로 불순물이 많이 도핑된 반도체이다. 따라서 축퇴 반도체의 저항률은 매우 낮다. 또한 p^+-n^+ 접합은 공핍영역의 두께가 매우 얇아서 전자가 에너지 장벽을 뚫고 지나가는 터널링이 특정 전압 이상에서 일어난다. 이 터널링에 의해 터널 다이오드는 일부 전압 구간에서 부저항 특성을 갖는다. 부저항은 UJT에서 설명한 바 있다. 부저항은 매우 불안정 상태이므로 정저항 상태로의 이동이 매우 빠르다. 이런 부저항의 불안정한 특성은 고속 스위칭 회로나 발진기 등에 많이 활용된다.

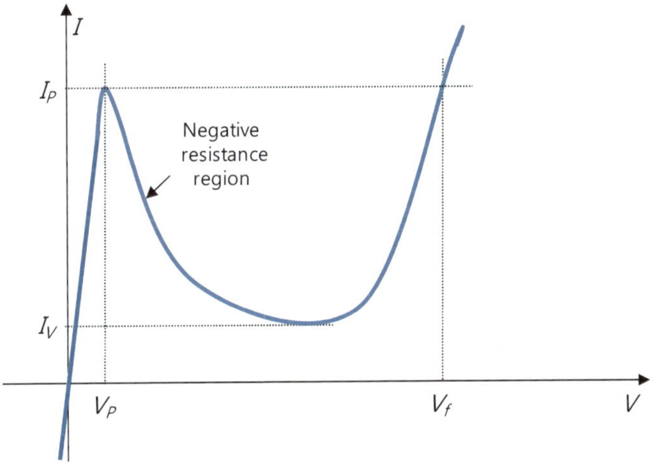

그림 13-15 터널 다이오드 전류-전압 특성

제14장

집적회로

메모리 소자 분야에서 세계 선두를 달리고 있는 국내 반도체 산업은 1986년 삼성전자, LG전자, 현대전자 3사의 '4 MDRAM 공동개발 프로젝트'로부터 출발하였다고 볼 수 있다. 반도체 산업의 변방이었던 우리나라가 그 당시 메모리 소자 분야의 최고 수준인 4 MDRAM의 개발을 목표로 잡았을 때 그 성공 여부에 대한 회의적인 시각도 많았으나 한국인 특유의 끈기와 도전 정신으로 결국은 4 MDRAM의 개발에 성공하고 그 기술을 바탕으로 현재는 명실공히 세계 최고 수준의 반도체 산업국이 되었다.

DRAM처럼 작은 실리콘 칩에 다량의 트랜지스터, 저항, 커패시터 등을 모아 놓은 소자를 집적회로integrated circuit, IC라고 한다. 집적회로는 1958년 텍사스 인스투르먼트Texas instrument, TI사의 잭 킬비Jack Kilby가 처음 개발하였다. 실리콘 칩에 집적되는 트랜지스터의 수를 집적도라 하는데, 집적도에 따라서 IC를 LSIlarge scale IC, VLSIvery large scale IC, ULSIultra large scale IC 등으로 구분한다. VLSI의 하나인 4 MDRAM의 경우, 엄지손톱 4개 정도의 실리콘 칩에 400만 개 이상의 MOSFET가 집적되어 있다. 이렇게 높은 집적도의 VLSI를 구성하는 MOSFET의 크기는 머리카락 굵기의 1/10보다 더 작을 수밖에 없다. 이런 미세 소자의 제조는 광학, 화학, 기계공학 등 이공학 전 분야의 고른 기술 발전에 의해 가능하였다.

IC 제조 과정은 설계와 공정으로 구분된다. 회로 설계를 마치면 IC 제조를 위한 마스크를 제작하게 된다. IC 제조는 포토리소그래피photolithography, 식각etching, 산화oxidation, 도핑doping, 박막 증착thin film deposition 등을 포함하는 단위공정의 반복으로 진행된다. 이렇게 제조된 IC 칩을 'die'라고 한다. 와이어 본더wire bonder로 'die'의 전극을 리드프레임leadframe과 연결한 후 플라스틱 등으로 패키징packaging 하면 최종 IC 제품이 완성된다. IC 제조 과정 전체를 이해하기 위해서는 관련 분야의 공부가 선행되어야 한다. 따라서 본 교재에서는 IC 공정의 개략적인 이해를 위해 포토리소그래피, 식각 등 반도체 단위공정에 대해 간단하게 설명한다.

(a) (b)

그림 14-1 (a) 4 MDRAM 칩 및 (b) 마스크

그림 14-1(a)는 8인치 실리콘 웨이퍼에 제작한 4 MDRAM 칩이다. 그리고 (b)는 포토리소그래피에 사용되는 마스크이다. 한 장의 웨이퍼에 60개의 4 MDRAM 칩들이 생산된다. 만약 웨이퍼의 크기가 커지고 트랜지스터 등 반도체 소자의 크기가 줄어든다면 웨이퍼 한 장당 생산되는 IC 칩의 개수가 늘어날 것이다. 이것은 IC 칩의 생산 단가가 낮아짐을 의미한다. 물론 반도체 소자의 크기가 작아지면 소자의 동작속도가 증가하고 전력 소모가 감소하는 장점도 생긴다. IC 제작을 위한 반도체 단위 공정을 NMOS 공정으로 설명한다.

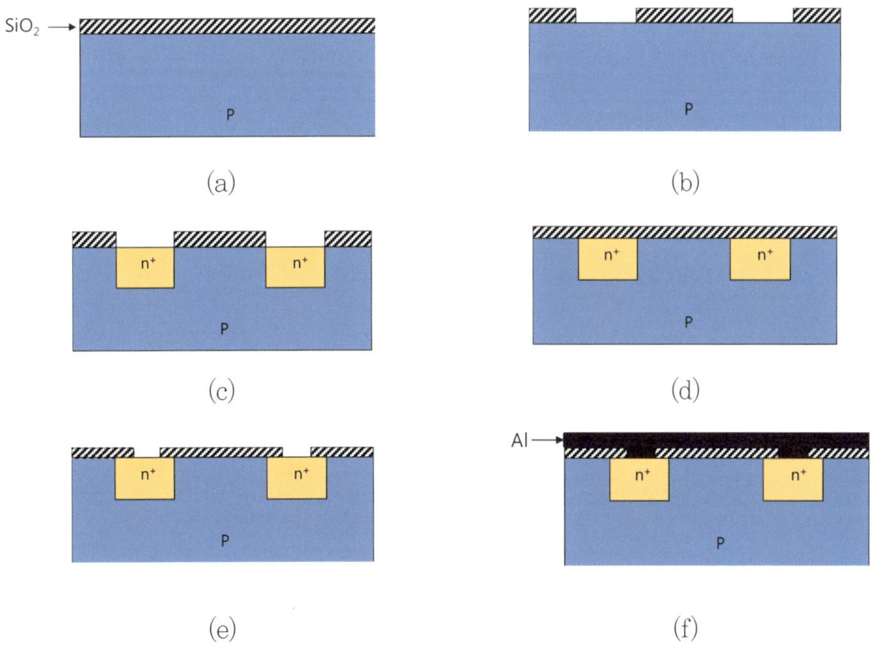

그림 14-2 NMOS 제조 공정: (a) 산화막 성장, (b) 산화막 식각, (c) 불순물 도핑, (d) 산화막 성장, (e) 산화막 식각, (f) 금속막 증착

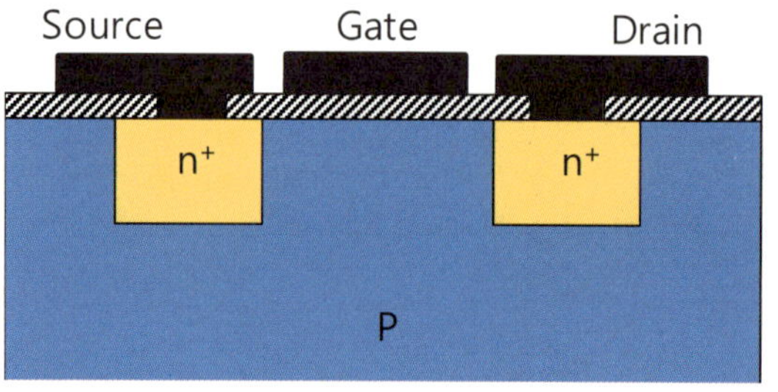

그림 14-3 NMOS 구조

그림 14-2는 NMOS의 제조 공정 순서이고 그림 14-3은 제조된 NMOS이다. 먼저 NMOS의 제조를 위해 소스와 드레인 영역을 도너 불순물로 도핑한다. 도핑을 위해 우선 실리콘 웨이퍼의 표면을 산화시킨다. 실리콘을 산화시키는 방법에는 건식 산화dry oxidation와 습식 산화wet oxidation가 있다. 건식 산화는 고온에서 산소가스를 실리콘과 반응시켜 산화막을 성장시키는 방법이다. 그리고 습식 산화는 산소가스 대신 수증기를 사용하는 산화법이다. 실리콘을 건식 산화시키면 양질의 산화막이 길러진다. 반면에 습식 산화는 산화막의 질이 건식에 비해 떨어지나 산화막의 성장 속도가 빠르다. 산화막을 성장시킨 다음에는 도너를 도핑할 영역만 포토리소그래피 및 식각 공정으로 벗겨 낸다. (b)에서 식각되지 않고 남아 있는 산화막은 불순물의 도핑을 막는 마스크의 역할을 한다. 그림 14-4에 포토리소그래피로 식각 패턴을 만드는 과정을 나타내었다. 포토레지스터photoresistor, PR를 산화막 위에 스피너spinner 도포한 후 오븐에 넣어 건조한다. PR에는 네거티브negative와 포지티브positive가 있지만, 여기서는 포지티브 PR을 사용한다. 건조한 PR 위에 마스크를 근거리로 접착시킨 다음 자외선UV light을 쪼인다. 마스크는 자외선을 통과시키거나 차단하는 역할을 한다. 마스크의 투명한 곳을 통과한 자외선은 PR을 감광시킨다. 자외선에 노출된 포지티브 PR은 경화 상태가 풀어져 현상액developer에 의해 녹는다. 따라서 자외선을 조사한 실리콘 웨이퍼를 현상액에 담그면 마스크에 의해 자외선이 차단된 부분의 PR만 남고 나머지 영역의 PR은 녹아서 제거된다. 현상한 웨이퍼를 세척하고 말린 다음 강산인 HF에 담구면 산화막이 식각되어 제거된다. 이때 PR에 덮인 부분의 산화막은 보호되어 남는다. 마지막으로 PR을 아세톤으로 제거한다. 이 상태에서 불순물을 도핑하면 산화막이 제거된 영역으로만 불순물이 침투한다. 남아 있는 산화막은 불순물의 도핑을 막는 마스크의 역할을 한다.

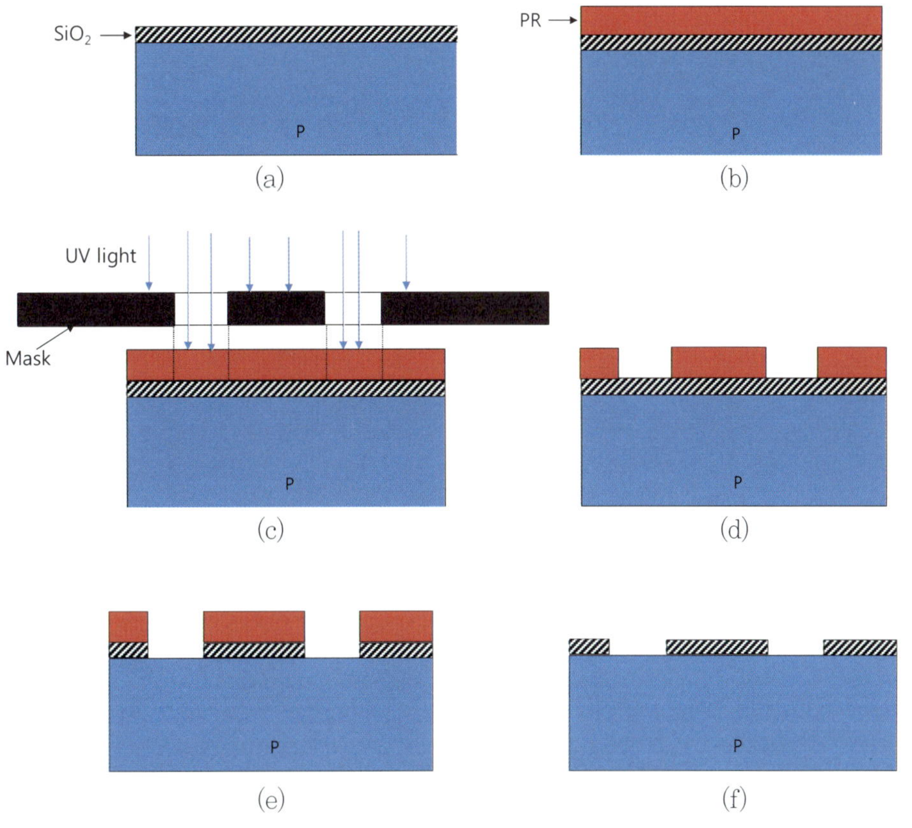

그림 14-4 포토리소그래피

불순물 도핑 방법에는 확산diffusion 또는 이온 주입법ion implantation이 있다. 확산은 고온의 로furnace에서 일어난다. 고온으로 가열된 로 안에 실리콘 웨이퍼를 넣은 다음 불순물 원소를 포함하는 가스를 불어 넣는다. 주입된 가스는 높은 열에 의해 분해된다. 가스로부터 분해된 불순물 원소는 실리콘 웨이퍼의 표면을 덮으며, 실리콘 웨이퍼의 표면에 닿은 불순물 원소는 실리콘의 내부로 확산되어 들어간다. 이온 주입법은 불순물 원소를 이온화시킨 다음 이온을 가속시켜 실리콘 표면으로 직접 주입하는 방법이다. 확산은 대량 생산에 유리하다. 그리고 이온 주입법은 채널링, 결함 발생 등의 단점이 있으나, 도핑 깊이 및 농도의 정밀한 조절이 가능하다는 장점이 있다. 불순물 도핑을 마친 다음에는 전극으로 사용할 알루미늄을 증착한다. 소스, 드레인, 게이트 전극을 포토리소그래피로 패터닝한다. 알루미늄은 진공증착법, 전자빔 증착법, 스퍼터링 등의 방법으로 증착한다.

공대생을 위한 전자공학

초판 1쇄 발행 • 2017년 8월 18일

지은이 • 마대영
펴낸이 • 이상경
부　장 • 박현곤
편집장 • 김종길
편　집 • 김종길, 유화정
디자인 • 김성은

펴낸곳 • 경상대학교출판부
주소 • 경남 진주시 진주대로 501
전화 • 055) 772-0801(편집), 0802(디자인), 0803(도서 주문)
팩스 • 055) 772-0809
전자우편 • gspress@gnu.ac.kr
홈페이지 • http://gspress.gnu.ac.kr
페이스북 • https://www.facebook.com/gnupub
블 로 그 • https://gnubooks.tistory.com
등록 • 1989년 1월 7일 제16호

이 도서의 국립중앙도서관 출판시도서목록(CIP)은 서지정보유통지원시스템 홈페이지(http://seoji.nl.go.kr)와 국가자료공동목록시스템(http://www.nl.go.kr/kolisnet)에서 이용하실 수 있습니다. (CIP제어번호: CIP2017019942)